KB143386

미식가를 위한
식물 사전

미식가를 위한
식물 사전

스쥔 지음 | 홍민경 옮김

STRAWBERRY

MUSHROOM

WATERMELON

BANANA

RICE

GARLIC

CUCUMBER

CHILI

APPLE

식물학자가 들려주는 맛있는 식물 이야기 43가지

현대
지성

석사 과정 때 내가 공부하던 실험실에 중국인 유학생이 있었다. 갓 입학했을 때, 한국 이름을 가지고 있는 데다 한국어로 유창하게 말하는 그 학생이 중국에서 왔다는 사실을 나는 전혀 몰랐다. 어느 날 뉴스에서 중국 농산물을 비판하자 그 학생은 속상해했고, 나는 그제야 국적을 알아차렸다. 넓은 중국 땅에는 훌륭한 맛을 지닌 다양한 농산물이 자라는데 그런 내용은 나오지 않는다며 안타까워했다. 그리고 얼마 뒤 식물원에 가거나 식물을 채집하기 위해 여러 차례 중국에 방문했을 때, 나는 그 말에 동의하게 되었다.

식물학을 공부하면 자연스레 우리가 먹는 채소에 관심을 갖게 된다. 땅이 넓어 많은 식물이 자라는 중국에서는 다양한 식물이 식탁에 오른다. 저자가 중국인이라 다소 중국 중심적인 내용이 있지만 그곳의 다양한 채소를 생각하면 저자의 자부심이 이해가 간다. 저자는 이 책에서 식물학 내용뿐만 아니라 자신의 추억, 요리, 미용, 재배, 맛, 개량 과정, 화학 성분까지 방대한 지식과 정보를 전한다. 참 친절하게도 보관법, 맛있게 먹는 노하우도 곁들였다. 덕분에 중국에서 채소를 먹을 때 생겼던 궁금증이 풀렸다. 우리에게도 익숙한 채소에 대한 새로운 요리법과 식문화를 읽다 보면 깜짝깜짝 놀란다. 식탁 위에 펼쳐진 식물 이야기가 궁금하다면 맛깔나게 차려놓은 이 사전을 펼쳐보시길!

●●● 신혜우
그림 그리는 식물학자, 『이웃집 식물상담소』 저자

요즘에는 몸에 좋은 음식에 관한 정보가 너무 많아졌다. 각종 방송 프로그램에서는 이 음식이 건강에 좋다고 말하다가도 다음 날이 되면 다른 음식이 좋다고 한다. 그런데 정작 음식이 되는 재료인 식물에 관한 정보는 많이 볼 수 없다. 식물을 조리해 음식을 만들었으니, 식물을 아는 일은 음식을 알게 되는 것과 같은데도 말이다.

스쥔은 이 책 『미식가를 위한 식물 사전』에서 식탁에 오르는 다양한 식물에 관한 과학 지식과 자신의 경험담을 함께 담아냈다. 하지만 건강해지려면 어떤 식물을 먹어야 하는지 알려줄 것이라는 기대는 하지 않는 것이 좋다. 스퀸은 민간 요법에 관한 맹신에는 단호한 편이다. 독자가 단지 건강을 위해 음식을 접하기보다 다양한 맛을 온전히 즐기길 바라는 마음이 느껴진다. 책 제목답게, 식탁에 두고 제철 채소와 과일을 먹을 때마다 하나씩 찾아보는 재미를 느껴도 좋겠다.

●●● 안희경

식물학자, 『식물이라는 우주』 저자

수년간 세계 곳곳에서 최고의 셰프들을 만나며 가장 많이 들었던 말은, 궁극적으로 미식의 정점에는 '식물'이 있다는 것이다. 미식은 결국 맛과 식감의 토대 위에서 향으로 완성된다. 전 세계의 식재료를 헤아리다 보면, 음식에 색채를 부여하는 것은 결국 '식물'임이 자명해진다. 최고급 캐비아와 환상적인 마블링이 새겨진 꽃등심을 마다할 사람은 드물겠지만, 사실 그 맛과 향은 식물에 비하면 제법 단순하다. 쌀과 설탕처럼 우리의 문화와 하나가 된 것들은 물론 바닐라와 생강처럼 음식의 개성을 표현하는 특색 있는 식물까지, 결국 물과 빛으로 자란 것들이 맛의 지도를 헤쳐 나간다.

저자는 중국 음식을 중심으로 우리 식탁에서도 흔히 볼 수 있는 '식물'에 관한 이야기를 카페에서 수다 떨듯 편안하게, 그러나 지적으로 풀어낸다. 하룻밤이 지난 차는 왜 색이 짙어지는지, 그 차를 마셔도 될지, 흑설탕이 과연 백설탕보다 영양이 풍부할지, 흑미를 씻으면 보라색 물이 나오지만 왜 방울토마토에서는 빨간색 물이 나오지 않는지…. 과학적인 근거와 함께 흥미로운 이야기가 쉴 새 없이 이어진다.

저자의 지식을 주머니에 살짝 넣은 뒤 저녁 식사 자리에서 내 것처럼 잔뜩 풀어놓고 싶은 욕심이 절로 난다. 이 책에는 세련된 미식가의 식탁을 더욱 맛있고 풍성하게 꾸며줄 이야기가 가득하다. 혼자만 몰래 읽고 싶은 책이다!

●●● 이정윤

미식 저널리스트, 『초격차 다이어트』 저자, 다이닝미디어아시아 대표

서문 1

식물학자이자 미식가와 떠나는 맛의 세계

빙칭冰淸

식품영양학 석사, 푸드 칼럼니스트

인류가 발전해온 과정을 연구하다 보면 먹거리의 역사에도 자연스레 관심이 가게 된다. 과거에 인류는 주린 배를 채우기 위해 분주히 뛰어다녔고, 다양한 도구를 활용해 농업과 목축업을 발전시키기도 했다. 시간이 지나면서 먹거리의 수준도 점점 높아졌다. 지금처럼 먹거리가 풍부한 시대에도 사람들은 배를 채우는 데만 만족하지 않고 자신이 먹는 음식을 꼼꼼히 살피며 영양과 건강을 챙기는 일에 집중한다.

먹거리의 이모저모를 따지는 수준이 까다로워지면서 미식에 관한 책들도 쏟아져 나왔다. 대부분 문학적 감성을 기반으로 작가의 체험을 서술하는 책이기에, 저자가 오장육부의 모든 감각을 총동원해 맛을 표현할 때면 저절로 군침이 돌 정도로 빠져들게 된다. 책뿐만 아니라 레시피도 넘쳐난다. 어떤 요리를 할 때 무슨 양념이

들어가는지, 재료는 어떻게 손질하는지, 소금은 얼마나 넣는지, 레몬즙은 몇 방울을 떨어뜨리는지 등 재료 준비부터 계량, 조리 순서까지 알고 싶다면 모든 사항을 찾아볼 수 있다. 하지만 이것으로도 미식에 대한 갈증은 채워지지 않는다.

사실 요리책은 많지만, 우리가 매일 먹는 쌀이 어떻게 들풀 같은 조 이삭에서 알이 꽉 찬 벼가 될 수 있었는지, 쌀의 종류는 왜 다양한지, 십자화과 식물로 함께 분류되는 무와 배추는 왜 차이가 나는지를 알려주는 책은 어디에도 없었다. 맛있는 음식에 관한 이야기도 좋지만, 사람들은 음식 재료가 어떻게 식탁에 오르게 되는지 그 과정을 궁금해하는데, 이 책은 더할 나위 없이 완벽하게 그들의 지적 욕구를 자극한다. 식품공학 박사 윈우신의 『먹거리의 진실』 시리즈도 영양학과 식품공학의 관점에서 수많은 의문에 대한 답을 내놓았지만 스쥔의 『미식가를 위한 식물 사전』은 우리의 생활에 더 밀착되어 있다. 그는 풍부한 식물학 지식을 바탕으로 식탁에 올라오기 전까지 음식이 살아온 '드라마틱한 인생 여정'을 들려준다. 다양한 종류의 채소와 과일은 각자 출생지를 떠나 변화했고 복잡한 혈연관계를 맺었다. 각각의 채소와 과일은 독특한 삶의 스토리를 지닌다. 저자는 수많은 과학 논문과 역사적 자료에 근거해 이런 흥미로운 이야기를 책 속에 채워 넣었다.

나 역시 먹거리에 관심이 많은 사람이다. 식품 과학을 연구하는 일이 내 본업이지만 배움에는 끝이 없다 보니 식용 가능한 식물을 항상 눈여겨보고 있었다. 이런 식물은 연구할 가치가 충분하기도 하고 가장 기본적인 연구 주제이기 때문이다. 그래서 과학의 대중화를 위해 활동하는 스쥔의 글을 평소에도 찾아보고 있었고, 식물학 박사 학위를 가진 그가 지식 보따리를 풀어줄 최적의 인물이라고 생각했다.

스쥔은 윈난雲南의 쿤밍昆明에서 여러 해 공부했고, 습관처럼 서남쪽 지역으로 야외 답사를 다녔다. 그곳은 중국에서도 식물 종이 다채로운 지역이어서 내륙 지역에서 보기 힘든 종도 많이 분포되어 있다. 스쥔은 그곳에서 경험과 지식을 쌓은 덕분에 식물학과 음식 방면에서 남다른 경쟁력을 얻었다. 식물학을 연구하며 희귀한 품종을 많이 접했고, 그가 맛본 수많은 야생 식물과 버섯 중에는 더는 볼 수 없는 종도 적지 않다. 그러므로 그는 확실히 미식과 분류학 분야를 통틀어 우리는 절대 넘볼 수 없는 경험을 소유하고 있는 인물이다.

그런 경험과 지식이 그의 손을 거쳐 생동감 넘치는 이야기로 새롭게 탄생했다. 이 책을 읽다 보면 비전문가라도 깊은 산속에 들어가 수풀을 헤치고 희귀종을 찾아보고 싶은 호기심이 생기고, 지금까지 몰랐던 감귤 가족의 족보, 대추야자와 대추의 차이, 미국 아몬드와 살구씨의 관계를 아는 것에 재미를 느끼게 된다.

감귤의 분류에 관한 글에서는 레몬, 감귤, 유자 등 운향과에 속하면서 다양한 맛을 내는 과일이 어떤 방식으로 구분되는지, 각각의 맛이 왜 다르게 느껴지는지, 어떤 기준으로 다양한 감귤종을 구분하는지 알 수 있다. 품종을 구별하는 어려운 순간에도 저자가 사용하는 비유는 무척 쉽고 직관적이다. 예를 들어, 귤과 탱자를 구별할 때 그는 전문가의 관점에서 두 가지 식물은 완전히 다른 개체이면서 서로를 변화시킬 수 없는 종이라고 단언한다.

만약 귤을 사람에 비유한다면 탱자는 침팬지다. 침팬지를 도시에 홀로 떨어뜨려놓고 옷을 제대로 다 갖춰 입혀도 그가 사람으로 변할 리는 없다. 요컨대, 탱자는 감귤의 먼 친척에 불과하며, 둘은 이제까지 한 지붕 아래서 살아본 적이 없다.

먹거리를 좋아하고 정이 많으며 식물에 관한 전문적 지식을 가진 식물학자라야 쓸 수 있는 글이다.

나도 음식과 관련된 과학 지식을 좋아하기에 나와 관심사가 같은 독자들도 많을 것 같아 정보를 공유해왔다. 신문, 잡지, 인터넷과 같은 매체에 올라오는 미식에 관한 많은 글 중에서도 내 글에 관심을 쏟는 독자들을 보고 있노라면 먹거리에 대한 과학적 접근과 그 뒷이야기에 목말라하는 사람들이 이토록 많다는 사실에 새삼 놀라게 된다. 특히 음식과 과학을 주제로 스쥔이 쓴 글을 소개할 때면 유난히 반응이 더 좋았다.

먹거리와 관련해 궁금한 점이 생기면 저자가 운영하는 사이트로 들어가 질문했는데, 그때마다 늘 성실하게 답변해주었다. 예를 들어, 블루베리와 꼭 닮은 하얀색 과일이 무엇인지, 허브의 일종인 소회향dill과 회향fennel은 무엇이 다른지 물어보면 그는 답변을 달아주었다.

그 하얀색 과일은 인동딸기snowberry인데 독이 있으니 조심하셔야 해요. 소회향과 회향은 모두 미나리과라서 생김새가 아주 닮았답니다. 소회향은 미나리의 맛이 좀 나지만 회향은 아니솔Anisole 성분을 함유하고 있어 맛이 달라요.

그는 때때로 여러 논문과 자료를 찾아보고 분류학의 관점에서 미국 아몬드는 살구씨와 복숭아씨 가운데 어디에 속하는지 명확히 설명해주었고, 내친김에 행인두부를 만드는 방법까지 곁들여 미식가의 면모를 드러냈다.

한때 "일회용 젓가락을 삶아서 말리면 죽순으로 먹을 수 있다"라는 허무맹랑한 소문이 난무한 적이 있었다. 많은 사람이 진위 여부를 두고 설왕설래했지만 그때 스쥔은 소문을 직접 실험했고, 결국 그 일은 절대 일어날 수 없다는 사실을 직접 증명해보였다. 그는 반박할 수 없는 과학 이론을 근거로 들며 설명했다.

> 인간은 초식동물과 달리 위장이 섬유소cellulose와 리그닌lignin을 자체적으로 소화하지 못하므로 식용 식물의 부드러운 잎만 먹을 수 있습니다. 그러니 우리의 혀와 위는 이미 '영락없이 섬유소와 리그닌' 상태가 된 젓가락을 결코 우호적으로 대할 리 없죠.

과학은 객관적인 사실과 자료 그리고 철저한 분석을 근거로 하는 분야인 만큼 일상에서 먹는 음식에 관한 허무맹랑한 소문까지도 조사와 실험을 통해 귀신같이 바로잡을 수 있다. 이런 과학의 특징과 함께, 레시피와 맛에 대한 열정과 넘치는 식물 사랑까지 더해졌으니 저자의 이야기는 한층 설득력을 얻을 수밖에 없다.

오늘날은 지식과 경험이 풍부한 미식가들의 황금기라고 할 수 있다. 사람들은 혀로 맛을 보고, 뇌로 밥을 짓는다. 간절히 꿈꾸던 음식을 즐기는 것보다 더 행복한 일도 없을 것이다. 음식에 관한 과학적 탐구는 무궁무진한 영역이다. 모든 독자가 더 깊고 풍부한 음식의 다양한 맛을 즐길 수 있게 되기를 바라며 이 책을 적극적으로 추천한다.

서문 2

식물학적 관점으로 음식을 맛보다

뤄이보羅毅波

중국과학원 식물연구소 연구원, 중국 식물학회 난초분과 이사장

2013년 7월 남아프리카 콰줄루나탈대학교의 스티븐 존슨 교수가 중국을 처음 방문했다. 두장옌郡江堰, 황룽黃龍 명승지와 선전深圳, 베이징 등지를 함께 여행하고 나서 나는 그에게 중국에서 무엇이 가장 인상 깊었는지 물었다. 그런데 뜻밖에도 그는 식탁 위의 음식을 으뜸으로 꼽았다. 식탁에 차려놓은 음식의 종류와 조합을 봤을 때 육류와 채소가 균형을 이루는 가운데 식물성 음식이 살짝 주도권을 쥐고 있었다고 말했다. 미루어 짐작하건대 누가 봐도 그는 분명 음식에 진심인 미식가였다.

이 외국인 손님이 발견한 것처럼 중국 식탁에 식물이 더 많이 보이는 이유는 영양의 균형과 후각, 미각적 요소 외에도 역사에서 반복된 기근과 어느 정도 관련이 있다. 기근 때문에 미관상 보기 좋지 못하거나 악취가 나는 식물조차도 맛있는 음식으로 변신해 식

탁에 올랐기 때문이다. 온통 '길쭉한 가시'로 뒤덮인 두릅나뭇과 두릅나무속 식물의 새싹이나 식물 전체에서 이상한 냄새가 나는 어성초 같은 삼백초과 약모밀속 식물이 바로 그런 예다.

식탁에 오르는 이상한 식물들이 점점 많아지다 보니 먹거리를 연구하고자 하는 식물학자들의 의지에 날개를 달아주기도 했다.

스쥔 박사가 그 산증인이다. 과학원을 졸업한 후 그는 식물학을 대중화하기 위한 사이트를 운영하면서 방대하고 전문적인 지식을 바탕으로 『미식가를 위한 식물 사전』을 집필했다. 생물 분류부터 사회적 시각까지 아우르는 그의 음식 문화 관찰기는 없던 식욕도 생기게 할 만큼 흥미롭다.

우리의 연구 대상인 난초과 식물은 먹거리와 아무 관련도 없어 보이지만, 사실 중국에서 식용 난초의 역사는 관상용 난초의 역사만큼이나 길다. 더구나 친숙하게 여겨지는 천마 역시 난초과다. 나는 천마무침을 먹고 나서부터 미식 본능이 깨어난 것을 느꼈다. 이 요리는 일본인들이 생선회를 먹는 방법을 본떠 신선한 천마를 아주 얇게 썬 뒤 얼음 쟁반에 올리고 참깨와 고추장을 곁들여 먹는 음식이다. 천마를 이런 방식으로 먹는다는 발상 자체가 정말이지 놀랍도록 신선하고 창의적이었다.

난초과 식물을 이용한 또 다른 기발한 음식은 광둥廣東, 푸젠福建, 타이완 지방 일대의 미식가들이 만들었다. 그들은 색깔이 알록달록하고 금실로 짠 벨벳 질감의 잎사귀를 가진 난초과 식물로 탕을 만들었다. 어디에도 비할 데 없는 아름다운 색깔과 촉감을 가진 이 식물들은 끓는 물에 들어가는 순간 갈색으로 변해버린다. 미식가들은 어떤 맛을 원했던 걸까? 나처럼 평범한 미각을 가진 사람은 지금도 이해할 수 없는 일이지만, 분명 미식가의 미각은 상상을 초월할 정도로 다양하다.

식물학자는 어떻게 음식을 연구할까? 천마를 예로 들어보자. 천마는 재배하기 어렵기로 유명한 식물이다. 1911년 일본의 학자 슌스케 쿠사노가 천마와 공생하는 미생물인 뽕나무버섯균과의 관계를 처음 발표해 천마를 광범위하게 재배하기 위한 토대를 마련했다. 그러나 첫 번째 천마에서 3대를 거친 무성 번식이 끝나면 생산량이 감소하고 품질이 나빠지는 현상이 두드러지게 나타났다. 1980년대에 중국의 학자 쉬진탕이 천마 종자가 싹을 틔운 후 여러 종의 흰애주름버섯을 분리해 천마의 성장을 효과적으로 촉진시킬 수 있었다. 이로써 베일에 싸여 있던 천마의 생활사가 점점 드러났다. 즉, 천마는 종자 세포의 발생, 종자 발아, 원괴체(발아 후 난과의 종자가 끈 혹은 가지 모양으로 비대해진 것_역자)의 성장 및 영양 번식에 이르는 전 과정에서 애주름버섯속 균류에 감염되어야 하고, 발아 후의 원괴체와 영양 번식할 줄기는 뽕나무버섯균과 영양을 주고받는 '영양 공급 관계'를 맺어야 했다. 그래야만 종자에서 다음 종자까지 생명 주기가 온전히 완성될 수 있었다. 천마의 삶을 밝혀낸 연구 성과는 천마 재배 분야의 중요한 이정표가 되었고, 난초과 식물과 진균의 관계를 연구하는 데도 매우 중요한 역할을 했다.

평범한 미식가들은 무침이나 훠궈 속에 든 천마의 특이한 맛을 즐길 뿐 이런 기구한 이력까지는 결코 알 턱이 없을 것이다. 그러므로 식물학이야말로 음식의 역사에 아주 섬세하고 흥미로운 변화를 일으키는 분야다.

다양한 각도로 음식 연구가 진행된다지만, 식물학적 관점으로 요리에 접근하는 경우는 매우 드물다. 식물학적 관점으로 음식을 연구하려면 저자의 전문 지식과 음식에 대한 열정이 뒷받침되어야 하기 때문이다. 이 책에서 독자는 식물을 연구하는 미식가의 관심사가 무엇인지 엿볼 수 있고, 식재료의 본질과 영양에 관한 지식에 다가가면서 식재료를 선택하는 데 도움을 받을 수 있다. 건강에 관한 관심이 갈수록 높아지면서 건강한 식재료와 요리법에 신경을 쓰는 사람들이 점점 늘어나고 있다. 이런 추세에 발맞춰 이 책은 독자들의 가려운 부분을 속 시원히 긁어줄 것이다.

차례

2부 | 아름다운 외모로 승부 보는 식물들

3부 | 세상에 특별하지 않은 음식은 없다

4부 | 식물학자만 알고 있는 알짜배기 식물들

일러두기

1. 인명, 지명, 학명 등은 전반적으로 국립국어원 표준어 표기법과 용례에 따라 표기했다.
2. 국명이 없어 학명을 찾을 수 없는 식물은 중국어 식물 이름을 번역한 뒤 한자를 병기했다. 중국 식물이더라도 학명이 정확히 나타나 있는 것은 학명을 병기했다.
3. 벼과, 가지과는 표준어 표기법에 따라 이미 보편적으로 쓰이는 볏과, 가짓과로 표기했고, 식물종 이름의 경우 표준어 표기법에 어긋나더라도 국가생물종지식정보시스템의 이름을 따랐다.
   예) 멧대추 ➡ 묏대추

1부

미각과 후각의 클라이맥스

미식가를 위한 식물 사전

코끝에서 터지는 쌀의 향

서남 지방에서는 여러 가지 축제가 열린다. 온 집의 그릇과 대야가 총출동하는 물 뿌리기 축제, 밤을 새워가며 모닥불 위를 뛰어넘는 횃불 축제, 사랑 노래가 무르익는 삼월삼三月三 축제, 심지어 곡식이 주인공이 되는 햅쌀 축제도 있다. 특히 햅쌀 축제는 지노족Jino, 하니족Hani, 수이족Shui이 모두 즐기는 축제로 유명하다. 황금빛으로 출렁거리는 벼가 산간의 둑을 가득 메울 때쯤 축제가 시작되고, 성대한 축제가 끝나면 낫을 들고 벼를 수확해 쌀을 찧어 밥을 짓는다. 햅쌀은 귀한 손님에게 먼저 대접할 만큼 맛과 향이 좋다. 그래서 햅쌀 특유의 향긋한 향이야말로 진짜 쌀의 맛이라고 흔히들 말한다. 아쉽게도 서남 지방이 아닌 산시山西에서 나고 자란 나 같은 사람에게는 남의 나라 이야기로만 들린다. 다만 나는 어릴 적의 식습관 때문에 모양새가 둥글고 굵은 자포니카Japonica형 멥쌀을 선호했고, 태국 같은 열대지방에서 재배하는 가늘고 긴 모양의 향미를 포함한 인디카Indica형 멥쌀에는 별 관심이 없었다.

그러던 중 윈난성 농업과학원에 들어가 1년 동안 벼의 유전체 지도를 연구하는 프로젝트에 참여하면서 나에게도 여러 종류의 쌀을 맛볼 수 있는 절호의 기회가 찾아왔다. 당시 연구소에는 여덟 개의 전기밥솥이 일렬로 쭉 늘어서 있었고, 연구원들은 매일 각각의 밥솥에 담긴 갓 지은 쌀밥을 하나하나 맛보며 빛깔과 향에 점수를 매겼다. 쌀은 종류에 따라 찰기나 향의 강도가 다르기 때문이다. 물론 그중에는 두 가지 특성을 한꺼번에 지닌 쌀도 있었다. 그래서 각자의 입맛에 맞는 쌀을 고르는 일에도 기술이 필요하게 되었다.

쌀 소비 시장이 나날이 커지면서 이제 연구자뿐만 아니라 모든 사람이 다양한 종류의 쌀을 접할 수 있다. 먹거리에 대한 기준이 까다로워진 시대에 밥그릇에 흰쌀만 가득 담는 것으로 만족할 사람은 아무도 없다. 이제 사람들은 낟알이 투명할 뿐만 아니라 밥을 지었을 때 은은한 향이 나는 쌀을 찾아다닌다. 시장에서는 미인 대회를 방불케 하듯 각양각색의 쌀이 세분화되어 산지, 낟알의 모양, 광택의 정도에 따라 진열대를 장식하기 시작했다. 다양한 쌀이 자신의 장점을 뽐내는 진열대 앞에서 우리는 과연 어떤 선택을 해야 할까?

투명하고 윤기가 흐르는 쌀의 진실

20여 년 전만 해도 밥을 지을 때마다 불순물을 골라내고 씻어내는 수고를 들여야 했다. 그래야만 밥을 먹다 쌀겨나 돌을 씹는 불상사를 피할 수 있었다. 지금 흔히 보는 쌀은 쭉정이를 제거하고 돌을 골라낸 덕에 빛깔이 곱고 매끈하다. 대부분의 쌀 포대 위에 '세척쌀'이라는 글자가 크게 적혀 있어 밥을 짓기 전에 쌀을 씻고 불순물을 골라내는 일은 이제 상징적인 의식에 불과해졌다. 그런데 이렇게 완벽하게 도정된 쌀은 왠지 비현실적이고 무언가 첨가된 듯 보인다. 그렇다면 도대체 어떤 과정을 거치기에 쌀이 이렇게 완벽한 상태로 출시되는 것일까?

가공 과정에서 가장 먼저 거쳐야 할 관문은 바로 돌 제거 작업과 자기력선별(magnetic separation)을 통한 분리 작업이다. 간단히 말하면, 기계 장치의 풍력과 중력을 이용해 벼와 돌을 분리한다. 이 설비는 곡물의 껍질을 까불리는 동작을 흉내 내도록 만들어졌다. 기술이 상당히 발달한 덕에 밥을 먹다가 돌을 씹는 일 따위는 거의 사라졌다. 분리 작업이 끝나면 쌀을 도정기로 보내 탈곡 처리를 한다. 예전에는 탈곡을 거치면 곧바로 포장해 판매했다. 하지만 잘게 부서진 쌀겨가 많이 남아 있어, 마치 하얀 서리가 내려앉은 것처럼 보였다. 물론 쌀겨가 영양 성분이나 맛에 영향을 주지는 않지만, 우리의 감각기관은 쌀겨의 존재를 쉽사리 참아주지 못한다. 그래서 정미 기술이 뒤이어 발전했다.

쌀을 도정하는 기본 원리는 쌀을 연마기에 넣어 서로 비벼주거나 강철 브러시와 같은 부품을 쌀알에 마찰시켜 표면의 겨를 제거하는 것이다. 그런데 정미 과정에서 더 재미난 기능이 하나 추가되었다. 바로 높은 온도의 수증기를 이용해 쌀 표면의 전분을 녹이는 기능인 호화糊化다. 예를 들어, 쌀을 끓여 죽을 만들 때 쌀알이 끈적끈적하게 변하는 과정이 전형적인 호화 과정이다. 물론 여기서 말하는 호화의 목적은 질은 쌀밥을 짓는 것이 아니라 작은 틈도 없어질 정도로 쌀알의 표면을 둥글고 매끄럽게 만드는 것이다. 이런 성형 과정을 거친 뒤에야 쌀은 더 매끈하고 투명하게 변한다.

이외에도 미네랄 오일mineral oil로 쌀알의 모양을 보기 좋게 만드는 방법을 많이 사용한다. 소량의 미네랄 오일을 섭취한다고 해서 건강에 해를 입지는 않는다. 실험용 쥐에게 정제되지 않은 미네랄 오일을 먹여 피실험 동물의 절반이 죽게 되는 양, 즉 반수치사량Lethal Dose 50%, LD50을 측정했다. 쥐가 급성 독성을 일으킨 양은 체중 1킬로그램당 5,000밀리그램이었다. 이것은 미네랄 오일의 주성분인 파라핀을 마셨을 때 나타나는 반수치사량과 거의 같은 양이다. 세계보건기구WHO는 정제된 미네랄 오일white oil(석유의 여러 가지 기름 중 비교적 흰빛을 띠는 휘발유와 등유, 경유 등_역자)을 암을 유발할 가능성이 낮은 제3그룹으로 분류했다. 다시 말해, 정제된 미네랄 오일은 일반적으로 발암물질이 아니다. 실제로 진짜 위험한 물질은 가짜 미네랄 오일이 쓰인 묵은쌀이다. 이런 쌀에는 곰팡이가 슬어 있고, 그 안에 함유된 누룩곰팡이야말로 건강을 해칠 수 있다.

쌀 향이 밥그릇에 담기기까지

|

쌀알의 표면에 윤기가 흐르게 하였으니 밥을 지었을 때 먹음직스러운 향까지 더해진다면 금상첨화가 아닐 수 없다. 그래서 향기 나는 쌀이 쏟아져 나왔고, 태국산 향미의 공세가 꺾이기도 전에 중국산 향미 시장도 새롭게 들썩이기 시작했다. 최근 몇 년간 인기를 누렸던 품종인 우창샹미五常香米도 그중 하나다. 하지만 쌀 향의 출처가 자연인지 공장인지 과연 분간할 수 있을까?

사실 시장에서 유통되는 향미의 품종 수는 적지 않다. 타이후太湖 유역과 쑤베이蘇北 지역에서 재배하는 향미만 해도 서른 종이고, 윈난 서부의 원산주文山州와 더훙주德宏州에서 생산하는 향미 품종은 심지어 100가지가 넘는다. 하지만 이 지역의 품종은 생산량이 한정되어 있고, 지리적 요소가 그 향에 영향을 주기에 환경의 제약을 받는다. 예를 들면, 재배 지역의 토양에 섞인 영양소나 성장기의 기온도 향기 성분의 축적에 영향을 미친다. 기온이 비교적 낮아야 향기 성분이 더 잘 축적되기 때문에 원산지를 벗어나 다른 기온을 접한 벼는 향을 유지하기 힘들다. 게다가 생산량이 하이브리드 쌀hybrid rice(잡종강세를 이용한 다수확 벼 품종__역자)에 크게 못 미쳐 향미 품종을 광범위하게 보급하고 재배하는 데는 한계가 있다. 정품 우창샹미의 연간 생산량은 80톤밖에 되지 않는다고 한다.

향미에 세계적 관심이 쏠리기 시작한 시기는 1930년대부터다. 현재 세계에서 생산량이 비교적 많은 향미는 모두 파키스탄에서 1933년에 선별하고 개량한 품종의 후예다. 이후 그 씨앗이 확산되면서 생산량이 많아졌고, 향미에 관한 연구도 심도 있게 진행되면서 2-아세틸-1-피롤린2-acetyl-1-pyrroline, 2AP으로 불리는 팝콘 향이 나는 화학물질을 찾아낼 수 있었다. 물론 쌀 향은 단순히 하나의 물질에 의해 결정되지 않고, 향 속 알코올alcohol, 알데하이드aldehyde, 산acid도 부분적으로 결정권을 가진다. 그런데도 2AP는 향미 특유의 냄새를 만들어내는 일등공신으로 꼽힌다. 그 후의 연구는 이 물질을 이용해 쌀의 맛을 개선하는 방향으로 발전했다. 사실 쌀의 향을 가공하는 일은 새삼스럽지도 않으며, 10여 년 전 진작부터 관련 기술을 연구해왔다. 다만 예전의 연구가 입맛을 돋우는 쌀을 만들기 위한 것이었다면 지금의 연구는 향기 나는 쌀을 '가짜 향미'로 뒤바꾸는 수단이 되었다. 우창샹미 공급에 거대한 구멍이 뚫리면 자연스럽게 그 자리를 가짜 쌀이 차지할 수 있다.

하지만 그렇다고 해서 크게 걱정할 필요는 없다. 이 물질을 향에 첨가하더라도 지나치게 많은 양을 사용할 수는 없기 때문이다. 일반적으로 쌀 1킬로그램당 2AP 함량의 최대치는 0.6밀리그램 정도다. 만약 그 이상이 들어가면 구수한 쌀 향이 아니라 비누 향이 나버린다. 다행히 아직까지는 정상적인 향미를 먹고 질병에 걸렸다거나 암이 발병한 사례는 단 한 건도 없었다.

바나나 향을 내는 바닐린vaniline, 사과 향을 내는 아이소발레르산아이소아밀Isoamyl isovalerate를 포함하는 수많은 향료는 음식물에 첨가되어 식욕을 불러일으킬 뿐이고, 2AP도 건강에 별다른 작용을 하지 않는다. 하물며 향미를 먹어서 얻을 수 있는 기본적인 영양 성분은 일반 쌀과 다르지 않다. 극소량의 향이 주는 차별성을 제외하면 향미는 전분 덩어리에 지나지 않는다. 현재까지도 향미에서 특별한 영양 성분을 발견하지 못했다. 그래서 향미를 먹고 안 먹고의 문제는 개인의 선택일 뿐 건강에 크게 영향을 미치지 않는다. 한두 공기의 밥으로만 배를 채우면 그만인 사람도 있다. 나는 천연의 향을 가진 값비싼 향미를 씹어 삼키는 일이 왠지 사치처럼 느껴질 때도 있다.

또 하나의 의미 있는 연구 결과에 따르면, 향미의 향기 성분은 주로 벼 껍질과 현미 껍질층에 집중되어 있다. 그래서 정미를 하면 향기 성분의 함량에 커다란 손실을 입고, 특히 2AP 수치가 85퍼센트 이상 낮아진다. 그러므로 도정하지 않은 현미로 밥을 지어 먹으면 순도 100퍼센트의 더 짙은 쌀 향을 즐길 수 있다.

색깔 있는 쌀의 영양 가치가 더 높을까?

이제는 흰쌀 말고도 초록색, 보라색, 오렌지색 등 갖가지 색의 쌀이 등장하고 있다. 이런 쌀은 보통 초록색을 내는 엽록소chlorophyll, 보라색을 내는 안토시아닌anthocyanin 등을 약간 넣어 색을 낸다. 이론상 이 색소들은 모두 몸에서 생물학적으로 활성화되지만, 단지 밥 두 공기를 먹는다고 해서 그 기능이 나타나지는 않는다. 물론 유색미의 종류에 따라 영양분의 함량은 차이가 난다. 예컨대, 흑미가 함유하는 무기질인 인과 칼륨의 양은 일반 쌀의 두세 배다. 하지만 다른 식품과 비교하자면 유색미의 영양 성분 성적은 다소 초라하다. 흑미의 건조중량를 측정했을 때 칼륨이 100그램당 256밀리그램씩 들어 있었는데 건조하지 않은 감자의 생중량 중 칼륨 함량은 100그램당 342밀리그램이다. 우리 식생활에서 쌀의 비중이 갈수록 줄어들고 있으므로 쌀과 다른 식품의 영양 차이는 식생활에 심각한 영향을 주지 않는다. 매일 오직 쌀밥 하나만 먹는 경우가 아니라면 그 차이를 크게 느낄 일은 없다.

미네랄 오일로 가공한 쌀을 어떻게 구별해낼까?

우량 품종은 한눈에 봐도 모양이 균일하고 통통하며 광택이 흐른다. 반면에 미네랄 오일로 가공한 쌀은 일반적으로 색이 희고, 수분이 빠져나갔기 때문에 표면에 살짝 금이 가 있다. 이런 쌀은 따뜻한 물에 담가두면 기름기가 수면 위로 떠오를 수 있다. 손으로 쌀을 비벼보면 끈적거리고, 기름기가 느껴지며, 심지어 기름 찌꺼기가 묻어나온다. 묵은쌀은 화학적 수단을 동원하지 않으면 가공 여부를 알아내기 어렵기 때문에 주의해야 한다. 쌀을 구매할 때 기본 원칙은 지나치게 싼 가격과 좋아 보이는 겉모습에 현혹되지 않는 것이다.

쌀을 씻으면 영양분이 손실될까?

단도직입적으로 대답하자면 그렇다. 그럼 가볍게 헹구듯 씻는 것은 괜찮을까? 이번에도 답은 '그렇다'이다.

쌀에 함유된 비타민이 손실되는 것만은 막아야 한다. 비타민은 물에 녹기 때문에 오래 씻을수록 손실이 크다. 하지만 한 가지 주목해야 할 점은 쌀의 비타민은 주로 쌀겨에 집중되어 있다는 사실이다. 윤기가 나고 모양이 예쁠수록 쌀이 주로 함유하는 비타민 B1은 점점 줄어든다. 그렇다면 알맹이가 투명하고 매끈한 쌀 속에 비타민이 얼마만큼 남아 있을지 짐작이 간다. 하지만 비타민 B1의 공급원은 매우 다양하다. 땅콩, 돼지고기, 대부분의 채소, 밀기울, 우유에도 비타민 B1이 풍부하다. 정상적인 식습관을 지녔다면 비타민 B1이 부족해 각기병에 걸리는 일은 일어나지 않는다.

미식가를 위한 식물 사전

신선함이 생명인 대나무의 어린싹

죽순은 내가 매우 좋아하는 채소 중 하나라서 나는 매년 늦봄과 초여름 무렵 베이징 시장에서 죽순을 찾아 나선다. 신선하고 질 좋은 죽순을 발견하면 살 수 있는 대로 사 와서 며칠 동안 새우, 버섯 등 다양한 재료를 활용한 죽순 요리로 몇 끼의 행복을 마음껏 누린다. 이 시기를 선택하는 것은 죽순의 맛이 가장 좋아서라기보다 생산량이 제일 많기 때문이다. 죽순은 특산지인 강남 지방의 미식가를 실컷 만족시키고 난 후 남는 것이 있을 때에야 비로소 다른 지방에도 보급된다. 그러니 아무래도 북쪽 지역에서 신선한 죽순을 먹기는 쉽지 않다.

이 기간을 놓치면 죽순이 나는 곳으로 여행을 떠나지 않는 이상 물에 끓인 뒤 밀봉해 파는 죽순과 죽순 통조림으로 위장의 아우성을 진정시킬 수밖에 없다. 아주 가끔 삶아서 말리거나 절인 최상급 죽순을 얻을 기회가 생기기도 했다. 그러면 일부러 오리고기나 소고기와 같은 고급 재료를 죽순의 맛과 배합하면서도 어렵게 구한 음식 재료를 허투루 쓸까 봐 조바심을 내며 요리했다.

달콤 쌉싸름한 죽순의 맛

내가 태어난 황투고원은 매서운 추위를 견딜 필요는 없는 곳이지만 대나무의 서식 환경은 되지 못한다. 그래서 "고기 없이 살지언정 대나무 없는 곳에 살 수 없다"던 한시 구절은 그저 상상 속에서

만 울려 퍼질 뿐이다. 간혹 어느 집 정원에 심어진 가느다란 대나무 몇 그루가 보일 때도 있었지만, 그 정도 대나무에서 먹을 만한 죽순이 나올 리는 없었다.

공부하러 떠났던 쿤밍昆明에서 죽순을 맛본 뒤 세월이 더 흐르고 나서야 온갖 풍미를 자랑하는 여러 종의 죽순을 마음대로 먹어볼 기회가 찾아왔다. 활짝 핀 난초 꽃을 따라 서남 지방 방방곡곡을 돌아다닐 때였다. 나는 그제야 통조림 상태가 아니라 레몬처럼 강한 신맛을 지닌 죽순의 진짜 모습을 보았다.

사실 죽순은 방대한 집합체를 가리키는 단어다. 전 세계에 분포된 볏과의 대나무아과 식물을 합치면 대략 70여 속, 1,000종이다. 이 식물들의 새싹을 모두 죽순이라고 부를 수 있다. 그러나 모든 죽순의 맛이 좋은 것은 아니다. 가장 눈에 띄고 요리에 자주 쓰이는 것은 아무래도 대나무의 일종인 죽순대*Phyllostachys edulis*의 싹이다. 죽순대는 중국에서 가장 많이 재배하는 대나무인데 죽순만이 아니라 건축이나 제지, 젓가락에 사용되는 대나무 장대를 제공하기도 한다. 특히 죽순대는 겨울과 봄에도 죽순을 계속해서 제공한다. 겨울 버섯 볶음 '샤오얼둥燒二冬', 봄에 먹는 닭고기 요리 '춘순지딩春筍雞丁'에는 거의 모두 죽순대가 쓰인다. 요컨대, 이 죽순의 맛은 어느 요리에나 잘 어울리며, 특별한 향은 물론 쓴맛이나 이상한 맛도 나지 않는다. 배추와도 같이 식탁을 채우는 기본 찬거리라고 해도 무방하다. 그런데 죽순의 맛을 제대로 느끼려면 이런 대중적인 미각에서 벗어나야 한다.

만약 죽순의 아삭하고 연한 느낌에 사로잡힌다면, 약간의 씹는 맛에도 끌릴 것이다. 이런 기대에 부응하는 죽순은 볏과 왕대속의 솜대*Phyllostachys nigra*만 한 것이 없다. 솜대는 상당히 단단하고 질기다. 식물학자들이 산에서 난초를 관찰할 때 사용하는 임시 발판은 솜대로 만든 것이다. 솜대의 죽순도 이 특징을 그대로 닮아 질기면서도 한편으로는 아삭아삭하다. 하지만 내가 연구할 당시에는 죽순을 제대로 음미해보지 못했고, 순전히 먹을 만한 게 없을 때 급히 구할 수 있는 채소로만 알았다. 연구 때문에 자리를 비우기 힘든데다 시내로 들어가는 길도 험난했고, 가이드의 집에서 기르는 채소의 양도 모든 연구원의 배를 채우기에는 턱없이 부족했다. 그래서 채소가 부족할 때면 가이드는 마당에서 죽순을 두어 개 가지고 들어왔다. 절여 말린 돼지고기나 피망을 볶을 때 죽순은 입맛을 돋우는 훌륭한 식재료였다. 게다가 죽순이 땅 위로 모습을 드러내는 시기는 경엽두란硬叶兜蘭의 개화기와 겹쳤다. 죽순의 맛은 유난히 예뻤던 난초 꽃의 모습과 함께 아직도 기억 속에 생생하다.

신선하고 달콤한 맛으로 따지자면 솜대보다 해밀턴의 대나무 hamilton's bamboo, *Dendrocalamus hamiltonii*가 훨씬 우세하다. 윈난성의 관광지 시솽반나西雙版納에서 처음 이 죽순을 맛보았을 때 나는 요리사가 음식에 설탕을 넣은 줄 알았다. 나중에 다시 들렀을 때 일부러 주방으로 찾아가 아직 양념하지 않은 재료를 살짝 맛보았고, 그제야 죽순 자체의 단맛이 강하다는 사실을 알 수 있었다. 이 대나무는 최대 27미터까지 자라는 것으로 유명하다. 대나무 몸체가 길다 보니 죽순 하나가 1~2킬로그램에 달할 정도로 크다. 죽순은 간장이나 된장 등을 쓰지 않고 기름에 볶기만 해도 미식가를 사로잡기에 충분한 맛을 낸다.

해밀턴의 대나무가 감미로운 맛으로 승부를 보는 반면 스퀘어대나무square bamboo, *Chimonobambusa quadrangularis*의 살짝 쓴맛은 오리고기나 햄처럼 기름진 재료와 잘 어울린다. 산에서 이 대나무를 찾는 일은 그리 어렵지 않다. 대나무의 단면이 네모난 모양이고 마디가 가시투성이기 때문이다. 산에 올랐을 때 무심코 이 대나무를 손으로 잡기라도 하면 가시에 찔려 유혈 사태가 벌어진다. 하지만 맛은 기가 막히게 좋다. 이 대나무의 죽순을 삶아서 말리면 날것보다 훨씬 맛있다. 하지만 삶아서 말린 죽순을 사려고 시장에 갈 때마다 허탕을 칠 때가 많았다. 이 죽순은 삶아서 물에 담근 뒤 꺼내 햇빛에 말린 다음 다시 연기에 그을려야 할 만큼 손질 과정이 번거롭고 오래 걸려 그리 많은 양을 팔지 않았다. 이렇게 손질한 죽순은 맛이 좋고 인기가 많아서 원산지 주민들만 먹기에도 부족했고, 우리 연구진도 그곳에서 일할 때만 가끔 맛볼 수 있었다.

죽순의 영양 성분과 특별한 아미노산

영양 성분을 최우선으로 생각하는 세상에서 나처럼 맛에만 관심을 두는 사람은 드물 것이다. 죽순도 '기름을 긁어내는' 기능이 있다고 알려지면서 다이어트 음식으로 주목받기 시작했다. 그렇다면 어떻게 기름을 '제거'한다는 것일까?

답을 찾으려면 먼저 죽순의 성분부터 알아야 한다. 죽순 100그램의 90퍼센트 이상이 수분이어서 바싹 말리면 고작 10그램밖에 되지 않는다. 10그램의 건조된 물질은 단백질 32퍼센트, 당류 44퍼센트, 섬유소 9퍼센트, 지방 1.3퍼센트로 구성되어 있고, 나머지는 각종 무기질과 회분이다. 주요 영양 성분만 보면 죽순은 대다수 채소와 큰 차이가 없고, 단백질 함량이 살짝 높을 뿐이다. 오로지 죽순만 먹는다면 확실히 살을 빼는 데 도움이 된다. 물론 당근만 먹으며 살을 빼는 것과 같은 원리지만.

죽순의 특별한 점은 바로 리신lysine, 글루탐산glutamic acid, 아스파르트산aspartic acid 등 유리아미노산을 다량 포함하고 있다는 사실이다. 유리아미노산이란 단백질을 구성하지 않고 죽순 안에서 이리저리 돌아다니는 아미노산이다. 바로 이런 아미노산의 작용 덕분에 죽순 특유의 맛이 난다.

죽순을 먹으면 얼마 지나지 않아 배가 고파지는데, 이런 이유로 사람들은 죽순이 기름을 긁어내는 역할을 한다고 말한다. 실제로 죽순은 우리 몸에 에너지로 쓰이는 물질을 제공하지 못하므로 죽순을 아무리 배불리 먹어도 또 배가 꺼질 수밖에 없다. 식이섬유로 포만감을 높일 수 있다고는 하지만 나는 이제까지 죽순만으로 배가 찬다고 느낀 적이 한 번도 없었다. 게다가 갓 채집한 죽순 속에 포함된 아세트산의 신맛은 감당하기 힘들기에 동물성 유지와 같은 기름으로 누그러뜨려야 한다.

어찌 됐든 내가 죽순을 좋아하는 이유는 단연코 맛이 좋아서다. 맛있는 죽순을 먹고 싶다면 요리에 들어간 기름의 열량을 걱정해서는 안 된다. 그렇지만 이곳은 대나무 숲과는 멀리 떨어진 베이징이므로 죽순을 먹는 것 자체가 결코 쉽지 않다.

신선한 죽순을 맛보는 게 쉽지 않은 이유
|

죽순을 선택할 때 가장 기본적으로 씹는 맛이 있는지를 따진다. 안타깝게도 죽순은 처음에는 아삭하다가 딱딱하게 굳어가는 과정이 너무 빠르게 진행된다. 대나무가 하도 빨리 자라니 마디가 뽑히는 소리를 들을 수 있다는 말도 돌았다. 나는 이런 이상한 소리를 들어보지는 못했지만, 죽순이 하루 만에 푸른 대나무로 바뀌는 신기한 장면은 본 적이 있다.

죽순은 빠른 속도로 자라면서 세포 속에 리그닌과 섬유소를 축적한다. 이 물질은 마디가 올라가며 자라는 죽순을 아주 단단한 대로 변신하게 해준다. 대나무 몸체에서 떼어내도 죽순이 딱딱하게 변하는 과정은 멈추지 않고 도리어 그 속도가 더 빨라진다. 죽순의 단면이 공기 중에 노출되면 그중 리그닌의 축적을 결정짓는 화학 물질 페닐알라닌 암모니아분해효소phenylalanine ammonia-lyase, PAL와 페록시데이스peroxidase, POD가 활성화되어 죽간으로 변화하는 것을 촉진하기 때문이다. 그래서 죽순을 선택할 때 죽순의 끝을 살짝 눌러본 후 이미 딱딱해졌다면 그냥 내려놓아야 한다.

　죽순을 힘들이지 않고 씹어 먹으려면 죽순의 신선도를 유지하는 방법을 알아야 한다. 아황산나트륨을 단면에 묻혀 화학물질을 억제하는 방법도 있지만 아황산나트륨을 잘못 사용한다면 안전을 장담할 수 없다. 더 안전하게 보관하려면 단면에 키토산chitosan을 바른 후 저온 냉장해 날것의 상태인 죽순을 잠시나마 동면 상태로 만들면 된다. 그러면 수송 과정에서 신선도를 유지하기 위한 비용이 크게 증가하지만 어쨌든 아직까지는 별다른 수가 없다.

　북쪽 사람들은 죽순을 무보다 약간 더 아삭한 반찬거리 정도로만 생각한다. 그도 그럴 것이 북쪽 지역의 식탁에는 당과 아미노산이 모두 소실된 죽순이 올라온다. 물론 해밀턴의 대나무 죽순처럼 그 자체로 강한 단맛을 지닌 것도 있긴 하지만 이런 죽순은 생산량이 극히 적어 산지가 아닌 다른 곳에서는 맛보기 힘들다.

　운 좋게 그럭저럭 신선해 보이는 죽순을 사는 데 성공했다면 보관하려는 생각을 해서는 절대로 안 된다. 신선하고 단맛이 나는 죽순이 이틀도 되지 않아 먹을 수 없을 지경으로 변해버리고 만다. 갓 사 온 죽순은 얼른 접시에 담아 진미로 만들어야만 그 본연의 맛을 제대로 느낄 수 있다. 만약 한꺼번에 너무 많이 사 왔다면 냉장 보관하거나 뜨거운 물에 반쯤 익혀야 이틀 동안이라도 봄 죽순의 맛을 온전히 느낄 수 있다.

삶은 죽순 안에 석회가 들어 있을까?

진공 포장한 삶은 죽순을 보면 흰색 물질이 눈에 띈다. 이것은 석회가 아니라 티로신tyrosine이라는 아미노산인데, 죽순의 구성 성분 중 가장 높은 함량을 차지한다. 죽순을 삶아 가공하면 티로신이 빠져나온다. 이 상태에서 죽순을 냉각하면 티로신은 하얀 석회처럼 보이는 결정체가 된다.

미생물이 자라는 것을 막기 위해 삶은 죽순의 산성도pH 수치는 대부분 5.0~5.3로 조절된다. 산성도가 티로신을 결정체로 만드는 등전점(수용액 중에서 양이온의 농도와 음이온의 농도가 같아지는 상태_역자)의 조건에 맞아 떨어지면서 티로신은 물에 녹지 못하고 결정체로 남는다. 그 결과 포장 처리된 죽순에 석회처럼 보이는 침전물이 생긴다.

침전물을 먹어도 문제는 없다. 그래도 흰색이 눈에 거슬린다면 죽순을 산성도를 높인 식초 물에 담가 여러 번 우려낸 후 맑은 물로 헹궈내면 된다.

맵지만 위를 보강하는 진통제

외삼촌은 매운맛을 즐기는 분이다. 잘게 다진 샤오미라고추小米辣에 소금과 식초로 살짝 간을 해서 내오면 한 접시를 뚝딱 먹어치우신다. 맑은국에 고추기름을 넣어 시뻘겋게 만들어 먹기 일쑤였으며 꼬치구이도 고추 소스가 든 종지에 두세 번씩 푹푹 찍어 드셨다. 외삼촌이 맵게 먹을 때마다 외할머니께서는 "고추를 그렇게 많이 먹는데 위가 남아나겠니?"라며 걱정 어린 잔소리를 늘어놓으셨다. 다행히 30년이 지나도 외삼촌의 위는 건재하다.

내가 여러 해 동안 윈구이촨雲貴川(윈난성, 구이저우성貴州省, 쓰촨성四川城을 줄인 말__역자)에 있는 산골짜기에서 연구 프로젝트를 진행했을 때 고추는 없어서는 안 될 식재료였다. 안개 낀 산골짜기에서 반나절 동안 일을 하다가 숙소로 돌아가면 축축한 이불이 우리를 기다리고 있었다. 만약 난로마저 없었다면 습하고 추운 날씨를 어떻게 견뎠을지 상상이 되지 않을 정도다. 난로와 더불어 몸을 따뜻하게 하는 가장 믿을 만한 존재는 고추였다. 고추를 몇 개만 먹어도 땀이 비 오듯 쏟아졌고, 하루 동안 모공 속을 메우던 한기조차 땀으로 말끔히 빠져나갔다.

어찌 됐든 고추는 끊임없는 잔소리를 부르는 식재료 중 하나다. 단적인 예로 의사는 나처럼 인후염을 달고 사는 사람일수록 매운 음식을 적게 먹어야 하고, 그렇지 않으면 염증이 더 심해질 거라고 늘 주의를 주었다. 음식점에서 강한 향과 매운맛이 일품인 쓰촨의 요리들을 시키면 아내는 매운 음식만 잔뜩 시켰다고 핀잔했다. 아내는 여드름 문제로 고통받고 있으면서도 생선을 요리한 수이주위

水煮魚, 닭고기와 고추를 볶은 라쯔지辣子鷄, 두부 요리인 마파두부麻婆豆腐가 차례로 나오면 음식의 절반을 정신없이 해치웠다. 그만큼 매운맛은 한번 빠지면 쉽게 헤어 나오지 못할 만큼 중독성이 강하다. 하지만 매운 음식이 단지 미뢰만 자극하는 것은 아니다. 그 사실을 뒷받침하는 객관적인 증거가 있다.

화끈한 혈압강하제의 원리

매운 쑤안차이위酸菜魚(절인 배추와 민물고기를 넣어 만든 탕 요리_역자)를 먹을 때 무심코 고추 조각을 입에 넣은 순간 어떤 느낌이 가장 먼저 찾아올까? 아마도 두피가 저릿하고 피가 머리끝까지 솟구치는 경험을 할 것이다. 도대체 고추에 있는 어떤 성분 때문에 이런 느낌이 드는 것일까? 물론 이런 성분 때문에 고혈압이 발생한다면 문제가 된다. 하지만 매운맛의 자극은 오히려 혈압을 안정적으로 낮춘다.

2010년 띠싼쥔第三軍대학 의대 연구진이 학술지 『셀Cell』에 발표한 연구는 고추를 즐겨 먹는 이들에게 희소식이었다. 연구진은 남쪽 지역에 사는 사람보다 고추를 덜 먹는 북쪽 지역에 사는 사람이 고혈압에 걸릴 확률이 높다는 사실을 발견했다. 남쪽 사람과 북쪽 사람의 고혈압 발병률은 각각 14퍼센트와 20퍼센트였다. 연구진은 동물실험을 통해 고추가 혈압을 낮춘다는 주장의 증거를 찾아냈다. 두 지역 사람들이 먹는 소금의 양이 혈압에 미치는 영향을 배제한 뒤 유전자 결함으로 고혈압을 앓던 생쥐에게 캡사이신을 주

입하자 증세가 나아졌다.

　고추 속에 함유된 주요 성분 캡사이신이 혈압을 낮추는 데 도움을 주었기 때문이다. 캡사이신은 수많은 혈압강하제의 원리와 비슷하게 작용하지만 더 순하다. 혈관 속에 있는 단백질 키네이스 A protein kinase A와 산화질소 합성효소nitric oxide synthase가 물질대사에 필수적인 인산화 반응의 횟수를 현저히 높이고, 혈장 속 일산화질소 대사 물질의 농도도 증가시켜 혈관을 확장하고 혈압을 떨어뜨린다. 이렇듯 고추의 뛰어난 효능에 관한 연구와 개발에 불이 붙은 지는 벌써 오래되었고, 캡사이신 혈압강하제가 나올 날도 머지않았다.

체온 조절을 통한 고추 다이어트

|

고추 다이어트가 새롭게 유행한다고 한다. 고춧가루를 잔뜩 뿌려 음식이 입속에 들어가는 것을 막는 것은 아니니 고추 다이어트를 오해하지 않았으면 한다(적어도 매운맛 중독자인 내 아내는 절대 막을 수 없다). 이 다이어트는 고추를 활용한 약을 통해 지방을 연소시키는 방법을 이용한다. 캡사이신을 함유한 연고를 피부에 바르면 지방이 빠르게 연소된다는 소문은 연고를 바른 뒤 쏟아지는 땀 때문에 나온 말이다. 덧붙이자면 랩으로 몸을 둘둘 말아 감싸는 방법은 지방을 연소시키는 데 도움이 안 된다. 수분이 빠져나가 살을 뺐다고 착각하게 만들 뿐이다. 이런 방식으로 밖으로 쏟아 내리듯 흘러나온 땀은 다이어트와 전혀 상관이 없다!

 고추 다이어트 연고를 바른 후 땀이 쏟아지는 이유는 캡사이신이 신경계에 분포된 캡사이신 수용체TRPV1라는, 신경전달물질의 통로가 되는 단백질에 자극을 주기 때문이다. 이 수용체는 섭씨 36도 내외로 정상 체온을 유지하도록 대뇌를 수시로 독촉한다. 물론 대뇌로 하여금 정상 범위 이상으로 체온을 높여 바이러스가 침투하는 상황에 대비하도록 재촉할 수도 있다. 세균에 감염되었을 때 열이 나는 이유는 세균 활동을 억제하기 위해서다. 이 모든 일은 캡사이신 수용체 덕분에 일어난다. 캡사이신은 수용체를 직접 자극해 대뇌가 체온을 떨어뜨리라는 명령을 내리도록 조종한다. 쉽게 말하자면, 땀이 나게 한다. 이 땀은 사우나에서 흘리게 되는 땀과 명령 방식이 일치해 다이어트와는 관계가 없다. 그러므로 살을 빼고 싶은 사람들은 더는 자학하듯 매운 연고를 바르지 않아도 된다.

위의 연구 결과에 따르면, 캡사이신은 지방의 합성을 억제할 뿐 이른바 지방을 '태우는' 기능은 없다. 몸에 캡사이신 연고를 바르면 화끈거리기만 하고 체중을 감량하지는 못할 테지만 고추를 좀 더 많이 먹으면 상대적으로 지방 섭취를 줄이는 데 도움을 받을 수도 있다. 다만 수이주위와 같은 매운 음식을 지나치게 많이 먹는 식습관이 과연 다이어트 효과로 이어질지는 여전히 의문이다.

위를 튼튼하게 만드는 약

매운맛을 즐기던 외삼촌의 이야기로 다시 돌아가보자. 외삼촌은 오랫동안 고추를 즐겨 먹었지만, 위에 탈이 난 적은 단 한 번도 없었다. 주변 사람들은 외삼촌의 위가 남들과 다른 특별한 구조를 갖춰 캡사이신의 공격을 막아내고 있는 것은 아닌지 나름대로 추측해보기도 했다.

사실 캡사이신은 정말 억울한 누명을 쓰고 있다. 고추를 먹으면 위가 상한다는 말은 항간에 떠도는 소문일 뿐이고, 외할머니의 잔소리도 기우에 불과하다. 물론 캡사이신 때문에 위장이 화끈거릴 수는 있지만 마치 안마와도 같은 이 감각은 오히려 위장에 적잖이 도움이 된다.

연구 결과에 따르면, 적정량의 캡사이신은 위산 분비를 억누른다. 이 사실은 위산이 과다하게 분비되는 사람에게 매운맛을 즐길 좋은 핑계가 되어줄지도 모른다. 캡사이신은 위장의 운동을 돕고 혈액을 원활하게 흐르도록 돕는다. 위액을 분비시키거나 손상된 위점막을 회복하는 일도 촉진하고, 알코올성 위 손상을 어느 정도 줄인다. 따라서 지금까지 줄곧 위장 킬러로 알려졌던 고추는 오히려 위에 좋은 약이라는 사실을 알 수 있다.

"지나침은 모자람만 못하다"라는 말은 여기서도 적용된다. 고추를 너무 많이 먹으면 누구든 배 속이 화끈대는 느낌을 피하기는 어렵다. 더 끔찍한 상황은 배변할 때도 불편한 느낌이 찾아오는 것이다. 캡사이신은 소화기관에서 분해되지 않고 몸 밖으로 그대로 배출된다. 그래서 용변을 볼 때 항문에 고춧가루를 바른 것 같은 느낌이 들 수밖에 없다.

매운 자극이 고효율 진통제다

캡사이신은 빨갛게 달아오른 쇠꼬챙이같이 소화기관을 위에서부터 아래로 관통한다. 고추를 만진 손으로 눈을 비비기라도 하면 한동안 끔찍한 고통에서 헤어 나오기 힘들다. 그런데 이런 강한 자극이야말로 캡사이신을 진통제로 거듭나게 한 일등공신이다.

지금까지 나온 연구 결과에 따르면, 캡사이신에 의해 통증을 느끼는 과정은 폴리펩타이드polypeptide라는 물질의 한 종류인 P물질substance P과 밀접한 관련이 있다. 아미노산 11개가 연결된 이 물질은 신경에 흥분을 전하는 매개체로서 중요한 역할을 한다. 이 물질은 몸이 상처를 입었다는 신호를 뇌와 척수로 이루어진 중추신경계에 전달한다. 캡사이신은 P물질이 합성되는 작업을 막고 통증의 전달 과정을 무너뜨려 통증을 가라앉힌다. 생쥐를 활용한 실험에서 캡사이신은 이미 긍정적인 효과를 보여주었고, 캡사이신을 활용한 약은 류머티즘성 관절염 등 여러 질환의 통증을 치료하는 데 광범위하게 사용된다.

하지만 캡사이신의 효능을 근거로 들어 고추 자체를 약으로 직접 사용해서는 안 된다. 암세포를 죽이는 성분인 택솔taxol을 함유한 주목 껍질을 먹는다고 해서 항암 효과를 기대할 수 없는 것과 일맥상통한다. 우리가 약물 원료 속 주성분의 양과 순도를 조절하거나 통제할 수는 없다. 약물과 약물 원료의 차이가 바로 여기에 있다. 그러므로 특별한 치료가 필요할 때는 반드시 의사에게 처방을 받아야 한다.

미 | 식 | 보 | 감

참기름으로 매운맛 다스리기

혀가 얼얼할 정도로 매운맛이 강한 수이주위를 먹고 나면 얼음물 몇 잔을 벌컥벌컥 들이마셔도 입안이 타들어가는 것을 막을 수 없다. 어느 누구도 해결할 수 없는 문제다. 사람들은 우유를 마시거나 양치질을 하는 등 다양한 방법을 시도해왔다. 그중에서도 가장 효과적인 방법은 참기름을 조금 마셔 매운맛을 중화시키는 것이다. 땅콩기름, 콩기름 같은 식물유라면 모두 가능하다. 캡사이신은 기름에 녹는 지용성이어서 물에 씻겨 내려가지 않지만 참기름에는 용해되기 때문에 얼얼하게 마비된 혀를 풀어주는 데는 이만한 묘약이 없다.

미식가를 위한 식물 사전

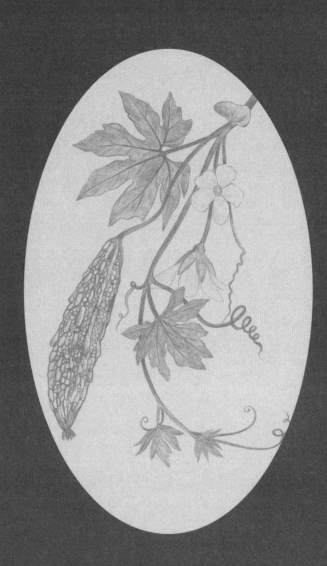

약효가 좋기로 소문난 천연 재료

내가 대학 입학 시험을 보던 날은 꽤 화창했다. 몇 차례 폭우가 내린 뒤여서 그런지 춥지도 덥지도 않은 알맞은 날씨였다. 하지만 날이 아무리 좋다 한들 잔뜩 긴장한 수험생의 마음을 어루만져줄 수는 없었다. 나는 입맛도 없었고, 무엇을 먹어도 맛을 잘 느끼지 못했다. 그때 유일하게 먹고 싶은 음식은 여주였다. 아버지는 나를 시내로 데리고 나가 식당마다 일일이 들어가서 여주를 파는지 물었고, 간신히 한 만두 가게에서 차게 무친 여주 요리를 주문할 수 있었다. 아버지는 내가 먹는 모습을 옆에서 묵묵히 바라보며 가끔씩 "쓰지 않아?"라고 물어보셨고, 나는 그저 "네"라고 짧게 대답한 후 말없이 먹기만 했다. 그 순간에도 내 머릿속에는 공식, 개념, 작문 등 시험에 관한 생각으로 가득 차 있었다. 시험을 치르는 며칠 동안 우리는 저녁 식사를 모두 그 식당에서 해결했다.

예전과 달리 여주는 이제 귀하거나 구하기 힘든 음식 축에도 들지 않는다. 한여름이 되면 쓴맛 음식이 마치 열기를 식히는 명약인 양 '쓴맛' 재료로 만드는 요리 레시피가 인터넷에 속속 등장한다. 그중에서도 여주의 인기가 가장 높다. 마치 한입 베어 물기만 하면 사람을 꽝꽝 얼리는 아이스크림 광고처럼 여주의 위력 역시 그 정도라고 착각하게 만든다. 여주는 혈당을 낮추는 데 도움이 된다고도 알려져 있다. 하지만 그런 효과를 얻겠다고 굳이 이 '쓴맛'을 볼 필요가 있을까?

여주의 단맛과 쓴맛

이상한 말처럼 들릴지 모르지만, 여주에 대한 나의 인상은 달콤한 맛에서 시작되었다. 중국 북쪽의 광활한 지역에서 여주는 원래 관상용 식물로 재배되었다. 어린 시절 울타리를 타고 빈틈없이 기어오른 넝쿨은 초록빛으로 우거진 녹음을 선사했고, 잘 익은 오렌지색 열매는 창가나 마당 풍경의 정취를 더했다. 하지만 우리처럼 호기심 많은 어린아이는 오로지 오렌지색 열매에만 집중했다. 부모님 몰래 처음 여주를 서리해 껍질을 벗겨내자 헛씨껍질인 빨간 겉옷이 먼저 보였고, 그다음에 씨앗이 드러났다. 그 순간 나는 흥분을 감추지 못하고 얼른 씨앗을 하나씩 꺼내 입에 넣고 빨아보았다. 그 맛에는 은은한 풀 맛과 함께 단맛도 섞여 있었다. 당시만 해도 비터멜론으로 불리던 여주를 요리해 먹을 수 있다고는 상상조차 못했다.

나중에 윈난으로 여행을 떠난 뒤에야 익지 않은 초록빛 여주를 채소로도 쓸 수 있다는 사실을 알게 되었다. 사실 이 박과 식물은 이미 오래전부터 아시아 열대 지역 주민들 사이에서 채소로 사용되었다. 중국인들은 명나라 말기나 돼서야 이 특별한 채소와 만날 수 있었고, 명나라 서적 『구황본초救荒本草』에 여주에 관한 기록이 최초로 등장한다.

다른 박과 채소와 비교했을 때 껍질의 쓰디쓴 맛 때문에 여주는 별종으로 여겨진다. 수분이 많아 부드러운 동과, 달콤한 호박은 말할 것도 없고, 과육을 먹고 남은 수박 껍질조차도 상큼한 반찬으로 재탄생한다. 하지만 여주의 쓴맛은 지금까지도 호불호가 갈린다. 혀가 쓴맛에 그리 우호적이지 않으니 어찌해볼 도리는 없다. 더구나 쓴맛은 보통 독이 있거나 자극이 강해 몸에 해롭다는 인식이 널리 퍼져 있다. 오랜 진화 과정을 거치면서 혀는 신맛, 단맛, 짠맛보다 쓴맛을 감별하는 능력을 길렀다. 보통 사람은 단맛의 농도가 0.5퍼센트 이상일 때만 맛을 느끼지만 토닉 워터의 쓴맛은 0.0016퍼센트의 농도로도 충분히 감별할 수 있다. 심지어 슈퍼 미각을 가진 사람은 물 한 잔에 분자 단위로 함유된 쓴맛 물질을 판별해낸다.

식물은 주로 알칼로이드, 쓴맛펩타이드, 테르펜terpenes 화합물 성분으로 쓴맛을 낸다. 인류는 아주 긴 세월 동안 쓴맛과 함께하면서 쓴맛을 내는 많은 물질의 용도를 알아냈고 상당히 많은 알칼로이드를 이미 적극적으로 활용하고 있다. 예를 들어, 베르베린berberine은 항균 작용에 쓰이는데 세균의 성장만 멈추게 하는 것이 아니라 설사를 멈추는 지사 작용도 하고, 아미그달린amigdalin은 기침을 가라앉히는 데 좋다. 하지만 쓴맛을 내는 성분은 모두 양날의 칼과 같아 적게 쓰면 병을 치료하고 통증을 줄일 수 있는 반면, 적정선을 초과하면 사람의 목숨을 앗아간다.

여주 속에 함유된 글리코시드glycoside 또한 알칼로이드 성분이다. 희한하게도 이 성분의 뚜렷한 효용 가치가 명확히 밝혀지기 전부터 여주는 이미 사람들 사이에서 더위를 식히거나 암을 치료하는 데 좋다고 입소문을 탔다. 하지만 많은 효능을 지닌다고 해도 채소에서 쓴맛이 나는데 굳이 먹어야 할까?

입에는 쓴 여주가 몸에 좋을 가능성

카페인, 테오필린theophylline과 같은 알칼로이드는 신경을 각성시켜 더운 여름날 정신을 맑게 해준다. 반면에 여주에 함유된 글리코시드 형태의 성분은 더위를 먹었을 때 증상을 완화하는 데는 전혀 쓸모가 없다. 하지만 당뇨병 환자의 혈당을 떨어뜨릴 수는 있다.

이 열매를 몰래 훔쳐 먹은 동물들은 여주의 방어 물질 카란틴charantin 때문에 혈당이 떨어졌고, 카란틴은 이들을 여주 덩굴 아래 주저앉힐 비밀 병기였다. 하지만 여주는 혈당강하제를 온전히 대체할 수 있는 식물이 아니다. 여주를 많이 섭취한다고 해서 그만큼의 효과를 볼 수는 없다. 심지어 과다 복용으로 인한 부작용이 나타날 수도 있다는 사실이 연구를 통해 밝혀졌다.

카란틴이 암세포와 싸우는 물질로 변하는 과정을 근거로 들며 여주를 항암 효과가 있는 약으로 소개하는 홍보물도 등장했다. 이 물질이 생리적 반응 속도를 떨어뜨리는 억제 작용을 통해 인체의 면역 시스템을 '보호'하므로 암을 치료하는 효과가 있다는 주장이었다. 하지만 여주의 항암 효과를 기대하기는 어렵다. 차라리 여주를 먹고 혈당이 대폭 낮아지기를 기다리는 게 더 신빙성이 있어 보인다. 그러고 보면 "병은 약보다 음식으로 치료하는 편이 낫다"라는 말은 그리 설득력이 없는 듯하다.

한편, 여주는 동물의 생식 능력에 확실히 영향을 준다. 실험용 수컷 개에게 매일 1.75그램의 여주 추출물을 먹이자 60일이 지난 후 사정 능력을 잃었다. 또 다른 연구에서는 매일 암컷 쥐에게 여주 잎 착즙액을 먹이자 임신 성공률이 90퍼센트에서 20퍼센트로 떨

어졌다. 여주에서 추출해낸 카란틴 성분은 임신한 쥐를 유산하게
했다.

　누군가는 여주가 별다른 약용 가치가 없더라도 더위를 식혀주는
효과는 확실히 있지 않느냐고 반박할지 모른다. 유감스럽게도 여
주는 그런 능력조차 갖추지 못한 식물이다. 일반적으로 더위를 식
히는 식품을 먹으면 수분과 미네랄을 빠른 속도로 보충할 수 있어
몸속 수분과 전해질의 균형이 흐트러지지 않는다. 그런데 여주는
미네랄을 함유하지 않아 영양학의 관점에서 특별한 구석이 전혀
없다. 여주를 먹어 미네랄을 보충하느니 차라리 무기질이 풍부한
녹두탕을 마시는 편이 훨씬 나을 것이다. 만약 수분을 보충하고 싶
다면 수박을 두 조각 잘라 먹기를 권한다.

쓴맛 나는 식물이 위험한 이유
　|

어쨌든 지금까지 여주를 먹고 여주 성분의 독성에 중독된 사례는
없었다. 여주의 쓴맛이 너무 강해 많이 먹을 수 없는 데다 여주 속
모모르디신momordicine의 독성도 그다지 강력하지 않기 때문이다. 그
러나 쓴맛을 가진 야생초는 보기보다 호락호락하지 않아서 극소량
만으로도 사람의 목숨을 앗아갈 수 있다. 악명 높은 자주괴불주머
니Corydalis incisa도 그중 하나다.

　일반적으로 독이 있는 야생초는 쓴맛이 두드러지거나 목숨을 앗
아가는 독초라고 알려져 있어서 경각심을 불러일으키기에 충분하
다. 푸젠성 윈샤오雲霄의 한 병원에서 발표한 통계자료에 따르면,

이 병원에서 1986년부터 1996년까지 이 독초를 먹고 치료를 받은 257명의 환자 중 실수로 섭취한 경우는 고작 2건에 불과했고, 나머지 255명은 모두 자살을 목적으로 풀을 삼켰다(극심한 고통이 따르니 절대 시도해서는 안 된다). 장난삼아 독초의 잎을 삼키는 사람은 극히 드물다는 사실을 알 수 있다.

만약 아주 적은 양은 괜찮을지도 모른다고 굳게 믿고 있다면 얼른 착각에서 벗어나야 한다. 2001년 한 광둥 사람이 자주괴불주머니 잎을 찻잎으로 착각해 20그램 정도를 우려내 마셨다. 다행히 그는 제때 응급처치를 받은 덕에 목숨을 건질 수 있었다.

중독 증세가 있어도 곧바로 병원에 가서 치료를 받으면 큰 문제가 발생하지는 않는다. 현재 위세척을 통해 독소를 몸 밖으로 배출시키면서 아트로핀atropine 같은 약물을 사용하는 치료법이 가장 흔하게 쓰인다. 증상이 심각해지면 흉부를 압박하거나 인공호흡기를 사용해 중독자가 심장 박동을 유지하고 호흡을 계속할 수 있도록 돕는다. 녹두, 인동덩굴의 꽃, 감초 등을 끓여 복용하는 민간요법도 있지만 해독 작용을 기대할 수는 없다.

일반적으로 이 풀의 쓴맛은 사람들의 식욕을 돋울 수 있다. 다만 복용 가능한 양은 극히 한정적이고, 이 양을 초과하면 바로 생명이 위태로워진다. 이럴 때 즉시 병원에 가면 회복될 가능성이 높다. 어쨌든 민간요법이라도 시도하다가는 목숨이 위험해질 수 있으니 무모한 행동은 절대 금물이다.

일설에 따르면, 자주괴불주머니의 다른 이름인 단장초斷腸草는 100가지 약초를 먹어보고 독초와 약초를 구분했다는 이야기가 전해 내려오는 신농씨神農氏로부터 유래했다. 신농씨가 100가지 약초를 맛보고도 살아남을 수 있었던 것은 만능 해독제를 늘 몸에 지니고 다녔기 때문이다. 그는 독초를 먹은 뒤에는 곧바로 해독제를 삼켜 위기를 모면했다. 어느 날 신농씨는 등나무 줄기의 잎사귀를 먹은 후 돌연 배가 뒤틀리면서 불덩이처럼 뜨거워지자 얼른 만능 해독제를 먹었다. 하지만 그의 창자는 이미 끊어져버려 약을 먹어도 소용이 없었다. 이런 전설은 지나치게 과장되어 있고 극단적이기도 하다. 날카로운 칼날이나 강한 알칼리 혹은 산을 삼키지 않는 이상 창자가 순식간에 조각나는 일은 일어날 수 없기 때문이다. 그래서 최근의 전설은 수정되어 '먹은 후 창자가 끊어질 수 있었는데' 외과적 수술이 없는 상황에서 용맹한 신농씨가 희생되었다는 내용으로 바뀌었다. 그가 먹은 마지막 한 잎이 바로 단장초였다. 이 이파리를 먹으면 창자가 검게 변하고 서로 들러붙어 끊어지면서 결국 죽게 되는 극심한 복통에 시달린다.

실제로 자주괴불주머니로 인해 위장에 나타나는 증상의 원인은 창자가 망가진 탓으로 돌릴 수 없다. 중추신경이야말로 독소가 조준하는 진짜 목표물이다. 이 독초에 함유된 알칼로이드, 즉 코우민 koumine은 극강의 효력을 자랑하는 신경억제제다. 이 물질은 호흡중추와 운동신경을 억제하고, 심지어 심장근육의 수축 운동을 즉각 멈추게 한다. 코우민에 중독되면 심장 박동과 호흡이 점차 느려지고, 사지 근육을 통제할 수 없는 상태에 빠져 결국 호흡 시스템이 마비되어 사망한다.

중독 초기에 흔히 보이는 목이 타는 듯한 통증, 구토 증상, 창자가 잘려 나가는 듯한 느낌은 신경계가 방해를 받아 이상 현상이 밖으로 드러난 것이다(과연 이런 느낌을 경험하고 싶은 사람이 있을지 모르겠다). 몇몇 심장병 환자도 비슷한 증상을 보일 때가 있다.

솔직하게 말해서 자주괴불주머니가 무서운 진짜 이유는 사람의 창자를 끊어버려서라기보다 숨통을 조이는 고통 속에서 죽게 만들기 때문인 듯하다. 굳이 열기를 식히기 위해 혹독한 죽음까지 감수해가며 위험한 산나물을 먹을 필요는 없을 것 같다.

나와 같은 북쪽 지방 사람은 여주를 즐길 일이 별로 없다. 10년 전부터 여주에 흥미가 생겨 먹기 시작했을 뿐 그전까지는 관심조차 없었다. 남쪽 지방 사람일지라도 그들 전부가 쓴맛을 좋아하지는 않는다. 하지만 사실 쓴맛은 미뢰를 자극해 식욕을 돋우는 데 도움을 준다. 어느 연구 결과에 따르면 맥주를 마신 뒤 살이 찌는 원인은 맥주의 칼로리가 높아서가 아니라 안주 섭취량이 많아서였다. 맥주를 못 마시는 사람도 여주를 먹으면 식욕을 왕성하게 만들 수 있다.

만약 여름철에 고기를 구워 먹을 때 기름기를 줄이고 식욕을 돋우고 싶다면, 여주를 함께 곁들이는 것도 괜찮은 선택이다. 하지만 여주를 먹는 목적이 더위를 식히기 위해서라면 굳이 그 '쓴맛'에 고통스러워하는 수고를 들이지 않아도 된다.

쓴 오이를 먹어도 될까?

쓴 오이는 권하고 싶지 않다. 오이는 쿠쿠르비타신 C cucurbitacin C 때문에 쓴 맛이 난다. 이 물질이 만들어지는 과정은 매우 복잡하다. 예를 들어 오이의 성장에 영향을 주는 빛, 토양, 온도가 모두 이런 물질의 생성에 관여한다. 흔히 말하는 것처럼 단순히 농약만 영향을 미치지는 않는다. 쿠쿠르비타신 C의 독성이 강하지 않더라도 완전히 인체에 무해하다고 할 수 없으므로 쓰게 변한 오이는 먹지 않는 것이 가장 좋다.

초록색 여주가 하얀색 여주보다 더 쓸까?

쓴맛은 주로 품종에 따라 결정되며, 색은 맛의 판단 기준이 아니다. 쓴맛을 도저히 참을 수 없을 때는 여주를 소금에 절이거나 끓는 물에 데치면 나아진다. 식물성 기름보다 동물성 기름으로 볶았을 때 쓴맛이 훨씬 덜하다.

왜 여주는 차갑게 먹어야 맛있을까?

저온 상태에서는 쓴맛을 느끼는 미뢰의 민감성이 떨어지므로 집에서 요리할 때도 여주를 차게 해서 먹는 편이 낫다.

이상한 냄새가 나는 풀의 인생역전

윈난에 있는 식당에서 식사할 때면 늘 무친 어성초(가느다란 대나무 모양의 하얀색 밑반찬)를 한 접시라도 꼭 시켜야 할 것 같다. 그런데 어성초 반찬을 맛본 동료들은 하나같이 괴성을 지르며 나한테 속았다고 난리를 쳤다. 어성초는 생선도 아닌데 특이한 비린내가 나서 한 젓가락 맛보고 나면 더는 손이 가지 않았다.

내 경험을 말하자면 어성초는 괴이한 맛을 가진 채소 가운데 적어도 3위 안에 든다. 1위는 처우차이臭菜다. 처우차이는 미모사군에 속한 식물 아카시아 펜나타*Acacia pennata*의 새싹이다. 그 고약한 냄새는 취두부와 액즙(소금물이나 간장에 오향 등을 넣은 것_역자)을 썩은 달걀과 섞은 것에 버금갈 만큼 끔찍하다. 어성초의 비린 냄새는 애들 장난이라고 느껴질 지경이다. 2위는 발효된 죽순을 요리한 쑤안쑨酸笋이다(베이징 식당에서 파는 쑤안쑨은 대부분 원조가 아니다). 하지만 이 냄새나는 채소들은 모두 지역 대표 음식에 빠지면 서운한 재료다. 예를 들어 처우차이는 시솽반나 지역에서 파는 다이족Thai의 전통 음식을 만드는 데 반드시 필요한 재료고, 처우차이 달걀부침, 채소 탕에서 주인공을 담당한다. 하지만 많은 양의 처우차이를 생산하지 못하는 한계가 있고, 그 특유의 냄새에 윈난성 사람들조차 거부감을 가져 처우차이를 식용하는 지역은 매우 드물었다. 그러다가 윈난과 구이저우 식당가에서 인기를 끌기 시작해 북쪽 지역 채소 시장에까지 진출했다.

북쪽 지역 시장을 공략하려면 추운 기후라는 지역의 특성을 고려한 맞춤형 공략법이 필요하다. "어성초를 먹는 순간 몸이 화끈거리며 불이 난다"라는 문구로 홍보하는 식이다. 아무리 그래도 코를 틀어쥐면서까지 굳이 '몸을 화끈거리게 만드는' 고통을 겪을 필요가 있을까? 감기가 들어 열이 나면 의사들은 환자에게 어성초 주사를 놓아주기도 한다. 똑같은 이름을 지니는 음식과 약인데 둘은 어떤 관계일까?

야생초가 식탁에 오르기까지

처음 윈난에 갔을 때 신기한 요리를 먹어본 기억이 있는데 바로 박하와 어성초였다. 박하는 마치 풀을 씹는 느낌을 주는 껌 같았고, 어성초는 여러 해 삭힌 농어 같았다. 그런데 그날 이후 호불호가 극명하게 갈리는 이 두 음식이 내 마음을 사로잡았다. 처음 음식을 입에 댄 순간만 해도 전혀 상상할 수 없었던 일이다.

북쪽 지역에서는 지역적 특수성 때문에 어성초를 낯선 시선으로 보지만, 남쪽 지역에서는 그러지 않는다. 삼백초과 약모밀속에 속하는 이 식물의 줄기는 광활한 남부 지역 특히 서남 지역에서 일찌감치 식탁에 오를 만큼 중요한 음식이었다. 어성초는 샤부샤부 소스에 들어가 고기볶음과 최고의 조합을 이룬다. 또한 고추기름과 파트너가 되어 식탁을 빛내는 멋진 반찬이기도 하다. 이 식물은 서남 지역에서 식용과 약용으로 모두 쓰여 이미 어떤 것으로도 대체할 수 없는 재료로 사랑받고 있다.

어성초는 논두렁 옆에서 잡초처럼 자라던 들풀이다. 명나라 약학 서적 『본초강목本草綱目』에는 "잎에서 비린내가 나므로 어성초라고 불렀다"라는 대목이 나온다. 이 풀로 음식을 만들어도 야생의 맛에서 크게 벗어나지 못했다. 하지만 야생풀의 삶에도 볕 들 날이 찾아왔다. 어느 해인가 우리 연구팀이 조사 작업을 하러 한 달 동안 구이저우 남부 지역으로 떠난 적이 있다. 그곳에는 채소 가게가 한 군데도 없었고, 현지 주민들도 채소를 거의 먹지 않았다. 주민들은 고추, 콩, 돼지기름 같은 식재료만으로도 충분하다고 여겼기에 우리는 매일 밥 먹는 일이 여간 골칫거리가 아니었다. 이 재료들은 탄수화물, 지방, 단백질의 공급원이면서 비타민과 무기질을 풍부하게 함유한다. 고추는 비타민A, 비타민C를 함유하고 콩은 철, 칼슘, 마그네슘 함량이 높다. 하지만 우리 같은 외지인은 채소가 빠진 식탁에 적응하지 못하고 방황하는 나날을 보내야 했다. 그러던 가운데 논두렁길 옆의 어성초가 우리의 유일한 채소 공급원이 되어주었다.

어성초를 발견하는 일에는 큰 힘이 들지 않았다. 메밀 잎과 닮은 잎사귀들이 산길 옆에 수북이 자라나 있는 데다가 이파리를 떼어내 비비면 특유의 비릿한 냄새가 풍겨 오기 때문이다. 그때는 더위가 한창인 여름이라 어성초의 줄기는 아직 덜 자랐고, 자갈 근처에서 자란 어성초는 파내기도 어려웠다. 한바탕 씨름 끝에 짧고 가느다라면서 쫄깃한 식감의 어성초가 고작 몇 개 손에 쥐어지는 게 전부였다. 어성초도 그런 열악한 환경에서 살아남기가 쉽지 않았을 거라고 생각하니 초라한 수확에도 감사할 따름이었다.

어성초의 하얀 뿌리는 마디 하나하나가 수염과 비슷한 모양이다. 그런데 하얀 뿌리는 뿌리줄기, 즉 근경根莖이다. 근경은 특수한 영양생장 기관이며, 사방으로 뻗어 나가 식물의 지반을 넓힌다. 특히 연약한 초본식물은 이런 역할이 더 중요할 수밖에 없다. 이 줄기는 땅 위에 모습을 드러내지 않고 오로지 땅속에서 어성초 생존의 토대가 된다. 또한 근경에는 추운 겨울을 대비해 충분한 영양분이 저장되어 있다. 하지만 땅속 삶은 그리 녹록지 않아서 수많은 세균, 진균, 방선균이 근경의 영양분을 탐했고, 균들과의 오랜 투쟁을 벌인 뒤 어성초는 이런 강도들에 맞대응할 만한 생화학 무기를 마련했다.

흙 속에 묻힌 항생제의 원리

나는 어성초가 병을 치료하는 것에서부터 사람과 관계를 맺기 시작했다고 항상 생각해왔다. 치료 목적이 아니었다면 아무도 이렇게 먹기 힘든 풀을 맛볼 생각을 하지 않았을 것이다. 송나라 때 지강浙江 지역에 돌연 홍수가 났다. 홍수가 지나간 뒤 역병이 퍼지면서 마을 사람들은 물론이고 가축들까지도 모두 설사병에 걸렸다. 그런데 어느 집 돼지만은 유독 멀쩡했다. 주인은 그 이유가 궁금해져 돼지를 유심히 살피다가 돼지풀 속에 섞여 있던 어성초를 발견했다. 그동안 누구도 먹어보지 못했고, 먹어볼 생각조차 하지 않았던 풀이었다. 주인은 서둘러 어성초를 구해 재난 속에서 사람들의 목숨을 살려냈다.

어성초의 비린내에 거부감을 느끼더라도 그 약용 가치를 부인할 수 없다. 어성초의 악취는 데카노일 아세트알데하이드decanoyl acetaldehyde라고 불리는 화학물질 때문에 난다. 그것이 재래시장의 상인들이 말하는 '열을 내리는' 이론과 무슨 상관이 있는지 모르겠지만, 항균과 소염 작용이 있는 것만은 확실하다. 데카노일 아세트알데하이드는 발열, 기침, 인후통을 일으키는 주범인 황색포도상구균, 헤모필루스 인플루엔자, 폐렴연쇄상구균 등 병균의 성장을 효과적으로 억제한다.

이 물질을 발견한 후 사람들은 쓸 만한 효력을 발휘하는 유효 성분을 정제해 항균, 소염 작용을 극대화하기 위한 여러 가지 시도를 해왔다.

어성초의 비린내를 없애는 묘수

어성초의 유효 성분을 추출하는 일은 절대 쉽지 않다. 데카노일 아세트알데하이드는 쉽게 산화되거나 가수분해된다. 물 분자로 분해되므로 수증기를 이용하는 전통적인 방법으로 데카노일 아세트알데하이드를 추출하고, 더 나아가 메틸노닐케톤methyl nonyl ketone이라는 물질로 분해할 수 있다. 이 물질은 냄새가 없고 항균 작용도 하지 않는다. 어성초를 볶았을 때 비린내가 한층 가시는 현상 뒤에는 이런 이유가 있었다.

현재 제약 공장에서는 어성초에 아황산을 첨가해 가공하고 있다. 이렇게 얻은 합성 데카노일 아세트알데하이드는 더 이상 분해될 수 없는 물질이 되는 동시에 살균 효과를 상당 부분 유지한다. 하지만 일반 가정에서 사용하는 냄비로는 '합성 아황산 데카노일 아세트알데하이드' 따위를 만들어낼 수 없으므로 데카노일 아세트알데하이드를 이용해 목 안쪽 통증을 치료하려면 비린내를 꾹 참고 어성초를 차갑게 무쳐 먹는 것을 추천한다.

비록 데카노일 아세트알데하이드에 함유된 유효 성분의 효과가 아무리 뛰어나다고 해봤자 이 화학물질은 약물이 아니므로 잘못 먹으면 또 문제가 된다. 자신의 판단력을 맹신하던 한 친구가 야외에서 어성초 한 소쿠리를 캐서 농축액에 가까운 탕으로 달여 마셨다. 그 결과 목 통증을 고치기는커녕 곧바로 병원에 실려 가고 말았다. 이런 일이 이 친구에게만 일어나지는 않았다. 몇 년 전에도 어성초 주사 부작용 사건이 뉴스에 보도되었다. 데카노일 아세트알데하이드의 독성은 비교적 약할지라도 이 식물에 많이 함유된 방향유essential oil 등의 성분 역시 조심해야 한다. 그래서 어성초를 섣불리 다량 섭취했을 때는 알레르기 반응을 일으킬 가능성이 커져 주의가 필요하다.

결론적으로 어성초는 식탁에서 전체적인 맛의 균형을 조절하는 밑반찬이다. 우리가 푸른곰팡이를 먹는다고 해서 몸속에서 페니실린이 만들어지지 않듯이 어성초를 약으로 먹는 것은 현명한 선택이 아니다. 심하게 목이 아프고 열이 나면 병원에 갈 일이다.

어성초는 어떻게 먹어야 할까?

여름에는 어성초 뿌리를 사지 말아야 한다. 이맘때의 어성초 뿌리는 비교

적 오래되고 질겨서 여름이 지난 뒤 나중에 연한 잎을 먹는 편이 좋다.

어성초는 깨끗하게 씻은 뒤 소량의 식초를 넣은 물에 잠시 담가두면 간편

하게 먹을 수 있다. 어성초의 생선 비린내를 도저히 참지 못하겠다면 훈제

고기와 함께 냄비에 넣고 짧은 시간 동안만 볶아주자. 이렇게 하면 비린내

가 많이 가신다.

미
식
가
를
위
한
식
물
사
전

바다 맛과 초록색의 상관관계

나는 어릴 때부터 김에 남다른 애착을 보였고, 내 요리 인생은 확실히 김에서 시작되었다. 부모님이 바쁘시다 보니 한동안 혼자 식사를 해결해야 했고, 그럴 때면 데운 우유와 과자나 빵으로 대충 끼니를 때웠다.

그러다가 마트에서 특이한 식품 하나를 발견했는데, 바로 김이었다. 김은 먹을 때 별다른 요리법이 필요하지 않았다. 김을 잘게 자른 후 그 위에 새우 가루와 참기름을 적당히 넣고 소금을 살짝 뿌리면 그만이었다. 그런 다음 끓는 물을 부으면 바다 내음이 물씬 풍기는 김국 한 그릇이 뚝딱 완성되었다. 토마토달걀볶음처럼 쉬운 요리가 없다고들 많이 이야기하지만, 나는 김국을 한번 만들어 먹어보면 그 음식의 초성도 꺼내지 못하고 말이 쏙 들어갈 거라고 감히 장담한다.

먹거리가 워낙 넘쳐나는 시대고, 베이징에서도 갓 잡아 냉동시킨 생선을 살 수 있게 되어 간편한 식품인 김을 먹을 기회는 상대적으로 줄어들었다. 그러던 어느 날 아들이 먹던 과자 봉투를 우연히 들여다보다가 원재료 명 칸에 적힌 '김'이라는 글자가 눈에 들어왔다. 우리는 결코 식탁에서 김을 멀리 떠나보낸 적이 없었다.

바다를 담은 맛의 과학

솔직한 말로 김은 가장 손쉽게 먹을 수 있는 식품이라고 할 수 있다. 간편하다는 장점이 아니더라도 김의 가장 커다란 매력은 특유의 바다 맛이었다. 나는 고원에서 태어나서 그런지 바다에 대한 묘한 동경을 품고 있었고, 바다에서 온 모든 것에 흥미를 느꼈다. 김의 신선한 맛에 반한 뒤부터는 각종 김국이 내 집 부엌의 단골 메뉴가 되었다. 언젠가 바닷가에 처음 발을 디디고 바닷바람을 깊이 들이마시는 순간 왠지 익숙한 냄새가 콧속을 훅 하고 파고들었고, 순간 이런 생각이 들었다. 맙소사! 설마 진한 국물 맛의 원조가 바로 바다였어?

이 향은 조개, 새우와 닮은 듯 다른 특별한 냄새였다. 성분 분석을 거쳐 우리는 이 냄새가 알코올, 알데하이드, 케톤ketone, 알킬alkyl 등 복잡한 화학 성분에 의해 결정된다는 사실을 발견했다. 그러나 대부분의 경우 김의 특별한 바다 향은 그 가운데 두 가지 물질에서 비롯된다. 하나는 송이알코올matsutake alcohol, 1-octen-3-ol로 불리는 물질이다. 이것은 수많은 물고기와 해조류가 함유하는 맛 성분으로 수산물에서는 흔히 보인다. 또 하나는 헵타다이에날heptadienal이라고 불리는 물질이다. 붕어의 특이한 냄새는 이 물질과 깊은 관련이 있다. 바로 이런 물질 때문에 어류도 아닌 김에서 생선보다 더 진한 바다 냄새가 난다.

물론 김의 특별한 구석은 비린내가 아니라 감칠맛에 있다. 김과 같은 조류 식물은 대다수 육상 식물보다 감칠맛을 내는 아미노산의 함량이 좀 더 높다. 예를 들어 김에 함유된 30퍼센트에 가까운 아미노산은 모두 글루탐산과 아스파르트산이다. 만약 두 용어가 낯설다면 집이나 마트에 있는 조미료 병에 붙은 성분 표시를 확인해보면 쉽게 찾을 수 있다. 혹시 조미된 김 조각에 지나치게 많은 조미료가 들어갔는지 의심된다면 쓸데없는 걱정을 하고 있는 것이다. 김에 함유된 천연 물질로도 거뜬히 감칠맛을 낼 수 있기 때문이다.

　김 1그램당 함유된 글루탐산의 양은 25~45밀리그램에 가깝다. 상식적으로는 글루탐산 함량이 높으니 김은 당연히 글루탐산을 생산하기에 알맞은 재료여야 마땅하다. 하지만 글루탐산은 미역에도 들어 있다. 예전에는 김이 모두 자연산이었기 때문에 김의 생산량은 수요에 맞는 충분한 양의 글루탐산을 감당하기는 쉽지 않았고, 화학자들은 귀한 글루탐산을 살 돈이 부족했다. 1950년대 이전까지만 해도 우리는 먼바다로 나가 이런 희귀 식재료를 건져 올릴 수밖에 없었다. 그때까지만 해도 우리는 이 식재료가 어디에서 만들어지는지 전혀 알지 못했다.

　김의 성장 과정은 콩이나 옥수수가 자라는 모습과 전혀 다르다. 김은 '씨앗을 하나 심고 꽃이 피고 열매를 맺을 때까지 기다리기' 같은 과정에서 제외되는 식물이다. 매년 겨울에 기온이 섭씨 15도를 밑돌면 김의 번식이 시작된다. 이파리 모양의 몸체에서 정자와 난자가 만들어지고, 그 사이에서 사랑의 결정체인 '과포자carpospore'가 탄생한다. 과포자는 씨앗과 유사한 역할을 하는 세포다. 포자들이 그대로 김으로 자랄 것이라는 생각은 오산이다! 과포자가 바닷물 속에 가만히 있다고 해서 절대 김이 될 수 없다. 김이 되려면 굴이나 조개, 대합의 껍데기 같은 특수한 생활환경이 조성되어야 한다. 그런데 우리는 왜 모든 조개껍데기에서 김이 자라는 광경을 본 적이 없을까? 그 이유는 아주 간단하다. 김은 단순히 발판으로 삼을 곳이 아니라 따뜻한 거실을 찾아다니기 때문이다. 지난날 식물학자들은 실 같은 김이 조개껍데기로 파고들어 가는 과정을 하나도 몰랐기 때문에 아기 김인 사상체를 또 다른 조류 식물로 착각했다. 게다가 사상체에 콘코셀리스 로세아*Conchocelis rosea*라는 이름까지 붙여주었다.

조개껍데기 안에서 잘 먹고 잘 사는 콘코셀리스 로세아의 생애 주기는 이대로 끝나지는 않는다. 그들은 또 다른 포자, 즉 각포자 conchospore를 만들어내고, 이 포자가 자라서 김 모양의 해조류가 된다. 그러나 이런 김의 크기는 김국 한 그릇에 몇십 개를 넣어야 할 정도로 가소롭다. 한 가지 놀라운 점은 바닷물의 온도가 김의 성장을 돕는다는 사실이다. 김이 자라는 환경은 반드시 저온 상태여야 하는데, 바닷물의 온도가 섭씨 15도보다 낮아지면 작은 김이 신기하리만치 커다랗게 성장한다. 그래서 겨울과 봄은 김 생산 시기로 따지면 그야말로 황금기다.

김의 생애 주기는 1950년대가 되어서야 밝혀졌고, 1959년 일본 아리아케해有明海에서 이를 활용한 첫 번째 김 양식장이 만들어졌다. 그 후 김의 성장을 촉진하기 위해 수온을 제한하는 방법에서 벗어나 저온에 망을 걸어두는 냉장발 방식이 등장했고, 비로소 서민들의 밥상에 김이 자주 올라가게 되었다.

예전에는 초밥집의 김초밥이 왜 비싼지 이해할 수 없었다. 그런데 그곳에서 야생 김을 사용했다면 그 값에도 일리가 있다는 생각이 문득 들었다. 하지만 대부분의 경우 지금 김초밥의 가격을 결정짓는 요인은 김이라기보다 속 재료일 것이다. 김 포장지에 '천연'이라는 두 글자가 크게 쓰인 것을 볼 때면 가끔 나도 모르게 코웃음을 친다. 지금 시장에서 판매하는 김은 거의 모두 인공 양식으로 재배되고 있다.

나는 가끔 이런 생각이 든다. 바닷속 염분의 양이 조금만 더 적었다면 김의 감칠맛으로 인해 바다가 정말 김국처럼 변하지 않았을까? 적어도 김이 생존하는 곳에서는 딱히 불가능한 일도 아닌 것 같다.

김은 역시 초록색으로 변해야 제맛

중국 사람에게는 먹을거리를 대할 때 특별한 평가 기준이 있다. 그 것은 바로 색, 향, 맛, 모양이다. 이 가운데 가장 우선순위로 따지는 요인은 색이다. 김이 단지 밥맛을 돋우기 위한 해초 역할만 할 뿐이라고 해도 예외는 아니다. 그래서 다들 김은 반드시 보라색이어야 한다고 단정 지었다. 오늘날 식품 안전 문제가 끊임없이 제기되면서 누군가는 냄비 안에서 끓고 있던 김이 초록색으로 변하는 현상을 보고 속여서 판 물건을 샀다고 신고했다.

김에서 뻗어나온 자손은 100가지가 넘는다. 해조류들은 바다 여기저기에 흩어져 살고 있고, 우리가 평소에 먹는 김에도 방사무늬돌김과 그냥 돌김처럼 여러 종류가 있다. 다만 김은 모두 보라색이고 맛도 비슷해 문외한의 눈에는 전부 똑같은 김으로 보인다.

김의 보라색은 피코에리트린phycoerythrin이라고 불리는 특수한 색소 단백질 때문이다. 김이 바닷속에서 살아남기 위해서는 이 단백질이 꼭 필요하다. 바닷속은 빛이 내리쬐는 육지 환경과 달라 태양으로부터 오는 파장이 긴 빛(붉은색, 주황색, 노란색 빛)은 바닷물의 겨우 몇 미터까지만 흡수되고, 파장이 비교적 짧은 초록색과 파란색 빛만이 해수 깊은 곳까지 들어간다. 김처럼 깊은 바닷속에서 생존하는 식물은 이런 짧은 파장의 광선을 이용해야 하는데, 이 광선을 효율적으로 흡수할 수 있게 맞춤 제작한 단백질이 바로 피코에리트린이다.

피코에리트린은 물에 녹고, 특히 열에 노출되면 쉽게 분해되는 불안정한 단백질이다. 그래서 김을 넣고 국을 끓일 때 그 안에 함유된 피코에리트린 성분이 분해되어 본연의 보라색도 사라진다. 그러나 피코에리트린이 분해된 뒤에도 김은 무색이 아닌 초록색으로 변한다. 김에는 피코에리트린 외에도 엽록소, 카로틴, 엽황소 등의 색소가 들어 있기 때문이다. 그중에서도 엽록소의 함량이 가장 높다. "호랑이 없는 골에 토끼가 왕 노릇 한다"라는 속담처럼 피코에리트린의 자리를 꿰차고 들어간 엽록소는 김을 초록색으로 바꾸는 데 결정적인 역할을 한다. 물론 초록색 색소는 시금치, 유채, 배

추 같은 주변에서 흔히 보는 채소에 든 엽록소와 똑같아서 독성도 없다.

김을 장기간 보관했을 때 피코에리트린의 함량이 점차 줄어들어 초록색으로 변하는 것 역시 정상적인 현상이며, 이로 인해 독성이 생기지는 않는다. 실제로 자연적인 상황에서 김이 돌연변이를 일으켜 피코에리트린을 일부 혹은 전부 잃어버리고 초록색으로 변하는 예도 있다.

초록색과 독성의 관계는 감자가 초록색으로 변하는 동안 독성이 생기는 모습이 연상되는 탓에 비롯된 개념이다. 하지만 감자를 김과 관련 짓는 것은 억지스럽다. 김의 보라색의 짙은 정도로 품질을 판단한다면 오히려 역효과를 가져올 수 있다. 만약 누군가가 소비자의 심리를 이용해 인공 색소로 김을 더 짙게 물들인다면 정말 독이 든 김이 시장에 나올 위험이 커질 수밖에 없다.

김이 초록색으로 변하는 현상은 김에 함유된 피코에리트린이 분해된 후 엽록소가 진짜 모습을 드러낸 것이므로 먹어도 인체에 무해하다. 김을 원료로 제조한 파래김도 똑같이 초록색이다.

기름을 품은 김은 미래 자원

김에는 감칠맛과 바다 냄새를 조향하는 물질 외에도 단백질 등의 영양분이 다량 함유되어 있다. 특히 광고에서 누누이 들어왔던 DHA, EPA_{Eicosapentaenoic acid}와 같은 오메가-3 지방산의 함량이 비교적 높다. 게다가 이들 성분은 김이 함유하는 지방산의 총량 중

50퍼센트를 차지해 건강을 생각하는 사람들의 관심을 독차지하고 있지만, 전체 지방의 양은 매우 적다. 김 속 지방을 최대한 끌어모으더라도 건조중량의 0.5퍼센트에 불과하다.

한편, 김에서 지방을 많이 생산해 건강한 기름의 공급원으로 만든다는 아이디어는 아주 참신하다. 과학자들은 기름을 생산하는 해조류를 줄곧 연구해왔다. 해조류야말로 에너지 문제를 해결할 수 있는 또 다른 길이라고 확신했다. 해조류라는 가장 단순한 생물이 뛰어난 에너지 전환 잠재력을 숨기고 있다니 놀랍기만 하다. 해조 식물의 에너지 전환 효율은 적조 현상에서 드러난다. 강력한 에너지 시스템이 뒷받침되어야 매년 해수면 위에서 엄청난 적조 현상이 폭발적으로 일어나기 때문이다. 해조에 함유된 기름은 간단히 가공하기만 하면 일반 디젤유처럼 기름 탱크에 들어가는 데 무리가 없고, 옥수수와 사탕수수처럼 복잡한 과정을 거칠 필요도 없다. 가장 이상적인 방법은 그 식물 스스로 소나무가 송진을 분비하듯 기름을 '토하게' 만드는 것이다. 실제로 자연계에는 기름을 분비하는 해조류가 정말 존재하고, 그 해조류를 제대로 활용하려면 기름을 많이 생산하는 다른 조류 형제의 능력을 접목시켜야 한다. 뛰어난 능력의 해조류가 존재하더라도 생명공학 기술이 끼어들어야만 그 가치가 살아날 수 있다.

해조류를 채집하는 일은 상당히 까다롭다는 문제도 있다. 어떤 해조류가 서식하고 있는 물 1리터를 건조해 기름을 채취하면 고작 3그램이 나오는 경우도 있다. 에너지의 밀도가 낮은 만큼 넓디넓은 공간만 충분히 마련된다면 생산량을 높일 수 있다. 아직 해조류는 기름 탱크 대신 우리의 식탁을 든든하게 지켜주고 있다.

인간의 이기심으로 먹칠한 미역

한동안 조선족이 만들어 파는 반찬이 인기를 끌었다. 짐작하건대, 그들이 다양한 해조류 반찬을 판매한 덕분에 인기가 많았을 것이다. 그중에서도 미역과 우뭇가사리가 대표적인 반찬이었다.

그 당시 나는 미역을 '바다 배추'라는 이름으로 알고 있었다. 다들 그렇게 불렀기 때문에 세월이 지나고 나서야 본명을 알게 되었다. 바다 배추라는 이름은 해조류가 먼바다에서 왔다는 사실을 강조하고 싶어서 붙인 애칭인 듯하다. 어쨌든 미역과 바다 배추라는 호칭은 도무지 어울리지 않는다. 미역은 그저 치렁치렁한 머리카락처럼 보이기만 하고 커다란 잎이나 아삭아삭한 식감의 속이파리도 가지고 있지 않다. 어찌 됐든 미역은 찰기와 미끈거리는 식감을 겸비하고 바다 냄새까지 나는데도 시장을 뜨겁게 달궜다. 그런데 유행은 오래가지 못했다. 미역의 색이 변했다는 이유로 사람들이 더 이상 이 해조류를 사려고 하지 않았다.

미역의 색 변화는 사람들의 소비 습관이 만들어낸 인위적 현상일 뿐이다. 중국처럼 대륙 국가에 사는 사람들은 지역의 특성상 채소에 대한 고정관념을 가지고 있다. 예를 들면, 신선한 채소는 모두 선명한 초록색을 띠어야 한다는 식이다. 미역은 원래 다시마처럼 갈조류에 속하고, 그 주력 색소는 청록색을 내는 엽록소a다. 황록색을 내는 엽록소b가 부족한 미역은 부추처럼 밝게 파릇파릇해질 수 없다. 또한 미역은 엽록소에 색을 감추고 갈색의 외투를 덧입히는 갈조소fucoxanthin를 함유하고 있기도 하다.

갈색은 우리가 익히 아는 채소의 색깔과는 거리가 멀다. 그래서 누군가가 미역에 자연의 색을 입히기 위해 초록색 색소를 사용하기 시작했다. 욕심이 과해지면서 색소의 사용량이 갈수록 많아졌다. 결국 어떤 미역은 색연필로 칠하기라도 한 것처럼 옆자리의 두부마저 순식간에 초록색으로 물들였다. 이후 식품에 쓰는 색소는 지탄의 대상이 되었고 염색된 미역도 냉대를 받아 식탁에서 퇴출당했다.

우뭇가사리로 말하자면 시종일관 별로 변한 것이 없다며 자신의 결백을 주장하고 있다. 산호와 닮았고 식감은 아삭한 이런 종류의 해조류는 원래부터 흰색인 것으로 알려졌기 때문이다. 사실 살아 있는 우뭇가사리는 자홍색이다. 친척 관계를 따지고 들면 우뭇가사리는 김과 더 가깝고 둘은 모두 홍조식물에 속하지만 우뭇가사리는 채집된 후 빠르게 색을 잃고 투명해진다.

왜 붉은색에서 흰색으로 변한 우뭇가사리에게는 관대하면서 김과 미역의 색깔에만 유독 가혹한 잣대를 갖다 대는 것일까? 늘 이해가 되지 않는 부분이었다. 아마도 우리의 억측에서 나온 결과물이 아닐까 싶다. 생각이 서서히 규칙으로 자리잡았고, 규칙이 법인 양 굳어졌다. 먼바다에서 온 식물은 본연의 색을 타고난다. 이것은 사람의 마음대로 결정할 수 없는 문제인데도 한 번 굳어진 사람들의 생각은 쉽게 바뀌지 않는다.

말하자면 우리는 낯선 식물을 경계하고 익숙한 모양으로 바꾸려고 애를 쓴다. 나의 요리 데뷔 쇼의 '주인공'으로 언제나 조연이었던 김을 선택했는데, 그것은 겁 없는 도전이었다. 익숙한 것과 익숙하지 않은 것은 종이 한 장 차이고, 그 얇은 벽을 뛰어넘는 힘은 겁 없는 호기심에서 나온다.

염색한 가짜 김은 어떻게 구분할까?

김 속의 피코에리트린은 물에 녹으므로 김국도 붉은색을 띨 수 있다. 피코에리트린은 열에 약하다. 그래서 좀 더 오래 끓이면 김국은 무색이 되고, 김도 초록색으로 변한다. 아무리 오래 끓여도 국이 여전히 붉다면 십중팔구 가짜 김이다.

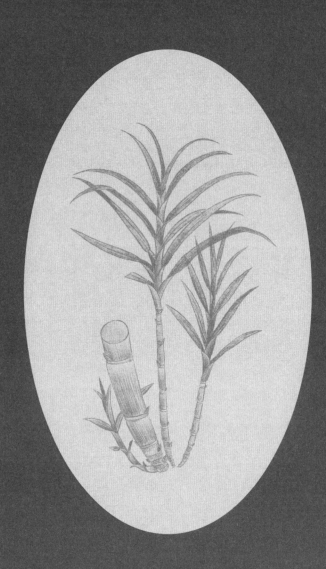

미 식 가 를 위 한 식 물 사 전

궁극의 달콤함

우리 집에는 매년 초하룻날 만두를 상에 올리기 전에 식구들이 전부 모여 흑설탕 물을 한 그릇씩 마시는 전통이 있다. 어머니께서는 이런 의식을 거쳐야 가족애가 '더 끈끈해진다'고 굳게 믿었다. 어머니와 달리 나는 그런 깊은 뜻에는 별 관심을 두지 않았다. 그저 오랜만에 먹어보는 흑설탕에서 특이한 과일 향이 난다고만 느꼈다.

오늘날 설탕은 예전만큼 귀한 취급을 받지 않는다. 워낙 단 음식이 넘쳐나니 아이를 가진 부모라면 행여나 아이에게 충치가 생기지 않을까 노심초사할 수밖에 없고, 나 역시 아들의 건강을 위해 요리에 쓰는 설탕의 양을 엄격하게 제한했다. 하지만 모두 내 욕심일 뿐 아이는 30년 전의 나처럼 벽장 안에서 사탕을 몰래 꺼내 먹으며 어디선가 달콤함을 즐기고 있을지 모른다. 어릴 때 외할머니께서는 설탕 통에서 흰 설탕을 한 수저 떠서 접시에 덜어놓으셨고, 우리는 갓 쪄낸 만두를 거기에 찍어 먹고는 했다. 그 맛이 주는 행복감은 지금의 피자나 초밥에 비할 바가 아니었다.

단맛을 향한 인간의 갈망은 영원무궁하다. 그 사실을 잘 아는 나는 아들이 몰래 사탕을 먹어도 크게 야단치는 대신 가끔은 모른 척 눈감아준다. 물론 지나치게 많은 당은 충치와 비만 등 수많은 건강 문제의 원인이 되지만, 달콤한 맛을 마음껏 즐길 수 있는 시대에 태어난 것만으로도 다행이라고 생각한다.

치명적인 단맛의 유혹, 맥아당

유교 경전 『예기禮記』에서 언급한 최초의 감미료는 대추, 밤, 엿, 꿀이었다. 이 가운데 세 가지 재료인 대추, 밤, 꿀은 모두 자연에서 나는 감미료다. 하지만 수확하는 데 시간적 제약이 따르고 당도도 그다지 높지 않아 단맛을 갈망하는 이들에게 이 재료는 항상 아쉬움의 대상이었다.

역사를 돌아보면 인류는 설탕을 발견하면서 새로운 세상을 열었다. 설탕이 등장한 이후 흐른 세월은 약, 1,000년에 불과하지만 그 전까지 수천 년 동안 단맛은 과일과 꿀에서 가뭄에 콩 나듯 얻게 되는 귀한 맛이었다. 이런 천연 감미료를 이용하는 것이야말로 자연과 마주한 인간의 일종의 순종이자 타협이다. 반면에 엿을 먹는 것은 전혀 다른 차원의 문제다.

나이가 든 사람이라면 엿이 그렇게 낯설지 않을 것이다. 중국에서는 음력 12월 23일에 자기 집 부뚜막 신에게 제사를 지낸다. 이날이 되면 사람들은 탕구아糖瓜(마늘 모양의 엿_역자)를 사서 부뚜막 신의 초상 앞에 바친다. 그 엿을 먹고 하늘에 올라간 부뚜막 신은 옥황상제에게 그 집에 대해 좋은 말만 해준다는 미신을 믿기 때문이다. 그래서 〈23일에는 당과를 입에 붙여요〉라는 노래도 생겼다. 부뚜막신의 치아에 과연 엿이 붙어 있을지 여부는 내가 알 바아니었다. 내 관심은 오로지 설탕 통 속에 있던 설탕을 엿으로 변신시킨 마법에만 쏠려 있었다.

여러 해가 지나고 나서야 나는 통 속의 가루가 설탕이 아니었다는 사실을 알았다. 흰 설탕은 자당(사탕수수즙을 끓여 만든 설탕_역자)이었고 엿은 맥아당이었다. 한나라 시대 고서 『방언方言』에 따르면 최초의 맥아당은 주나라 때 등장했다. 당시 맥아당은 말 그대로 맥아의 즙을 끓여 만들었다. 그렇다면 맥아에 함유된 당은 어디서 왔을까?

일반적으로 식물의 씨앗은 싹을 틔우기 위해 다량의 에너지 물질을 저장하는데, 밀의 씨앗에 저장된 에너지 물질은 전분이다. 비록 포도당이 여러 개 연결된 물질이지만 전분은 전혀 달지 않다(그 맛이 궁금하다면 집에 있는 식용 전분을 찍어 먹어보자). 전분은 식물의 성장을 위해 직접 에너지를 공급하지 못하므로 밀은 전분 입자를 더 작은 에너지 분자인 맥아당으로 분해해야 한다. 맥아에 함유된 특수한 단백질 아밀레이스가 분해 작업을 완성한다(전분을 찍어 먹었을 때 입안에 살짝 단맛이 도는 것은 아밀레이스의 작용 때문이다). 종자에 비축해둔 에너지가 거의 모두 당으로 바뀌면 밀의 싹이 튼튼하게 자라기 시작한다. 당이 성장에 사용되기 전에 추출하면 가장 원시적인 맥아당, 즉 엿이 만들어진다.

밀 속에 함유된 전분을 맥아당으로 전환할 수 있다면 다른 곡식의 전분도 마찬가지로 아밀레이스를 통해 맥아당으로 변화시킬 수 있다. 전분의 함량이 더 풍부하고 단백질은 훨씬 적은 쌀은 더할 나위 없이 훌륭한 예비 맥아당의 원료다. 그래서 엿기름과 푹 쪄낸 쌀밥을 잘 섞어서 적당한 온도에 두면 쌀의 전분은 맥아당으로 변한다.

전분이 당으로 변하는 과정이 끝나면 발효된 원료에서 물을 짜낸다. 맥아당을 풍부하게 함유한 이 농축액을 끓여 물기를 뺀 다음 두드려주면 마침내 맥아당이 엿으로 우리 앞에 모습을 드러낸다.

참고로 전분이 당으로 변하는 과정은 맥주 양조 기법의 뿌리다. 하지만 유럽 사람들은 맥주를 발효시키는 방법만 알았을 뿐 설탕 제조법은 몰랐다. 그래서 상당히 긴 시간 동안 유럽인들은 꿀에서 달콤한 풍미를 얻었다.

맥아당을 생산하는 과정은 현대의 맥아당 제조 산업의 방식과 크게 다르지 않다. 모든 과정을 완성하려면 원료인 쌀과 효소제인 맥아의 상태 그리고 정확한 온도와 투입 시간까지 빈틈없이 맞아떨어져야 한다. 정교한 기술을 갖춰야만 비로소 완벽한 품질의 맥아당을 얻을 수 있다.

유감스럽게도 맥아당은 사탕수수보다 당도가 훨씬 낮다는 선천적 결함을 가지고 있다. 그래서 엿으로 먹기에는 그런대로 괜찮지만 감미료로 쓰이기에는 역부족이다. 다행히 대자연은 우리를 위해 더 달고 더 직접적인 당 저장고로 불리는 사탕수수를 준비해두었다.

사탕수수에서 단맛을 내는 과정

맥아당과 마찬가지로 자당 역시 포도당 분자 두 개의 조합으로 이루어지는 이당류다. 그러나 당도와 인기도 면에서 자당이 절대적 우위에 있다. 설탕이라고 하면 가장 먼저 떠올리는 성분은 자당이다(자일리톨 같은 대체 당은 논의 대상이 아니다). 그도 그럴 것이 자당을 생산하는 사탕수수야말로 가장 중요한 식용 설탕 작물이기 때문이다. 하지만 중국 땅에서 자당은 맥아당보다 700여 년이나 늦게 출현했다.

사탕수수를 처음 본다면 선뜻 먹어볼 용기를 내기는 힘들 것이다. 야생 사탕수수의 줄기가 너무 질기고 단단하기 때문이다. 사탕수수의 심은 달콤할지 몰라도 그 맛을 보기까지의 과정이 상당히 힘들어서 이가 약한 사람은 일찌감치 포기할 정도다. 지금도 설탕을 추출하려고 재배하는 사탕수수는 여전히 '딱딱한' 원시적 특징을 유지한다. 광시廣西에 있는 사탕수수밭에 처음 들어섰을 때 나는 호기심에 이끌려 사탕수수를 하나 뽑아 얼른 한입 베어 물었는데, 그 순간 앞니가 부러지는 것 같았다. 내가 베어 문 것은 사탕수수라기보다 쇠막대기에 가까웠다.

어린 시절에 시골 고모 댁에 가면 고모가 농사일을 마치고 집에 올 때마다 옥수숫대나 수숫대 몇 개를 들고 오셨던 기억이 난다.

어른들은 이런 식물에 넌더리가 나 있었다. 이들은 낟알을 만들어 내지 못하니 아무짝에도 쓸모없는 식물로 취급당했다. 어른들의 눈에 이 식물들은 알도 못 낳으면서 지붕 위에서 울기만 하는 수탉 같았다. 하지만 아이들은 이 줄기를 제일 좋아했다. 껍질을 이로 뜯어내면 달콤한 맛이 흘러나와 혀끝을 감쌌다. 이 단맛은 수수와 옥수수가 영양소를 잘못 전달해 씨앗에 들어가야 할 당류 물질이 줄기에 모여서 생긴 결과물이었다. 사탕수수도 이들과 다르지 않다.

꽃을 피우는 식물인 사탕수수의 꽃송이는 갈대의 꽃과 약간 비슷하다. 그러나 사탕수수는 꽃을 이용한 주요 번식 방법을 거의 포기한 채 '복제'의 힘을 맹신한다. 사탕수수는 땅속을 가로지르는 줄기를 통해 번식할 수 있고, 사탕수수를 잘게 잘라서 비옥한 토양에 꽂기만 하면 완벽한 모양의 식물체로 자라난다. 그리고 줄기에 저장된 당분은 싹이 나고 뿌리가 자랐을 때를 전략적으로 대비하기 위한 준비 과정에서 만들어진다. 분명한 사실은 인류가 이 전략적 저장고를 발견한 뒤 약탈하기 시작했다는 점이다.

문헌 자료에 따르면, 사탕수수의 재배는 인도에서 시작되어 서한西漢 시대에 중국으로 들어왔을 가능성이 크다. 처음 사탕수수를 접했을 때 사람들의 반응은 무턱대고 사탕수수를 씹어서 단맛을 보는 것이 전부였다. 그러다가 훗날 인도의 제당 기술이 중국으로 전해지면서 사람들은 큰솥에 사탕수수를 끓여 설탕을 만들기 시작했다. 사탕수수 설탕은 당 함유량이 높고 생산량도 많아 빠른 속도로 시장을 점유하며 설탕 업계의 우두머리가 되었다.

설탕을 제조하는 공정은 전혀 복잡하지 않지만 엄청난 인내심이 필요한 과정이다. 최초의 설탕 제조는 사탕수수를 착즙한 액체를 식히는 과정으로만 이루어졌다. 이때 짜낸 시럽의 일부가 우리가 필요로 하는 설탕이라는 결정체로 변한다. 하지만 제조 과정이 아무리 단순해도 설탕이 아닌 성분이 많이 섞인 결과물이 나와 그 색은 밝은 빛을 띠는 하얀색과는 거리가 멀었다. 사람들은 붉은빛이 감도는 이 설탕을 흑설탕이라고 불렀다.

흑설탕이 붉은빛을 띠는 이유는 철분이 풍부하게 함유되어 있는 것도 있지만, 사탕수수 껍질 때문이기도 하다. 실제로 설탕을 제조할 때 사용하는 사탕수수 겉껍질은 보라색도 아닌데다 대나무 모양이어서 대나무 사탕수수라고도 불렸다. 설탕을 붉은빛으로 만드는 주된 물질은 사탕수수즙 속에 함유된 폴리페놀polyphenols이다. 이 물질 때문에 사탕수수즙이 가공 과정에서 산화하면서 유색 물질과 결합해 바나나나 사과처럼 갈변한다. 한편 사탕수수에 함유된 아미노산은 당과 마이야르 반응Maillard reaction을 일으킬 수 있다. 마이야르 반응은 아미노산과 당이 단단히 결합해 유색 물질로 변하는 현상을 말한다. 물론 사탕수수에 있는 철분도 색깔과 분명 관련이 있다. 철분은 일부 분자와 결합해 더 진한 붉은색을 낸다. 그러나 흑설탕이 붉을수록 철분 함량이 높은 것은 아니다.

오늘날 흑설탕은 가공을 거치지 않은 오리지널 식품으로서 인기를 끌고 있다. 하지만 감미로운 맛을 향한 사람들의 집착은 흑설탕의 탈색으로 이어졌다. 중국에서 가장 먼저 사용한 색소 흡착제는 황토였다. 사탕수수즙에 황토를 넣으면 유색 물질 대부분이 흡착되고, 여과 과정을 거치기만 하면 비교적 불순물이 적은 시럽을 얻을 수 있다. 이렇게 얻은 시럽을 냉각하기만 하면 순백색 설탕이 만들어진다.

얼음 사탕sugar candy은 흑설탕이나 백설탕을 이용해 새롭게 결정체로 만들어낸 결과에 불과하다. 제조법은 아주 간단하다. 설탕을 끓여 다시 시럽으로 만든 액체나 완제품 설탕이 되기 전 단계의 시럽을 붓고 대나무 조각 같은 흡착 용기를 넣어둔다. 그러면 시럽에 함유되어 있던 설탕이 서서히 결정체를 형성한다. 일정 시간이 지나고 나면 우리는 순도 높은 얼음 모양의 사탕을 얻을 수 있다.

지금까지도 우리는 이런 설탕 제조 공법을 그대로 따르고 있다. 다만 황토를 새로운 흡착제로 바꾸고, 대나무 조각 역시 새로운 흡착 용기로 대체했을 뿐이다. 위에서 설명한 제조 과정을 보면 흑설탕과 백설탕, 얼음 설탕은 반제품과 완제품이라는 차이만 가진다. 흑설탕과 나머지 두 설탕의 성분을 살펴보면 백설탕과 얼음 설탕은 완전히 같은 물질이다. 일각에서는 흑설탕 속에 남아 있는 불순물이 우리 건강에 큰 도움이 된다는 의견을 내놓고 있다. 그 말이 사실일까? 어쩌면 건강을 유지하게 하는 흑설탕의 놀라운 기능을 우리가 눈치 채지 못한 것일지도 모르지만, 지금까지의 연구 자료를 분석한 결과 흑설탕의 영양 성분은 백설탕과 그리 차이 나지 않는다.

전쟁의 아픈 역사가 낳은 사탕무
|

유럽인들은 사탕수수를 처음 발견한 그날부터 대체품을 줄곧 찾아 다녔다. 사탕수수는 덥고 습한 환경을 좋아하고, 특히 성장기에는 온도와 강우량이 아주 중요한 역할을 한다. 유럽은 이런 환경과 조

건을 제공할 수 있는 땅이 아니었다. 그래서 페르시아 상인들이 인도의 사탕수수를 처음 유럽에 들여왔을 때 이 식물은 부자만이 누릴 수 있는 사치품이 되었다. 홍차에 설탕을 넣는 습관은 그 무렵에 생겼다. 귀족들은 비싼 설탕을 차에 넣어 마시면서 빈민층과의 신분 격차를 드러냈고, 과시욕은 시간이 지나면서 습관으로 굳어져 홍차를 마실 때면 으레 설탕을 넣게 되었다. 이런 식으로 존재감을 드러내던 설탕은 역할이 점점 커졌고 전 세계의 음식에서 없어서는 안 될 요소로 자리잡았다. 그만큼 설탕의 안정적 공급이 중요해졌다.

어떤 관점에서 보면, 스페인이 서인도제도를 개척하려 했던 첫 번째 이유는 그곳을 사탕수수와 설탕 생산 기지로 만드는 데 있었다. 하지만 식민지의 수는 한정되어 있었고 식민지로부터 장거리 수송을 하면 언제 공급 사슬이 끊어질지 알 수 없었다. 아니나 다를까 영국과의 전쟁에서 나폴레옹은 바로 이 난제와 맞닥뜨리고 말았다.

영국이 해상 교통을 엄격히 통제하자 프랑스는 서인도제도에서 수확한 설탕 원료를 공급받기 어려워졌다. 그래서 프랑스는 설탕의 원료로 쓰일 작물을 자체적으로 개발하는 데 사활을 걸었다. 다행히 식물 중에서 사탕수수만 당 함유량이 높은 것은 아니었다. 사탕무라고 불리는 비름과 식물이 일찌감치 서아시아와 유럽 해안가에서 자라고 있었다. 사실 이 식물은 기원후 1세기에 이미 식용 채소로 사용되었다. 다만 당시 사람들이 단맛에 신경 쓸 여력이 없었거나, 야생 사탕무가 전혀 달지 않아 따로 대량 재배를 시도하지 않았을 수도 있다.

나폴레옹이 재위하던 시기에 무를 닮은 이 식물이 당을 생산한다는 사실이 밝혀졌다. 비록 당의 함량은 6퍼센트에 불과했지만 이로써 당을 추출할 수 있는 대체 자원의 조건이 얼추 갖추어진 셈이었다. 나폴레옹은 넓은 면적의 토지를 제공해 사탕무를 실험적으로 재배하도록 했다. 뜻이 있는 곳에 길이 열린다는 말처럼 사탕무 육종은 연이어 눈부신 성과를 냈고, 사탕무의 당 함량은 무려 18퍼

센트에 달했다. 처음 육종을 시도했을 때 측정한 당도의 3배가 넘는 수치였다. 1801년 슐레지엔에 최초로 사탕무 공장을 세운 뒤부터 사탕무 제당업이 유럽 전역으로 빠르게 퍼져 나갔다. 지금 유럽과 북미 지역에서 광범위하게 사탕무를 재배하고 있고 그 생산량은 사탕수수 총생산량의 40퍼센트나 된다. 이제 사탕무는 사탕수수와 어깨를 나란히 할 정도의 설탕 원료 작물이 되었다.

특히 일부 사탕무 품종은 지금까지도 여전히 중요한 채소로 사랑받고 있다. 예를 들어 러시아의 유명한 수프 보르시는 사탕무의 뿌리를 끓여서 만든 요리다. 수프의 붉은색은 사탕무 뿌리에 함유된 베타레인betalain 색소에서 나온다. 베타레인 색소는 붉은색 베타시아닌betacyanin과 노란색 베타잔틴betaxanthin으로 구분된다. 베타레인이 전체 색소의 75~95퍼센트를 차지해 사탕무로 수프를 끓이면 색이 붉어진다.

사탕무의 뿌리는 100그램당 무려 200밀리그램 정도의 색소를 함유하는 만큼 아주 훌륭한 천연색소의 공급원이다. 현재 서유럽에서 매년 20만 톤이 넘는 사탕무 뿌리를 생산하고 있고 그중 약 10퍼센트를 색소로 사용하기 위해 가공한다. 다만 사탕무 색소는 열과 빛, 산소에 민감해 아직까지도 주로 아이스크림, 그릭 요거트, 건조식품, 사탕에만 사용된다.

더 효율적인 단맛, 옥수수로 만든 액상 과당

사탕수수와 사탕무를 가공해 만든 설탕의 공급량이 매년 1억

6,800만 톤에 달하지만 새로운 단맛을 얻고자 하는 인간의 욕망은 아직 멈추지 않았다.

콜라의 성분 표를 보면 액상 과당High Fructose Corn Syrup이라는 특이한 성분을 발견할 수 있다. 설탕보다 훨씬 매력적으로 다가오는 이름이다. 이 성분의 이름을 볼 때면 과수원에 풍성하게 열린 열매, 햇살을 머금고 가지에 싱싱하게 매달린 포도송이, 가슴 깊이 스며들어 기분마저 좋아지는 달콤한 향과 맛이 머릿속에서 자연스럽게 떠오른다. 이미 혀로 맛본 적이 있는 상큼하고 달콤한 맛이야말로 우리가 꿈꾸던 완벽한 단맛이 아닐까? 잠깐! 현실은 전혀 그렇지 않다. 우리는 액상 과당이 포도나 다른 과일과 아무런 관계도 없다는 사실을 알아야 한다. 이 단맛의 근원지는 옥수수다.

일반적으로 사람들은 '당'이라는 말에서 설탕이라는 단어를 가장 먼저 떠올리고, 설탕 중에서도 포도당을 연상할 확률이 높다. 세상에는 유사한 구조를 가진 물질이 매우 많다. 포도당의 형제라고 할 수 있는 과당(둘의 차이는 수소 원자가 각각 알데하이드와 케톤이라는 부분에서 결합한다는 것뿐이다)을 제외하고 보면 넓은 의미에서 당은 포도당을 기본 단위로 하는 물질이다. 당에는 앞서 언급했던 맥아당 및 전분이 포함되고, 좀 더 넓게 보자면 목화 섬유도 당이 거느리는 대가족의 일원이다. 이 물질들은 포도당으로 이루어져 있으므로 분해하면 자연히 단맛이 난다.

화학자들은 어떻게 하면 이 물질들로 단맛을 만들어낼 수 있을지 궁리하기 시작했다. 화학자들은 맥아당을 생산할 때와 마찬가지로 산과 고압 시설을 이용했다. 특수한 환경에서 거대한 전분 분자가 작은 덩어리로 쪼개졌다. 그런데 포도당 가루를 물에 타서 마셔보면 알 수 있듯이, 문제는 잘게 쪼갠 포도당이 설탕만큼 달지 않다는 데 있었다. 산을 이용해 전분을 분해하는 가공법은 일찍이 일본에서 발명되었다. 이 방법이 광범위하게 응용되지 못했던 이유는 결과물의 단맛이 기대에 미치지 못해서였다.

액상 과당이 역사 속에 묻힐 뻔했던 그때, 세 가지 사건이 터지면서 판이 뒤집혔다. 첫 번째 사건은 1970년대부터 미국 정부가 설탕에 무거운 세금을 부과한 것이다. 당시 미국 본토에서 판매되던 설탕의 가격이 원산지의 두세 배에 달할 정도로 상승했다. 일반 소비자들은 가격의 변화를 크게 체감하지 못했을지도 모른다. 하지만 코카콜라처럼 설탕을 많이 소비하는 기업에게는 상황이 달랐다. 소비자는 설탕 값을 떠나 오로지 콜라가 달기만 하면 그만이었다. 두 번째 사건은 첨단 재배 수단의 도입으로 미국의 옥수수 생산량이 갈수록 증가했고, 그 결과 옥수수 가격이 바닥을 치면서 시작되었다. 생산자들은 옥수수를 헐값에라도 팔고 싶어도 어찌할 방도가 없었다. 세 번째 사건은 과학자들이 포도당을 과당으로 바꿀 방법을 찾아낸 것이다. 세 가지 사건이 한데 얽히면서 액상 과당의 역습은 성공을 거두었고 많은 양의 옥수수 전분이 감미료로 변신했다.

액상 과당은 자당, 과당, 포도당 중 가장 단 과당과 가장 달지 않은 포도당을 적절히 섞어 최상의 맛을 탄생시킨 결과물이었다. 눈치 챘는지 모르겠지만 액상 과당은 과당의 함량을 의미하는 42, 55, 90과 같은 일련번호를 포함한 이름으로 불린다. 예를 들어, 55번 시럽은 과당 55퍼센트와 포도당 45퍼센트를 함유한다. 꿀의 배합률이나 당도가 55번 시럽과 가장 비슷해 이 시럽은 가짜 꿀로 둔갑해 시중에 유통되기도 한다.

코카콜라는 1980년대부터 액상 과당을 사용하기 시작했다. 비록 유통 초반만 해도 각종 보이콧에 시달리며 험난한 길을 걸어야 했지만 액상 과당의 장점이 점점 드러나면서 판세가 바뀌었다. 액상 과당은 가격이 저렴하고 고유의 특수한 배합률 덕분에 온도가 섭씨 40도보다 낮아질수록 당도가 점차 높아진다. 탄산수 업계에서 꿈꿔오던 특성이었다. 차가우면서 달고 톡 쏘는 시원한 맛의 탄산음료보다 더 매력적인 음료수가 있을까?

한편 액상 과당은 흡수성과 보습성이 일정해 제과업 종사자에게 희소식을 가져다주었다. 액상 과당은 케이크와 빵의 폭신하고 부드러운 상태를 오래도록 지속시켜주었다. 미생물이 번식해 발생하는 오염을 막아 식품의 부식을 방지하고 신선도를 유지하는 데도 도움을 주었다. 이런 장점이 주목받으면서 액상 과당은 식품 산업에서 설탕을 대신하기 시작했다.

완벽해 보이는 액상 과당에도 제 나름의 결함이 존재한다. 한동안 사람들은 과당 음식이 설탕과 포도당의 섭취를 줄여준다고 여겼지만 그 생각은 틀린 것이었다. 2009년 『임상의학 저널』에 실린 연구 결과는 이런 생각에 경종을 울렸다. 액상 과당을 함유한 음료를 매일 세 잔씩 마신 그룹과 같은 양의 포도당 음료를 마신 그룹을 대상으로 실험을 진행했다. 10주 동안의 실험이 끝난 뒤 포도당 그룹과 비교해봤을 때 액상 과당 그룹의 장기에 지방이 더 많이 축적되었다. 또한 인슐린의 민감성을 떨어뜨려 인슐린 저항이 높아지는 결과를 불러왔다. 액상 과당을 과하게 섭취한 사람은 당뇨병에 걸릴 위험이 더 높다는 의미다. 과도한 양의 액상 과당을 섭취하면 중성지방과 저밀도 지질 단백질 그리고 콜레스테롤 수치가 높아질 수 있다. 미국 보스턴대학 연구팀이 2010년 『미국 의학협회 저널』에 발표한 연구 결과에 따르면, 일상생활에서 액상 과당이 설탕과 쌀국수 등 다른 당류를 대신할 경우 통풍에 걸릴 위험이 현저히 증가했다. 과당이 실험자 체내의 요산 함량을 높였기 때문이다. 연구 결과가 나오고부터 한동안 최고의 당 성분으로 인기를 끌었던 액상 과당은 건강에 해롭다는 오명을 입게 되었다.

단맛을 찾아 걸어온 인류 앞에는 이제 어떤 길이 펼쳐질까? 자일리톨처럼 당을 대체하는 제품이 다시 인기를 끌지는 아무도 알 수 없다. 다만 한 가지 확실한 것은 우리가 설탕을 너무 많이 섭취하고 있다는 사실이다. 어떤 음식이든 지나치게 많은 양을 먹으면 반드시 탈이 나듯 단맛을 향한 탐욕이 과하면 결국 끝없는 문젯거리를 낳을 수밖에 없다. 결국 균형 잡힌 단맛을 적정량만 즐기는 것이야말로 우리를 곤경에서 벗어나게 할 해결책이다.

가끔 이런 생각이 든다. 처음 사탕수수를 맛본 사람은 자신의 작은 행동이 인류의 식생활과 식품 산업은 물론이고 국제시장에도 거센 변화의 바람을 일으킬 거라고는 예상하지 못했을 것이다. 하지만 인류가 사탕수수의 단맛을 찾아내지 않았더라도 역사의 수레바퀴는 그 고유의 궤적을 따라 움직였을 것이다. 단맛을 추구하는 인류의 욕망은 영원하기 때문이다.

¶¶¶

황설탕과 흑설탕 중 어느 것이 더 좋을까?

한때 황설탕이나 흑설탕의 영양분이 백설탕보다 더 풍부하고 건강에도 더 좋다는 소문이 퍼지면서 백설탕보다 앞의 두 설탕의 소비가 늘어나기도 했다. 하지만 황설탕은 탈색이 제대로 되지 않은 백설탕에 지나지 않고, 흑설탕은 갈색 설탕보다 캐러멜색이 조금 더 들어간 제품에 불과하다. 이런 종류의 설탕이 백설탕보다 비싼 만큼 영양가가 높은지는 좀 더 자세히 따져봐야 한다.

미식가를 위한 식물 사전

지역마다 확연히 다른 파의 맛

내 입맛은 외할머니의 손맛에 길들여졌다. 외할머니의 요리 중에서 내가 가장 좋아하는 음식은 할머니의 특별 레시피로 만든 황먼지黃燜雞(중국식 찜닭__역자)나 펀정러粉蒸肉(고기에 쌀가루를 묻혀 찌는 요리__역자)도 아닌 아주 평범한 파 국수였다. 파 국수에 들어가는 재료는 국수, 간장, 돼지기름, 파가 전부다. 만드는 방법도 아주 간단해서 밑간 재료인 간장, 돼지기름, 파를 넣어 끓인 국물에 삶은 국수를 넣은 후 간을 하면 김이 모락모락 피어오르는 파 국수가 바로 완성된다. 짭조름한 맛의 간장, 끈끈한 점성을 만들어내는 돼지기름 그리고 파의 향이 조화를 이루면 평범한 국수도 어느새 여느 맛집 메뉴 부럽지 않은 멋진 음식으로 탈바꿈한다. 향긋한 파가 빠진다면 짜고 느끼한 맛의 평범한 국수로 전락할 정도다.

어떤 요리든 언제나 파가 화룡점정이다. 두부실파무침부터 대파해삼무침, 파전, 파 향 새우볶음에 이르기까지 파는 모든 요리에 빠지지 않는다. 파는 맛이 가장 다양한 채소이기도 하다. 파를 생것으로 먹으면 알싸하게 입안을 자극하지만, 열을 가해 구우면 부드러워지고 기름에 튀기면 파 향이 짙어져 식욕을 돋운다. 다만, 파를 오래 내버려뒀을 때 역한 냄새가 나는 게 흠이다.

지금 파의 유통량은 갈수록 많아지고 있고, 파의 종류와 모양도 다양해지는 추세다. 그 맛에는 어떤 차이가 있을까? 우리는 어떤 파를 선택해야 할까?

긴 역사만큼 하얗게 센 대파 줄기

인류가 파를 먹어온 역사는 아주 오래되었다고 할 수 있다. 파는 마늘이나 부추처럼 백합과 파속에 속한다. 수많은 파 중에서 특히 대파의 지위가 가장 높다. 대파의 원산지는 중국 서부 및 중앙아시아 지역이며, 중국 대륙의 드넓은 땅에서 가장 먼저 재배한 채소 중 하나다. 한나라 시대에 나온 책 『윤도위서尹都尉書』에 '파 재배 편'이 나와 있다고 알려졌지만 안타깝게도 원문은 전하지 않는다. 기원후 2세기에 나온 책 『사민월령四民月令』을 보면 "여름 파는 희고 작지만, 겨울 파는 희고 크다"라는 기록이 있다. 이를 통해 우리는 당시 사람들이 이미 사시사철 파를 재배했다는 사실을 미루어 짐작할 수 있다. 파가 우리의 식탁을 점령하는 데 성공했다 한들 이 채소가 독자적으로 출세할 확률은 그리 높지 않다. 생파를 장에 찍어 먹는 일은 손에 꼽을 만큼 드물다.

예전에 옌타이煙臺에 있는 어느 만둣집에서 식사한 적이 있는데 그때 어떤 만두를 먹었는지 기억조차 나지 않지만 그곳의 대파 맛만큼은 아직도 잊히지 않을 정도다. 산둥山東에서 생산한 파는 맛이 좋기로 유명하고, 그 지역 사람들도 대파를 즐겨 먹어 식당에 들르면 대파 한 접시를 서비스로 내놓는 곳이 많았다. 깨끗이 씻어 다듬은 대파를 접시에 담으면 한 근은 족히 되었다. 파 잎을 살짝 말아서 식당에서 만든 새우장에 찍은 뒤 한입 베어 물면 달콤한 파의 향과 즙이 새우장의 고소한 짠맛과 어우러져 입안에 퍼졌고 파의 매운맛도 느껴지지 않았다. 이야기를 나누며 먹다 보면 어느새 파가 온데간데없이 사라져버렸다. 아쉬운 마음에 한 접시를 더 부탁

하는 일이 세 번이나 이어지자 주인장은 난처한 표정을 지으며 우리에게 양해를 구했다.

"손님, 죄송합니다. 대파가 다 떨어진 데다 시장도 문을 닫아서 더는 서비스를 드릴 수 없습니다."

어찌 됐든 우리는 그런 대파를 공짜로 맛보게 해준 주인에게 고마워할 따름이었다. 그날 이후 나는 그렇게 맛있는 대파를 어디에서도 본 적이 없다.

베이징의 대파는 그곳의 대파만큼 부드럽지 않다. 대파 잎을 생으로 먹을 때는 그럭저럭 견딜 만한데 하얀 줄기를 씹어 먹는 일은 고역 그 자체였다. 줄기는 한마디로 매운맛 그 자체다! 그러나 베이징 파 역시 나름대로 장점이 있다. 오리구이를 먹으려면 대파가 필요한데, 베이징 파 특유의 매운맛이 있어야 오리의 잡내를 잡아 최상의 맛을 즐길 수 있다.

대파의 향을 경험하고 싶지만 매운맛에 겁을 집어먹고 감히 엄두를 못 내는 사람들도 꽤 많을 듯하다. 이럴 경우 파를 잘 선택해야 하는데 이때 파의 하얀 부분이 관건이다. 보통 파의 하얀 부분을 줄기로 알고 있지만 사실은 그렇지 않다. 파의 줄기는 파 머리 쪽에 있는 비교적 딱딱한 부분에 국한된다. 파의 흰 부분은 잎의 일부분으로 잎집이라고 부른다. 이파리로 겹겹이 싸인 잎집은 마치 대파의 뿌리처럼 보인다. 이 하얀색 부분의 형태에 따라 파를 한지형(잎집이 길고 흰 줄기파), 난지형(잎집이 짧고 흰 잎파), 중간형으로 나눌 수 있다.

한지형은 파의 하얀 잎집이 비교적 긴 모양을 가리킨다. 이런 대파는 매운맛이 적절히 균형을 이루고 있어 생으로 먹기에 적합하다. 중국 사람들이 평소 먹는 장추章丘 대파와 베이징 대파가 바로 전형적인 한지형이다. 이 유형과 비교했을 때 난지형은 좀 더 맵다. 난지형 파의 잎은 무침 요리와 잘 어울린다. 그런데 지금은 대부분 희고 긴 파를 선호하다 보니 다른 품종이 외면받는다. 중간형 대파는 매운맛이 가장 강해 양념용으로 사용하기에 좋다. 다만 이 파를 넣은 소스를 만들려면 파의 양을 잘 조절해야 한다.

한곳에서 대파 세 종류를 동시에 살 수 있는 경우는 매우 드물다. 만약 우리가 한 종류만 선택할 수 있는 상황이라면 그 파를 어떻게 먹어야 할까?

부위별 매운맛에 따라 달라지는 요리법

파의 매운맛은 파가 함유하고 있는 황화합물에서 나온다. 이 화합물은 일반적으로 알리인alliin류에 속하는 물질, 즉 아무 색과 냄새가 없는 S-알킬 시스테인 설포옥사이드S-alkyl cysteine sulphoxides, CSO_S의 형태로 존재한다. 일단 대파의 조직이 손상되자마자 알리인을 분해하는 효소가 작용해 이 물질은 고기 맛을 내는 프로필메르캅탄propanethiol, 풀 맛과 매운맛을 내는 두 물질 이황화메틸dimethyl disulfide과 다이메틸 트리설파이드dimethyl trisulfide 등 복잡한 화합물로 쪼개진다. 이렇게 해서 파의 매운맛이 드러나게 된다. 대파를 썰기 전까지 특유의 향을 맡을 수 없는 이유도 여기에 있다. 일반적으로 파 잎 부분에 있는 매운맛 물질의 함량은 파의 흰 부분보다 적어서 보통 무침 요리에는 파 잎을 사용하고, 부침이나 찜, 튀김 요리를 할 때는 흰 부분을 쓴다.

　아무리 파의 흰 부분이 맵더라도 잘 익히기만 하면 매운맛을 없애고 부드러운 맛을 살릴 수 있다. 황화합물은 열을 가하면 쉽게 분해되기 때문이다. 특히 매운맛의 주범인 다이메틸 트리설파이드는 파를 15분 동안만 가열해도 급격히 함량이 낮아지고, 30분 이상 가열하면 파 속에서 완전히 사라져버린다. 하지만 프로필메르캅탄은 여전히 남아 있는데, 이 물질은 파에서 고기의 맛과 향을 느끼게 한다.

　하지만 오래 끓인다고 좋은 것은 아니다. 상하이 해양대학에서 실시한 실험에서는 파를 15분 동안 가열했을 때 맛과 향이 가장 좋았고 30분 동안 가열했더니 그 파의 샘플을 먹어보려는 사람이 없었다. 매운맛을 잡긴 했지만 대신 모양이 흐물흐물해지고 잡내까지 더해져 매운 생파를 먹는 것보다 훨씬 고역이라는 평가를 받았

다. 그래서 파를 요리에 쓴다면 요리가 솥에서 나온 직후 넣어야 최고의 맛을 낼 수 있다. 만약 그 전에 파를 넣으면 안 좋은 향이 더해져 풍미가 떨어진다.

요리하기 전에 진한 파 향과 고기 향을 내기 위해 프라이팬에 기름을 두르고 파를 볶아내는 과정을 거친다. 이때 매운맛 물질도 대부분 분해되고 남은 프로필메르캅탄에 티오펜thiophene과 같은 물질이 더해진다. 그러면 고기 향, 탄내, 파 향이 뒤섞인 매력적인 향을 자랑하는 파 기름이 완성된다.

가느다랗다고 다 쪽파는 아니다

나처럼 북쪽 지방에서 나고 자란 사람은 거칠고 매운 대파에 익숙해 전병으로 대파를 감싸 먹을 만큼 그 맛을 즐길 줄 안다. 하지만 남쪽 지역에서 대파를 찾는 일은 말처럼 쉽지 않다. 한 번은 실험을 위해 광시에 갔을 때 동료들과 돼지고기 볶음 요리 훙사오러우红烧肉를 만들어 먹었다. 마트에 장을 보러 가니 산초, 팔각회향, 간장, 생강, 설탕은 있는데 유독 대파만은 어느 곳에서도 구할 수 없었다. 재래시장에 가봐도 가느다란 실파 다발만 눈에 띌 뿐이었다. 어쩔 수 없이 실파라도 사다가 하얀색 부분을 썰어 냄비에 넣었지만 맛과 향이 제대로 배어 나오지 않았다. 그래서 아예 실파 다발을 통째로 냄비에 넣었는데 황당하게도 파가 흐물해져 형체를 알수 없게 되었다. 나중에야 우리는 이곳의 파가 이토록 가늘고 작은 이유를 알게 되었다. 알고 보니 현지인들은 쪽파라고 불리는 이 파를 완성된 요리에 뿌려 조미하는 용도로만 사용하고 있었다.

대파는 한 줄기씩 독자적으로 뿌리내리며 자라지만 쪽파는 늘 한 더미씩 묶여서 땅속에 묻혀 있다. 파의 분류에 따르면 쪽파는 파와 친형제 사이지만 그 자체로 변종이기도 하다. 한 줄기씩 쪼개 보면 덜 자란 대파와 아주 흡사한 모습이다. 다만, 대파와 비교했을 때 매운맛이 훨씬 덜할 뿐이어서 나는 국을 먹을 때마다 잘 썰어놓은 쪽파를 몇 숟가락씩 넣어 먹고는 했다.

쪽파는 남쪽 지역에 광범위하게 분포해 자라고 성장기가 짧아 싹튼 이후로 수확하기까지 50일밖에 걸리지 않는다. 생장 기간이 일 년을 훌쩍 넘어가는 다른 파에 비해 유통하는 데 훨씬 유리하다. 게다가 쪽파는 추위에 강해 일 년 내내 남쪽 지방의 식탁에 오를 수 있고 겨울에도 재배할 수 있어 밭의 이용률을 높인다. 많은 양을 한꺼번에 저장할 공간이 필요한 대파는 남쪽 지방에서 도리어 설 자리를 잃게 되었다.

그 후 나는 베이징의 시장에서도 파를 발견할 수 있었다. 다만 그곳에서는 골파라는 이름으로 불렸다. 사실 이름만 골파일 뿐 남쪽에서 보았던 쪽파과 거의 흡사했다. 그 식물은 대파나 쪽파의 친척 사이에 낀 정도의 관계인 듯했다. 이 품종은 유라시아 대륙에 광범위하게 분포했지만 지금은 북미 지역에서도 조상을 볼 수 있다. 골파는 향 말고는 이렇다 할 장점이 없다. 쪽파와 비슷한 모양이지만 하얀 부위의 길이가 더 짧고 잎이 가늘며 매운맛도 훨씬 덜하다. 음식에 매운맛을 더하고 싶을 때 골파는 좋은 선택지가 못 된다.

한편, 골파는 꽃봉오리가 하나하나 모인 보랏빛 공 모양 꽃을 피운다. 골파의 꽃은 대파나 쪽파의 희고 둥근 꽃과 뚜렷하게 달라서 많은 사람이 골파를 정원 식물로 재배하기도 한다.

파가 특별한 식물학적 이유

|

파에 속하는 식물은 700여 종에 이른다. 산에서 자라는 파는 대파, 쪽파, 골파 외에도 다양한 종류가 있다. 우리 주변에서 흔히 볼 수 있는 이층파楼葱와 샬롯도 파에 속한다.

이층파의 생김새를 자세히 뜯어보면 이런 이름이 붙은 이유를 곧바로 알아챌 수 있다. 아랫부분은 크기가 작은데 윗부분은 커다랗고 층층이 단이 나뉘듯 펼쳐져 자라난다. 줄기에 붙어 있는 작은 비늘줄기인 주아珠芽 구조도 특이해, 매끈한 몸체를 곧게 편 채 꼿꼿하게 서 있는 일반적인 대파와 확연한 차이를 보인다. 이 품종의 꽃은 보통 열매를 맺지 않지만 또 하나의 개체로 서서히 성장해갈 작은 비늘줄기를 만들어낸다. 일반적으로 새로운 식물체가 성장할 때 어미그루는 말라 죽고 어린 식물은 독자적으로 땅에 뿌리를 내리고 살아간다. 하지만 이 식물의 어미그루는 죽지 않고 계속 살아가면서 새끼 식물체의 꽃 위에 또 다른 새끼 식물체를 낳을 때가 많아 이층파라는 이름이 붙었다. 하지만 모양만큼 맛도 특이할 거라는 생각은 오산이다.

대파의 맛이 독하게 느껴진다면 샬롯을 선택하는 것도 나쁘지 않다. 마늘 모양과 파 모양을 어중간하게 합친 것처럼 보이는 샬롯은 윗부분이 파와 닮았고 아랫부분이 마늘과 비슷하게 생겼다. 당나라 때 원산지인 중앙아시아에서 중국으로 들어와 볶음 요리나 채소 절임을 만들 때 많이 써왔다.

국경절 연휴에 집에 돌아오자마자 나는 짐을 내려놓고 서둘러 외갓집으로 달려갔다. 외할머니는 나를 보자마자 계속 잔소리를 늘어놓으셨다.

"미리 연락을 하고 오지 그랬니. 그럼 장을 봐서 음식도 좀 만들어 놨을 텐데."

연로하신 외할머니가 집에서 음식을 하는 경우는 이제 드물어졌지만 외할머니는 얼른 가스 불을 켜 물을 끓이고 국수와 파를 준비하셨다. 비록 돼지기름이 빠졌어도 김이 모락모락 나는 파 국수는 여전히 따뜻하고 맛있었다.

집에서 파 뿌리 심기

대파의 생장 주기는 일 년이므로 이 품종은 일단 제외하자. 쪽파나 골파가 집에서 재배하기에 적합하다. 쪽파는 씨앗에서 새로 싹을 틔울 수 있고, 골파는 씨앗 대신 묘목을 심어야 새 개체로 자란다. 둘은 가뭄과 추위를 잘 견뎌 생장 조건에 맞게 환경을 조절하는 일은 그다지 까다롭지 않다. 물이 꽁꽁 얼어붙는 한겨울에도 끄떡없이 잘 자라지만 무더위에는 맥을 못 추기 때문에 품질 좋은 파를 수확하고 싶다면 파의 주변 환경을 시원하게 유지해야 한다. 자, 이제 씨를 뿌린 뒤 두 달도 지나지 않아 직접 심은 파를 먹을 수 있게 될 것이다.

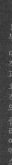

알싸하게 맵지만 속이 따뜻해지는 식재료

요즘에는 식당에서 주문을 마치면 종업원이 종종 한마디 말을 덧붙인다.

"혹시 마늘이나 생강, 파를 싫어하는 분도 계신가요?"

이 말을 들을 때마다 생강을 가능한 한 듬뿍 넣어달라고 말하고 싶은 마음이 굴뚝같았지만 같이 온 사람의 입맛을 존중해야 했다. 나는 파, 마늘, 생강에 편견이 전혀 없는 사람이고, 그 가운데 생강을 유난히 좋아한다.

매년 햇생강이 시장에 나오면 나는 연례행사라도 되는 듯이 생강을 한 자루씩 산다. 생강을 껍질째 물에 헹궈 얇게 썬 다음 미리 한입 크기로 썰어놓은 등심과 함께 뜨거운 기름에 볶으면 먹음직스러운 요리가 완성된다. 생강은 매운맛 속에 숨겨진 달콤함이 매력이다. 그러나 신선한 상태의 생강은 빨리 변하기에 보름만 지나도 집이나 시장에 있는 생강이란 생강은 모두 묵은 것이 되어버린다. 그럼에도 부엌에서 생강의 역할이 핵심적이라는 사실은 달라지지 않는다. 갈비찜, 닭볶음탕, 농어찜, 그리고 가을바람이 불어올 때가 제철인 참게 요리가 모두 생강의 든든한 지원을 기다린다.

생강이 양념으로도 쓰이고 채소로도 워낙 광범위하게 활용되다 보니 그 효능에 대한 많은 말이 옛날부터 전해져 내려온다. "겨울에는 무를 먹고, 여름에는 생강을 먹는다", "생강을 먹으면 위가 따뜻해진다", "아침에 생강을 먹으면 인삼을 먹은 것과 같은 효과가 있으나, 저녁에 생강을 먹으면 비상을 먹는 것과 다르지 않다"라는 말은 나도 어릴 적부터 자주 들었다. 어머니는 생강을 무척 귀하게

여기서서 닭볶음탕을 만드실 때면 기름진 고기 대신 함께 조리한 생강만 골라 드셨다.

　이 식물에는 도대체 어떤 놀라운 효능이 숨어 있는 걸까? 생강에 유통기한이란 없는 걸까?

전설 속 신농써도 맛봤다는 생강

인류의 미각은 가끔은 상상을 초월할 정도로 뛰어나 보인다. 예를 들어, 매운맛은 확실히 혀를 괴롭히지만 한번 그 맛에 빠져들면 쉽게 헤어 나오지 못한다. 생강을 처음 맛보려고 시도한 미스터리한 인물 또한 대단해 보인다.

전설 속의 신농씨는 100가지 약초를 맛보러 갈 때면 늘 개를 데리고 다녔다고 한다. 그 개는 신농씨와 함께 다니면 배불리 먹지도 못한 채 산속을 헤매야 했다. 그런데 이상하게도 개는 단 한 번도 병에 걸린 적이 없었다. 어느 날 신농씨는 개가 어떤 식물의 뿌리와 줄기를 뜯어먹는 장면을 목격했다. 그는 호기심에 얼른 그 식물을 한입 먹어보았다. 곧 매운맛이 목구멍을 타고 오장육부 속으로 흘러들어가 따스한 기운을 전했고 기분이 상쾌해졌다. 그는 자신의 성 씨인 '강薑'자를 따 그 식물의 이름을 지어주었다.

이때부터 생강은 신기한 능력을 갖춘 다른 식물들과 마찬가지로 자신만의 독특한 탄생 스토리를 갖게 되었다. 고대 서적에서는 생강이 토양 속에서 자라나는 형상을 닮은 한자인 '강䕬'으로 생강의 이름을 표기한다. 다만 간단한 한자 표기가 권고 사항이 되면서 '강薑'이 복잡한 꼴의 '강䕬'을 대체해 이 식물의 정식 명칭이 되었다.

생강은 동남아시아의 열대우림 지역이 원산지인 생강과 생강속의 식물이다. 신농씨가 100가지 약초를 맛보기 위해 동남아시아까지 떠돌았다니 있을 수 없는 일이다. 그렇다면 신농의 성씨와 식물의 이름이 같다는 이야기는 단지 인위적으로 조작된 것인지 의심스럽다.

한자 '강䕬'의 꼴은 생강과 더 비슷한 형태다. 풀 초 부수는 갈대와 같은 땅 위의 줄기를 의미하고 그 아래에 있는 '두 개의 밭과 세 개의 작대기'는 토양 속에 웅크린 뿌리처럼 보이는 줄기와 닮았다. 당시 글자를 만들면서 이 식물의 특이한 모양을 본뜬 듯하다.

어육류 요리계의 장군이자 디저트계의 보좌관

생강의 고향이 머나먼 곳일지라도 생강을 향한 사랑 앞에 물리적 거리는 문제가 되지 못한다. 『논어』를 보면 일찍이 상주商周 시대에 이미 생강을 먹었다는 기록이 있다. 공자는 밥을 먹을 때 잊지 말고 생강을 꼬박꼬박 챙겨 먹으라는 의미의 '불철강식不撤姜食'이라는 문구도 남겼다. 공자는 왜 이렇게 해야 한다고 여겼을까? 생강을 간식거리로 삼았다는 둥, 책을 읽기 전에 정신을 맑게 만들어야 했다는 둥, 위장병을 치료해야 했다는 둥 다양한 추측이 이어졌다. 어쨌든 지금까지도 생강은 중국 요리의 핵심적인 양념 재료고 심지어 '요리의 조상'이라는 별명도 가지고 있다.

절임, 청과 같이 생강으로 만든 반찬류가 등장했지만 생강은 닭고기, 오리고기, 생선, 육류와 함께 올라올 때에야 비로소 제 역할을 다한다. 생강은 향 성분 덕에 마치 장군인 양 요리의 맛을 진두지휘할 줄 안다. 향 성분은 각종 테르펜류 물질이 주로 구성한다. 요리를 볶는 과정에 앞서 팬에 기름을 두르고 생강 조각을 먼저 볶으면 나는 향의 정체다.

서양 요리에서는 생강이 완전히 다른 길을 걸었던 것 같다. 서양에서 생강은 디저트에 주로 사용되어 생강 빵, 생강 사탕, 생강 맥주로 재탄생했다. 생강의 지위가 장군에서 보좌관으로 바뀐 셈이다. 10세기에 생강이 유럽으로 흘러들어 갔을 때 육류, 어류 요리에 사용하던 조미료 자리는 이미 후추, 바질, 세이지 등의 향신료가 꿰차고 있었다. 생강은 마침내 디저트 가게에서 일감을 찾아야만 했을 것이다.

하지만 중식 프라이팬 위나 서양식 오븐 속을 막론하고 생강의 매력 자체는 그 어느 곳에서도 가려지는 법이 없었다. 동양이나 서양이나 생강 특유의 매운맛을 대체할 만한 식재료를 찾아내지 못했기 때문이다.

오래도록 몸을 따뜻하게 감싸는 매운맛

"생강의 매운맛은 입으로 들어가고, 마늘의 매운맛은 심장으로 들어가고, 고추의 매운맛은 눈으로 들어간다"라는 옛말이 있다. 우리가 세 가지 식물의 매운맛을 접했을 때 실제로 나타나는 반응이다. 고추의 매운맛에 입은 물론이고 손과 눈조차 매워지므로 그 반응을 숨기려야 숨길 수 없기 마련이다. 캡사이신의 위력은 우리의 모공 하나하나를 다 열어버릴 만큼 강력하다. 캡사이신은 온도감각 세포가 있는 곳이면 어디든지 침입해 겉이든 피부 속이든 구분하지 않고 모든 곳을 매운 자극으로 뒤덮는다. 심지어 대변을 볼 때조차도 예외가 아니다. 그래서 고춧가루는 호불호가 극명하게 갈리는 양념에 속한다.

마늘의 매운맛은 고추와는 다른 특징을 가지고 있다. 마늘을 씹었을 때의 매운맛은 참을 수가 없어 마늘을 너무 많이 삼키면 문제가 심각해진다. 위장 속이 불타는 듯한 느낌은 마치 소화가 되지 않는 불덩이를 삼키는 기분과 같을 것이다. 알리인의 형태로 마늘 쪽에 숨어 있는 알리신allicin은 평소에는 아무런 문제도 일으키지 않는다. 하지만 마늘이 배 속으로 들어가는 순간 알리인이 빠르게 알리신으로 변하면서 속이 타들어가는 듯한 고통을 안겨준다.

　반면에 생강의 매운맛은 부드럽고 따뜻하면서도 오래 지속된다. 고추를 못 먹는 사람도 생강가루 정도는 별 반감 없이 먹을 수 있다. 신기하게도 고추의 캡사이신은 기름에 쉽게 분해되고 마늘 역시 기름을 만나면 매운맛이 사라지는 것과 달리, 생강은 튀긴 후에도 매운맛이 그대로 남아 있다.

　생강에 함유된 물질인 진저롤gingerol은 진저론zingerone, 진저베론zingiberone, 쇼가올shogaol과 같은 화학물질을 통칭한다. 이들은 모두 매운맛을 내고 독특한 향을 만들어낸다. 진저롤이 발견된 지는 얼마 되지 않아서 1879년이 되어서야 처음 추출되었다. 사람들은 이 물질이 떠안고 있는 가족의 존재를 하나둘씩 발견하기 시작해 지금까지 10여 종에 달하는 생강 속 페놀 화합물을 분리해냈다. 섭씨 240도에 도달할 만큼 끓는점이 매우 높은 진저롤 덕분에 생강은 고온에 튀겨도 매운맛이 유지된다.

　세 가지 매운맛 식재료를 비교해보자. 고추는 엄격한 스승의 가르침과 닮아서 안에서 밖, 위에서 아래에 이르기까지 머리와 온몸을 통틀어 모든 곳을 빠짐없이 화끈거리게 만든다. 마늘은 입속에 들어갈 때까지는 별 탈을 일으키지 않아도 음미하다 보면 뒷맛이 강해져 자꾸 곱씹게 되는 단짝 친구의 충고와 비슷하다. 생강은 가족의 꾸지람과 흡사하다. 입에 넣었을 때는 강한 자극을 받지만 일단 삼키고 나면 배 속이 따스해진다.

　다른 식물만큼 감각을 고통스럽게 하지는 않기 때문에 생강을 아무리 자주 먹어도 문제될 것은 없다. 하지만 저녁에 먹는 생강은 몸에 좋지 않다는 말이 퍼졌고 어머니의 잔소리가 시작되었다. 그렇다면 생강은 도대체 어떻게 먹는 게 좋을까?

인삼과 독약의 갈림길

|

주로 야외에서 일을 하는 우리 식물학자들은 비가 오거나 날이 흐려져서 추워지면 생강탕을 한 그릇씩 들이켰다. 특히 술을 마시지 않는 동료들은 생강탕의 온기로 몸을 따뜻하게 감싸야 했다. 생강탕의 효험 덕인지 몰라도 다행히 야외 관찰 업무를 하는 동안에는 감기에 걸리지 않았다. 생강탕을 먹고 나면 속이 따뜻해져 추위를 견딜 만했다.

한나라의 약서 『명의별록名醫別錄』에서는 생강의 효능에 관해 "감기, 두통, 코막힘을 주로 치료하고 기침을 가라앉힌다"라고 기록한다. 양나라의 약서 『본초경집주本草經集注』에는 "구토를 멈추게 한다"라고 쓰여 있다. 다양한 실험에서 밝혀졌듯이 진저롤은 위장과 창자의 운동을 억제해 소화기 장애 증상을 완화한다. 이런 효능은 속을 덥히는 기능과는 크게 관련이 없다.

하지만 생강탕을 마시고 나면 온몸에 따뜻한 기류가 흐르는 느낌을 받게 된다. 뜨거운 탕의 온도도 한몫했겠지만 진저롤 때문인 것만은 확실하다. 혈관을 확장하고 심근 수축을 강화하면서 혈액순환을 촉진해 뜨거운 생강탕의 열기가 금방 온몸으로 퍼진 것이다. 비바람에 꽁꽁 얼어붙은 식물학자의 몸이 따뜻해진 데는 생강의 공이 컸다. 생강탕 한 사발을 다 마시고 나면 저절로 땀이 나면서 개운해졌다.

생강탕을 마시는 방법은 모든 사람에게 적용되지 않는다. 예를 들면, 감기에 걸려 열이 날 때는 생강탕을 마실지 신중하게 고민해야 한다. 열을 내리는 일이 먼저여야 하는데 생강탕을 마시면 오히려 땀이 비 오듯 흘러 역효과를 부른다.

한편, 언론에서는 생강에 항암 효과나 항산화 효과가 있고 콜레스테롤 수치를 낮추는 기능까지 있다는 희소식을 점점 많이 전하고 있다. 그런데 모두 동물실험 수치를 근거로 들 뿐이며 생강이 인간을 얼마나 건강하게 만들어줄지 아직까지는 정확히 알 수 없다. 물론 균형 잡힌 식사를 할 때 건강해진다는 사실만은 명확하다. 어쩌면 매일 생강을 두 개씩 해치울 때보다 더 건강해질 것이다.

생강을 먹는 시간을 따지는 주장에도 검증된 근거는 없다. 어느 '전문가'에 따르면 밤에 먹은 생강이 혈액순환을 촉진해 불면증이 생긴다고 한다. 하지만 저녁 식사 후 잠자리에 들 때까지 적어도 4시간 정도가 남아 있다. 그 시간 동안 잠을 자지 않는다고 해서 갑자기 없던 문제가 생기지는 않는다. 지금까지 저녁에 생강을 먹고 병이 난 사례는 들어본 적도 없다. 더구나 나처럼 생강을 즐겨 먹는 사람이라도 매일같이 생강을 볶아 먹기는 쉽지 않다. 생강은 그저 양념으로 곁들여 먹을 뿐이지 삼시세끼 먹는 주식이 될 수는 없다. "저녁에 생강을 먹으면 비상을 먹는 것과 다르지 않다"라는 말 역시 생강을 다른 음식과 함께 먹는 양념의 의미로 받아들인다면 문제가 되지 않는다.

같은 생강이지만 조금씩 다른 '생강들'

시장에서 활약하는 다른 종류의 생강들 중 가장 잘 알려진 재료는 산내山柰, *Kaempferia galanga*, 강황, 돼지감자다.

산내는 광시와 광둥 일대에서 인기 있는 조미료다. 생강과 산내속인 이 식물은 뿌리줄기가 생강보다 훨씬 더 단단해 삶거나 졸여서 익히는 요리에 적합하다. 싱싱한 산내는 무침 요리에 쓰기도 해서 족발에 싱싱한 산내를 넣고 버무려 만드는 돼지족발 생강 무침에도 들어간다.

생강과 강황속 식물인 강황은 이름에도 '황'자가 들어가 있듯이 대표적인 카레의 색인 노란색을 내는 색소로 유명하다. 그리고 특유의 매운 향이 난다. 카레를 떠올릴 때 연상되는 모든 것은 강황과 연관되어 있다. 한편, 강황의 색소는 매우 안전해서 동물실험 결과 첨가량에 제한을 두지 않아도 되는 등급을 받았다. 원한다면 강황을 이용해 어떤 음식이든 노란색을 입힐 수 있다.

산내, 강황이 생강과 친척이나 친구 관계로 이어져 있는 데 반해, 돼지감자는 생강과 아무런 일면식도 없는 국화과 해바라기속 식물이다. 돼지감자의 다른 이름은 뚱딴지이지만 뿌리줄기가 생강과 흡사하고 약간의 매운맛이 있어서 이 식물도 생강으로 뭉뚱그려 부른다. 돼지감자는 별로 특별한 맛이 나지 않고 생강과 달리 해바라기의 축소판인 꽃을 피운다. 생강처럼 소금에 절인 밑반찬으로 먹을 수 있다. 당을 많이 함유해 위장의 운동을 촉진하므로 가끔씩 먹어주면 좋다.

저녁 식사를 할 때 아들이 닭고기 수프에서 생강을 건져 할머니

그릇에 던져 넣으며 천진난만하게 말했다.

"할머니가 좋아하는 생강! 아빠도 좋아하는 거!"

아들이 건네준 생강 한 조각을 씹으니 마음에 온기가 가득 차오르는 것만 같았다.

생강을 보관하는 방법

생강은 섭씨 10~13도를 유지하는 곳에 두고 빛을 피해 보관하는 것이 가장 좋다. 섭씨 10도 아래로 떨어지면 냉해로 생강이 썩고, 섭씨 15도 이상으로 기온이 올라가면 생강에서 싹이 틀 수 있다.

생강이 썩을 때는 사프롤safrole이라는 화학물질이 나오는데 간암과 밀접한 관련이 있다. 이미 썩은 생강을 보면 무조건 버리자.

먹을 수 없는 생강 심기

보관 조건이 지나치게 까다롭게 느껴진다면 남은 생강을 땅에 심어도 좋다. 묵은 생강을 먹는 동안 새로운 생강이 나고 자라는 광경을 지켜볼 수 있다. 생강 뿌리줄기의 특수한 습성이 어린 개체의 탄생에 도움을 준다. 생강은 땅속에서 말라죽기는커녕 도리어 무게가 약 7퍼센트 증가한다.

생강은 가뭄이나 홍수를 견디지 못하므로 좋은 토양에 심어야 하고 강한 햇빛에 오래 노출되지 않도록 해야 한다. 생강은 빛과 그늘을 모두 좋아하는 식물이므로 베란다에 심으려면 그늘막을 준비해두자.

동서양을 대표하는 식재료

연말이 다가오자 어머니는 주방을 청소하면서 잡동사니를 정리하셨고, 그제야 푸른 싹이 나 있는 마늘 한 무더기가 어딘가에 처박혀 있다가 바깥세상으로 모습을 드러냈다. 값이 오를 때를 대비해 미리 사둔 것이었지만 바싹 말라 쪼글쪼글해져 있었다. 2010년도에 마늘 값이 연이어 오르더니 결국 흙 묻은 마늘들은 금처럼 귀한 몸이 되어버렸다. 마늘브로콜리와 마늘메기찜이라면 자다가도 벌떡 일어나는 나 같은 애호가조차도 요리할 때마다 매번 마늘쪽의 수량을 신경 써야 했다. 궁여지책으로 시장 마늘의 저렴한 가격표가 눈에 보일 때마다 잔뜩 사다놓고 좋은 마늘과 섞어 쓰며 마늘맛에 대한 아쉬움을 달래야 했다. 다행히 하늘로 솟구치던 마늘의 가격은 금세 잠잠해졌고 그사이 집에 비축해둔 마늘도 점점 묵은마늘이 되어갔다.

그러나 마늘은 싹이 튼 채로 발견되더라도 쓰레기통으로 직행하지 않았다. 어머니는 커다란 스티로폼 상자를 두 개 가져오시더니 어디서 났는지 모를 검은 흙을 그 안에 채우고 싹 튼 마늘을 한 줄 한 줄 꽂아 넣으셨다. 나는 새로 자랄 마늘을 욕심내기보다 그저 연한 마늘종 두 개만 먹어보고 싶어서 잔뜩 기대에 부풀어 있었다.

약부터 음식까지, 마늘의 활약상

|

백합과 파속 식물은 상당히 개성이 강해 같은 집안에 속한 파, 마

늘, 부추는 제각기 전혀 다른 맛을 뽐낸다. 그중에서도 마늘이 동
서양에서 통용되는 양념이 될 거라고는 아무도 감히 상상하지 못
했다. 일찍이 고대 이집트와 로마 시대에 유럽인이 중앙아시아에
서 마늘을 가지고 들어왔다. 이집트 최초의 파라오 무덤에서 진흙
으로 빚은 마늘이 발굴되었다. 작은 원기둥 주위로 마늘쪽이 붙어

있었다. 이 진흙 조각의 존재만으로는 마늘이 인류의 유구한 역사를 파고들었다는 사실을 의심할지도 모른다. 하지만 의심을 말끔히 씻어줄 확실한 증거가 또 다른 파라오 무덤에서 등장했다. 무려 여섯 개의 진짜 마늘이 출토된 것이다. 이로써 마늘이 인류의 생활 속에서 적어도 4,000년 동안 활약했다는 사실이 입증되었다.

매운맛을 내는 이 식재료가 어떤 길을 걸어서 마침내 식탁 위에 도착했는지 아직 정확히 알려진 바는 없다. 처음에는 마늘이 약으로 쓰였을 거라는 설도 제기되었다. 그러다가 마늘은 죽은 파라오 왕을 도와 사악한 기운을 물리치라는 특별한 임무를 맡게 되었다.(한마디 더 하자면 중세 시대에 마늘은 흡혈귀를 물리치는 용도로도 쓰였다). 이렇게 액막이용으로 쓰인 마늘이 과연 중대한 임무에 걸맞은 효력을 발휘했을지 알 길은 없다. 하지만 마늘이 고고학자의 곡괭이를 막아주지는 못해 파라오의 관과 미라가 무덤 밖 멀리 떨어진 박물관에 전시되어 있다는 것만은 확실하다.

상대적으로 중국에서 마늘은 한층 단순하게 활용되었다. 서한 시기에 실크로드를 개척한 장건張騫이 서역에서 마늘 몇 개를 들고 돌아왔다. 그때까지만 해도 '호산胡蒜'이라고 불리던 최초의 수입 식재료가 중국을 강타할 거라고는 누구도 예측하지 못했다. 마늘의 쓰임은 동북 지역의 조림 요리, 서남 지역의 편육 요리, 티베트의 냉채, 광둥의 조갯살 요리에 이르렀다. 양쯔강의 남쪽과 북쪽을 가로지르는 식탁 위 마늘의 활약상은 눈이 부실 지경이었다. 채소를 자급자족할 만한 텃밭이 있으면 마늘은 늘 한 자리를 차지했다.

장건이 가지고 들어온 호산은 크기가 큰 편에 속하는 마늘, 즉 대산大蒜이었는데, 이것보다 상대적으로 작은 마늘인 소산小蒜도 등장했다. 지금까지도 남부 지역에서는 소산을 이용해 절임 요리를 만든다. 공교롭게도 그 절임은 마늘의 친척인 염교*Allium chinense*라고 불린다. 윈난 대학 학생 식당에서 염교를 처음 보았을 때는 설탕과 식초를 넣어 졸인 마늘장아찌라고 생각했다. 한입 베어 물자 마늘과 부추의 중간쯤 되는 식감이 입안에 퍼졌고 간장을 넣은 우유 같은 맛이 느껴졌다. 솔직히 나는 염교의 맛을 거부할 생각은 없었지만 맛이 너무 이상해 이번만큼은 참기 힘들었다. 결국 나와 처음 만났던 염교는 쓰레기통으로 직행했다.

어느 날 물에 타 먹는 감기약의 성분 표를 보다가 아주 생소한 글자 '해薤'가 눈에 들어왔다. 한참을 검색하다가 이것이 염교와 형제지간이라는 사실을 발견했다. '해'의 비늘줄기는 단독으로 자라지만 염교의 비늘줄기는 떼 지어 자란다. 따지고 보면 나는 염교의 그림자에서 벗어나본 적이 없었다. 염교와 마늘은 약의 형태로 이미 생활 속 깊숙이 파고들어 있었다.

동서양 식탁을 점령한 매운맛의 비결

양쯔강 남쪽과 북쪽의 산에는 마늘의 사촌들이 흔하게 자라난다. 파속 식물은 어림잡아 1,250종이 넘는 수를 자랑한다. 하지만 마늘의 사촌들은 대부분 매운맛과 거리가 멀다. 야외에서 일할 때면 산마늘, 달래, 부추 등 다양한 '나물'을 보게 되는데 가끔 뽑아서 씹어보면 맛이 밋밋해 내 미뢰를 사로잡지 못했다.

조금만 관심을 가지면 식탁에 있는 양념은 각각 독특하고 자극적인 맛을 지닌다는 사실을 발견할 수 있다. 고추의 매운맛, 산초의 아린 맛, 후추의 자극적인 맛, 팔각회향과 육두구의 특이한 단맛이 그렇다. 마늘도 자극적인 맛의 힘을 빌려 식탁에서 살아남았고 그 덕에 동서양을 넘나들며 인기를 끌었다.

물론 사람들은 마늘의 매운맛을 좋아하지만 1844년 전까지 누구도 매운맛이 어디에서 왔는지 알지 못했다. 그러다가 어느 독일 과학자가 잘게 썬 마늘에 고온인 데다 고압 상태인 수증기로 '사우나'를 시키고 나서 마늘의 매운맛과 닮은 자극적인 방향유를 얻어냈고 그제야 매운맛의 출처가 밝혀졌다. 그 후 미국 화학자 체스터 J. 카바리토Chester J. Cavalito가 새로운 추출 방법으로 마늘에 에탄올을 끼얹어 목욕시킨 뒤 더 매운 알리신을 찾아냈다. 알리신은 유황을 풍부하게 함유한 작은 분자화합물이었다. 마늘 추종자들은 자신들의 미각에 알리신의 맛을 각인시켰다.

그러고 보면 마늘은 굉장히 놀라운 존재가 아닐 수 없다. 아무런 손상을 입지 않은 마늘은 새삼 순해 보이는 존재다. 이미 외투를 벗은 하얀 마늘쪽조차도 매운맛이 전혀 없다. 하지만 일단 입에 넣고 씹으면 얼얼한 즙이 터져 나와 식도를 통해 흘러 내려간다. 윈난에서 전해 내려오는 말 중에 "생강의 매운맛은 입으로 들어가고, 마늘의 매운맛은 심장으로 들어간다"라는 문구가 있다. 마늘을 직접 먹어보면 이 말을 실감할 것이다. 마늘에서 추출한 방향유는 어떻게 마늘쪽 속에 숨어 있는 것일까? 수수께끼의 답은 오일을 추출하는 데 성공한 후 무려 100년이 지나서야 밝혀졌다. 마늘의 맛은 무색무취한 알리인 속에 봉인되어 있다. 알리인의 학명은 S-알릴-L-시스테인S-Allyl-L-cysteine이다. 일단 세포가 파괴되면 알리인은 특수한 단백질의 작용으로 분해되는데 그 과정에서 알리신이 만들어진다. 우리가 맵다고 느끼는 맛은 마늘의 방어적 행동에서 나온 결과일 뿐이다. 마늘의 의도와 달리 인류는 입안이 얼얼할 정도로 매운 그 맛에 빠져들었다. 특유의 냄새가 아름다운 분위기를 망치는 주범이라 해도 마늘의 매력을 포기할 수는 없다.

마늘을 먹으면 건강해진다는 믿음

우리는 앞에 놓인 음식을 왜 먹으려고 하는지 이유를 찾아야 직성이 풀리는 시대를 살고 있다. 마늘을 먹는 이유를 물었을 때 단순히 "자극을 찾아서"라고 답한다면 설득력이 떨어진다. 마늘 역시 음식물의 영양 가치와 효능을 따지는 데 급급한 경향에서 벗어날 수 없다. 최근 들어 마늘이 혈당과 혈압을 낮추는 데 도움을 준다는 정보가 여기저기서 들린다.

마늘이 우리가 신뢰할 만한 항균 능력자라는 사실만은 확실하다. 마늘은 세균, 진균, 기생충 모두에게 금방이라도 박멸할 태세를 취한다. 심지어 마늘은 "흙에서 나고 자라는 천연 페니실린"이라는 찬사를 받고 있다. 그래서일까? 마늘의 살균력을 맹신하던 아버지는 외식할 때마다 항상 나에게 마늘 두 쪽을 먹으라고 권하시고는 했다.

알리신은 세균의 번식을 억제하는 항균 능력이 뛰어나다. 알리신은 세균 세포에 잠입한 뒤 세균이 아미노산의 일종인 글리신 glycine과 글루탐산을 섭취하는 양을 통제하다가 결국에는 세균을 굶겨 죽인다. 그러나 알리신이 항생제를 완전히 대체하기는 어렵다. 알리신을 10만 배로 희석하면 독감 바이러스를 죽일 수 있다는 말은 뜬소문에 불과하다.

물론 마늘은 미뢰를 만족시키는 데 그치지 않는다. 사람들은 마늘에 사악한 기운을 퇴치하는 효과가 있다고 믿는다. 여름이 되면 외할머니는 모기가 물린 자리에 마늘 물을 살짝 발라주셨다. 하지만 알리신의 순간적인 효과는 오래가지 못해 금세 다시 가려워졌다. 그래도 마늘 냄새 탓에 모기가 몸에 가까이 다가오지 못했다. 아무래도 모기가 마늘의 냄새를 싫어하는 것이 분명했다. 가려움증을 멈추는 효능은 그럭저럭 괜찮은 편이어서 강화할 수만 있다면 꽤 괜찮은 결과물이 나올 것으로 예상된다.

2011년에 마늘 값이 폭등한 사건의 배후에는 새롭게 밝혀진 마늘의 효능이 숨어 있었다. 마늘이 신종 플루 바이러스H1N1를 퇴치하는 데 도움을 준다는 연구 결과가 가격에 결정적인 영향을 미친 것이다. 그러나 지금까지도 알리신이 신종 플루 바이러스를 퇴치한다는 주장을 뒷받침할 만한 명확한 증거는 나오지 않았다. 또한 팔각회향처럼 백신 타미플루의 합성 원료가 된 것도 아니고 알리신을 활용한 건강식품 개발도 이제 막 걸음마를 뗐을 뿐이라 부엌에서 맹활약 중인 마늘을 다른 분야에 빼앗길 일은 없어 보인다. 진실을 따지자면 마늘의 수면 시간을 통제하는 데 성공한 것이야말로 가격이 인상된 진짜 원인이다.

깊은 잠에 빠진 마늘

마늘은 살아 있는 생명체처럼 수확 후 2주만 지나면 싹을 틔워낸다. 겨울철에는 거의 모든 마늘쪽에 작고 푸른 싹이 돋아난다. 날씨가 춥고 땅이 얼어 있어도 전혀 영향을 받지 않는다. 그래서 마늘을 잠들게 하기는 쉽지 않다. 마늘에 싹이 나는 것을 막기 위해 민간요법에 따라 섣달 초파일에 마늘을 식초에 담가두기도 하지만 이 방법은 생마늘의 식감과 맛을 즐기는 사람들을 만족시킬 수 없었다. 마늘의 발아를 억제하기 위해 다양한 방법이 등장하기 시작했다. 예를 들어, 냉장고에 집어넣고 저온에서 마늘의 싹이 깨어나지 못하게 하거나 마늘 싹이 자라기 시작하면 방사선으로 태워 죽이는 방법을 찾아냈다. 혹은 화약 약제인 말레산히드라지드를 유전자 정보를 전달하는 단백질인 RNA 합성 원료로 가장해 마늘 싹에 침입시킨 후 RNA의 합성을 막고 새싹의 생장을 방해하기도 한다. 이런 수법은 일반 마늘 농가에서 쉽게 다룰 수 있는 영역이 아니다.

그러나 기술과 돈을 손에 쥔 사업가들에게는 식은 죽 먹기였다. 그들은 마늘을 대량으로 사들여 깊은 잠에 들게 하는 동시에 공급량을 줄여 가격을 천정부지로 끌어올렸다. 마늘에 싹이 트는 것을 억제하는 기술이 발전할수록 거래의 이윤은 극소수의 상인에게로 자연스럽게 흘러들어 갔다. 시장에서 마늘이 한 근당 5~6위안(1위안은 약 190원_역자)에 팔릴 때 농가에서 한 근당 벌어들이는 돈은 2위안도 채 되지 않았다. 싹이 튼 마늘이 그리울 정도다.

한편, 집에서는 마늘에 싹이 트는 현상을 막을 방법이 없는데 이미 쟁여둔 마늘은 어떻게 처리해야 할까? 식초에 담가두는 방법이 가장 값이 들지 않는다. 마늘을 식초에 며칠 동안 담가두면 마늘쪽이 서서히 하얀색에서 녹색으로 변한다. 어머니가 처음 시도하셨을 때는 마늘이 초록색으로 변하자 마늘을 통째로 쓰레기통에 버리셨다. 사실 색이 변했다고 해서 놀랄 필요는 전혀 없다. 마늘쪽에 함유된 알리인이 노란색과 파란색 색소로 변한 것에 불과하다. 더 흥미로운 사실은 저온 처리를 거쳐야만 마늘이 비로소 이렇게 변한다는 것이다. 당연히 햇마늘과 고온 보관한 마늘은 색이 변하지 않는다. 그렇다면 섣달 초파일에 마늘을 식초에 담그는 민간요법은 확실히 과학적 근거가 있다고 볼 수 있다. 식초에 담가뒀던 마늘은 연말에 햇마늘이 나올 때까지도 계속해서 먹을 수 있다.

미|식|보|감

♈♈♈

차를 마시면 마늘 냄새를 없앨 수 있을까?

찻잎은 마늘 냄새를 없애는 데 괜찮은 선택지가 되어준다. 실험에서도 마늘을 먹고 난 뒤 녹차 폴리페놀tea polyphenols이 황을 함유한 화합물과 반응해 입 냄새를 줄였다. 그러나 녹차 폴리페놀이 많이 필요하므로 차를 마시는 것보다 찻잎을 씹는 편이 더 효과적이다. 물론 가능하다면 양치질을 하거나 껌을 씹는 것도 좋은 방법이다.

미식가를 위한 식물 사전

중국 음식 맛의 핵심

예전에 스톡홀름에서 소고기 국수를 한 그릇 시킨 적이 있다. 따끈한 우윳빛 국물 속에 정갈하게 담긴 국수, 그리고 그 위에 얹힌 노르스름한 빛깔의 배추와 붉은색 고기에 눈이 행복했다. 따스한 불빛 아래서 먹음직스러운 음식을 바라보고 있자니 내 손이 음식을 향해 저절로 움직였다. 잠깐! 배추 위에 보이는 이 검은색 알맹이는 뭐지? 한 알을 집어 먹어보니 혹시나 했던 생각이 역시나가 되었다. 그것은 바로 후추였다. 국물 맛은 시원하고 맛이 있었지만 아무래도 무언가 모자란 느낌을 지울 수 없었다. 그 중국 음식점의 주방장인 베트남 사람은 중국 요리에 쓰이는 향신료의 비법을 터득하지 못한 것이 분명했다. 그도 그럴 것이 베트남 요리에 중국에서 자주 쓰는 향신료를 넣을 일이 있었겠는가.

동서양을 통틀어 요리에 쓰이는 전형적인 향신료를 꼽으라면 후추와 산초를 빼놓을 수 없다. 서양 식당에 놓이는 후추 통을 마주치는 일이 비일비재한 데 비해, 중국 식탁 위의 산초 양념 통은 그정도로 자주 보는 얼굴이 아닐 수 있다. 하지만 산초의 맛은 모든 중국 요리의 계보를 관통한다. 다섯 가지 향신료를 섞은 오향을 넣고 조린 닭 요리부터 고추와 소금으로 간을 한 새우튀김, 양고기찜, 민물 잉어찜에 이르기까지 산초는 음식에 빠져서는 안 될 약방의 감초다. 소고기 편육에 산초로 맛을 낸 푸치페이펜夫妻肺片, 마파두부, 수이주위와 같은 쓰촨 요리는 말할 필요도 없다.

쓰촨 요리가 유행하면서 산초는 중국 요리업계의 일인자 자리를 더 굳건히 다졌다. 오향과 매콤한 맛도 인기를 끌고 있지만 각종

새로운 맛도 계속해서 등장하고 있다. 얼얼한 맛이 더 업그레이드 된 마자오麻椒, 감칠맛을 뽐내는 개산초<i>Zanthoxylum armatum</i>, 그리고 시장에서 점점 자주 보이는 칭화자오青花椒(산초 <i>Zanthoxylum schinifolium</i>)가 우리 혀끝에 새로운 즐거움을 선사한다. 다양해진 산초 앞에서 종종 이런 질문을 받는다.

"산초들은 어떻게 각기 다른 맛이 나는 거죠? 산초는 어느 식물에 뿌리를 두고 있을까요?"

여러 질문 사이에서 가장 돋보이는 질문은 이것이다.

"산초라는 식물은 혀를 얼얼하게 마비시키는데도 일단 한번 먹어보기만 하면 그 맛에서 헤어나오지 못하는 이유가 뭘까요?"

신의 음식으로부터 시작된 산초의 맛

지금은 다들 마라샹궈의 매력에 흠뻑 빠져 있지만 산초가 처음부터 인간의 입속에 바로 들이밀어질 수 있었던 것은 아니다. 산초가 먼저 놓인 곳은 신을 섬기는 제단 위였다. 혀의 감각을 마비시키는 식물은 사람들의 경각심을 충분히 불러일으켰다. 산초의 자극은 인체의 감각기관이 정상적으로 기능하는 것을 방해해 그 자체로 위험을 알리는 경고가 되었다.

다행히 산초는 얼얼한 맛뿐 아니라 독특한 풍미를 가진다. 특이한 향이 나서 중국 고대인들은 이런 풍미를 신령에게 바치는 가장 좋은 선물로 여겼다. 산초는 난초, 계피와 마찬가지로 중요한 향료로 대접받았다. 문장가 왕일王逸이 초나라의 고대 의식에 쓰는 문장을 모은 『초사楚辭』에 "신이 내려오게 하기 위해 향이 나는 초를 쓴다"라고 주를 달았다. 상주 시대부터 산초가 제사에 등장한 배경에는 산초가 신의 향이라는 인식이 있었고, 수당隋唐 시대까지 산초를 제사에 쓰는 전통이 이어졌다.

공물로 삼을 경우 알갱이 형태의 본래 모습대로 바치거나 초주椒酒라는 술을 담가 제사상에 올렸다. 누군가가 공물의 덕을 보거나 행운을 빌기 위해 초주를 마시려고 시도했을 것이다. 그때부터 산초는 사람의 위장 속을 휘젓고 다니기 시작했다. 이때까지만 해도 산초는 여전히 신성한 상징물에 머물러 있었고 초주를 마시는 행위 역시 제사 의식의 일부였다.

산초가 신의 음식인 만큼 이 식물은 무덤에 죽은 이를 매장할 때도 절대 빠져서는 안 될 껴묻거리다. 상주 시대와 진한秦漢 시대의 고분에서 원형의 모습을 그대로 간직한 산초가 다량 발굴되었다. 어떤 학자는 발굴된 산초가 방부제 구실을 했다고 추정한다. 하지만 발견된 수량을 가늠해보면 벌레를 쫓거나 세균을 막는 효과를 기대하기에는 부족한 양이다. 무덤 속의 산초는 망자를 향한 축원의 의미가 더 크다고 볼 수 있다. 이 시기에 산초가 의미하는 바는 실용성보다 상징성을 강하게 띠었다. 진한 시대에는 사람이 스스로 산초를 재배하지 못했고 모든 산초를 야생 환경에서 채집해야 했기 때문에 대규모 인력이 필요했다. 사실상 모든 산초 껴묻거리는 부자의 무덤에서 발견되었고 서민들은 이토록 값비싼 향신료를 보는 것조차 힘들었다.

왕비의 궁에서 불어오는 매운 향기

사람들은 산초에게 신을 섬기는 임무를 맡긴 동시에 또 다른 역할을 부여했다. 궁중 사극을 보면 황후와 후궁들이 사는 곳을 산초와 관계있는 이름인 초방전椒房展 혹은 초궁椒宮이라고 부른다. 한성제漢成帝는 조비연趙飛燕을 아내로 맞아들였는데 오래도록 아이가 생기지 않자 조비연의 침실 벽면을 모두 산초로 칠하라고 명령을 내렸다. 하지만 그 후로도 조비연은 자식을 낳지 못했다. 어쨌든 이때부터 그녀가 살던 궁전을 초궁이라고 부른다. 한성제는 왜 이런 방법을 썼을까? 산초나무는 열매를 풍성하게 맺어 자손을 많이 퍼트리므로 왕족들은 산초로 궁전을 장식하면 기운을 얻을 수 있다고 믿었다. 또한 향초의 향이 임신에 영향을 줄 수 있으니 이보다 좋은 선물이 또 어디 있겠는가. 적어도 위진 시대 이후부터 이런 풍속은 '제사, 초주'와 함께 버려졌으니 양귀비의 침실 벽에는 아마 산초가 없었을 것이다.

문득 이런 생각이 들었다. 당시 조비연은 산초로 온 벽을 다 칠한 궁전이 답답하지 않았을까? 어쩌면 그녀는 예비 세자를 위해 모든 것을 참아냈을지도 모른다. 어느 해에 나는 간쑤甘肅 남부에 있는 바이룽白龍강 유역으로 난초과 식물의 분포를 조사하러 갔다. 때마침 그곳은 산초 풍년이었다. 한 달 동안 버스에 올라탈 때마다 짙은 산초 향이 코를 찔렀다. 향은 충격을 받을 정도로 진했다. 매년 이 시기만 되면 초방전에서 살았던 황후와 후궁의 인내심이 얼마나 강했을지 저절로 깨닫게 된다.

하지만 나는 산초 냄새를 좋아하는 사람들도 있다는 사실을 금세 알아챘다. 어느 날 성묘를 하러 갔는데 아들이 잎사귀 하나를 들고 신이 나서 달려와 내게 자랑했다.

"아빠, 잎에서 귤 냄새가 나."

분명 산초와 비슷한 화자오(초피나무) 잎이었다. 산초는 감귤과 마찬가지로 운향과 식물이었기에 감귤향이 어느 정도 날 법도 했다. 잎을 하나 따서 햇빛에 비춰보면 이파리 위에 반투명하고 둥근 기름점이 많다. 감귤을 비롯한 모든 운향과 식물의 공통적인 특징이다. 기름점 안에는 리모넨limonene, 리날로올linalool과 같은 방향유가 잔뜩 들어 있고 감귤 잎과 화자오 잎의 짙은 향도 여기서 나온다. 우리는 귤 향이 나는 잎을 잔뜩 따서 집으로 가져갔다.

실은 모든 산초 잎에서 귤 향이 나는 건 아니다. 우리가 흔히 말하는 산초는 실제로 산초속 식물의 집합체다. 여기에는 화자오, 죽엽초, 천초, 산초, 야초 등 최소한 다섯 종류가 포함된다. 이들의 냄새는 천차만별이다. 화자오는 리모넨과 리날로올을 풍부하게 함유해 감귤 향을 강하게 풍긴다. 반면에 산초에는 에스트라골estragole이라는 화합물이 풍부해 후추에 가까운 시원한 향이 훨씬 많이 난다. 물론 우리가 산초에 주목하는 이유는 향보다 얼얼한 맛 때문이다.

칭화자오의 종류

요즘 들어 시장에 나가면 칭화자오가 자주 눈에 띈다. 특유의 얼얼한 맛은 농어 요리나 매운 땅콩인 마라화성麻辣花生과 잘 어울리고 매운 조개류 마라하이꽈쯔麻辣海瓜子와도 찰떡궁합이다. 마라하이꽈쯔 요리를 먹고 난 후 혀는 불이라도 날 것처럼 아려오는데 속은 확 풀려서 그 느낌은 말로 표현할 수 없다. 이 산초에 얼얼하고 아리다는 뜻의 마麻 자를 써서 '마자오'라는 특별한 이름으로 부르기도 한다.

완전히 익었을 때 수확하면 칭화자오는 얼얼하고 아린 맛을 낸다고 알려졌다. 하지만 사실은 전혀 그렇지 않다. 현재 시장에서 팔리는 이 산초의 기원은 크게 두 가지다.

하나는 산초나무 종의 열매다. 일반적으로 화자오는 표면이 거친 데 반해서 이 종은 겉이 매끈하고 기름점의 수가 비교적 적은 것이 특징이다. 갓 익은 칭화자오의 열매는 여전히 붉은빛을 띤다. 하지만 오랜 시간 저장해두면 어두운 초록색 혹은 검은색에 가깝게 변한다.

다른 하나는 죽엽초의 변종인 개산초다. 이들의 열매는 일반 산초와 비슷하게 생겼고 익었을 때도 초록빛이다. 수확해서 저장하면 산초의 색이 점점 노랗게 변한다. 색의 변화를 통해 우리는 두 종류의 산초를 구분할 수 있다. 하지만 실제 요리 과정에서 쓰촨 요리 전문가가 아니라면 두 가지 산초의 차이를 구분하는 사람은 아주 드물다. 둘은 모두 입안을 얼얼하게 하기 때문이다.

인간이 산초의 얼얼하고 아린 맛에 적응할 수 있다는 사실 자체가 신기할 따름이다. 심지어 이 맛은 기본적인 범주에서 벗어나 경미한 통증 감각(이하 통각)을 불러일으키기 때문이다. 통각을 유발하는 물질은 산초 속에 들어 있는 특별한 지질 분자인 세라마이드ceramide 물질 '산쇼올sanshool'이며, 그중에서도 α-산쇼올의 얼얼한 맛이 가장 강하다. 산초의 얼얼한 맛은 우리의 혀를 책임지는 감각수용체TRPV1 와 산쇼올이 결합한 결과 만들어진다. 흥미롭게도 캡사이신 역시 우리 혀에서 이 수용체와 결합해 매운맛을 선사한다. 그러고 보면 맵고 얼얼한 맛을 내는 마라麻辣 향신료 일가는 서로 잘 결합하는 데 탁월한 능력이 있지 않나 싶다.

얼얼한 맛이 건강에도 좋을까?

웰빙은 건강을 유지하면서 장수하는 삶을 의미한다. 요즘 들어 웰빙 트렌드가 유행하면서 식생활을 관리하며 건강을 챙기고자 하는 바람도 커지고 있다. 각종 전통 음식 역시 건강식품으로 주목받기 시작했고 산초는 8대 조미료 중 하나로서 우리 식탁에서 빠지면 섭섭한 존재가 되었다. 유감스럽게도 산초는 혀의 감각만 자극할 뿐 딱히 신기하다고 여길 만한 효험은 가지고 있지 않다.

산초를 건강과 연관 지으려면 비장의 α-산쇼올 카드를 꺼내야 한다. 지금까지 밝혀진 바에 따르면 이 물질은 회충을 독살하는 작용을 한다. 하지만 위생 관념이 갈수록 철저해지고 환경이 점점 쾌적해지는 상황에서 회충 감염률은 점점 낮아지고 있다. 그렇지 않아도 내 아들은 구충제를 먹은 뒤 호기롭게 변기에서 벌레를 찾다가 잔뜩 실망한 채 물을 내린다. 이런 화학무기가 아직도 어떤 쓸모를 지니는지 고민해봐야겠지만 적어도 지금 시대에 우리가 굳이 산초 알갱이를 씹어가며 회충을 쫓아낼 필요는 없다.

한편, 산초는 곡물을 저장할 때 누룩곰팡이와 푸른곰팡이가 생기는 현상을 억제한다. 이렇듯 산초는 긍정적인 일을 할 수 있는 게 틀림없다. 돌이켜보면 어머니도 예전에 분명 쌀통에 산초를 넣어두셨다. 하지만 이런 방법은 이제 시대에 뒤떨어지는 듯하다. 지금은 상품이 빠르게 유통되는 시대라서 쌀 포대를 창고에 쌓아놓고 사는 사람도 많지 않다. 게다가 쌀알이 빨아들인 산초 냄새가 밥을 지었을 때 밥맛을 해치기도 한다. 산초를 이용한 곡물 저장 기술은 확실히 시대에 뒤떨어져 있다.

어찌 됐든 산초의 매운맛과 향은 식욕을 높여 밥을 한두 공기 뚝딱 해치우게 하니 누가 뭐라 해도 산초는 긍정적인 기능을 하는 셈이다.

치약 속의 산초

산초와 산쇼올은 약효 과목에서 낙제를 겨우 면할 점수를 받았지만 산초의 형제 '양면침兩面針'은 이 방면에 두각을 드러낸다. 양면침은 만자오曼椒라고도 불린다. 산초와 마찬가지로 운향과 산초속 식물이고 잎 양면의 잎맥에 가시가 자란다. 잎맥에 가시가 있어 양면침이라는 이름이 붙여졌지만 산초속의 다른 동료 식물들처럼 아주 작고 별로 눈에 띄지 않는 꽃을 피운다.

20년 전쯤에 이 식물과 똑같은 이름의 치약이 출시된 것을 계기로 우리는 이 식물에게 조금씩 관심을 주기 시작했다. 고서 『신농본초경神農本草經』에 기록된 바에 따르면 양면침에는 진통을 잠재우는 효능이 있다. 양면침으로 통증을 치료했던 기록은 『영남채약록嶺南採藥錄』에 최초로 등장해 치통이 생기면 이 식물을 달인 물을 머금고 양치질하라고 권유한다.

양면침의 유효 성분은 화학적 분석 작업을 통해 이미 밝혀졌다. 예를 들어, 양면침이 함유하는 디오스민diosmin은 잇몸의 붓기를 가라앉히는 등 항염 작용을 한다. 또한 알칼로이드 성분은 통증을 완화하는 진정 작용을 한다. 하지만 아무리 양면침의 효능이 뛰어나더라도 무턱대고 장점만 가진다고 말할 수는 없다. 이 식물을 함부로 먹으면 도리어 건강을 해칠 수 있다.

양면침은 니티딘 클로라이드Nitidine chloride와 옥시니티딘oxynitidine 등 독성 물질인 알칼로이드를 함유해 말초신경계와 중추신경계를 모두 손상시킬 수 있다. 예전에 양면침을 달인 탕약을 마신 뒤 중독 증세를 보인 사례가 있었다. 어지럼증을 느끼거나 구토를 하거나 눈이 침침해지는 증상이 나타났던 것이다. 지나치게 많이 먹었을 경우 호흡중추가 손상되어 정신을 잃거나 발작을 일으키기도 한다. 건강을 챙기려는 심산으로 산에서 양면침을 구해다가 달여 먹으려는 생각은 애초에 버리는 편이 낫다.

쓰촨 요리가 유행하면서 감각기관을 마비시키는 듯한 산초의 향과 맛은 이미 광범위하게 사랑받고 있다. 지난날 신을 모시는 의식을 치르던 제사장도 이런 일이 일어날 줄은 꿈에도 몰랐을 것이다. 가까스로 식탁 위에 올라온 산초는 요리가 일구어낸 대모험 가운데 가장 성공한 결과물이라고 할 만하다. 비록 산초가 특별한 영양 성분을 함유하지 않는다고 하더라도 사람들은 여전히 그 향과 맛에 깊이 빠져든다. 산초의 매력이 사람의 입맛을 길들인 셈이다.

품질 좋은 산초를 구분하는 방법은 무엇일까?

첫째, 물에 담가보면 알 수 있다. 정상적인 산초에서는 옅은 갈색 물이 스며나오지만 염색한 산초를 담근 물은 붉은색으로 변한다. 둘째, 손으로 비벼보면 느껴진다. 품질이 뛰어난 산초는 쉽게 부스러지지만 품질이 떨어지는 산초는 손에 힘을 줘도 잘 부서지지 않는다. 셋째, 좋은 산초는 얼얼하고 아린 맛이 강하지만 낮은 품질의 산초는 맛이 약하다.

산초를 갈아 음식에 넣으면 좋다

산초의 맛은 시간이 지날수록 옅어진다. 산초에 함유된 지질 물질인 세라마이드가 서서히 분해되기 때문이다. 빻아서 가루로 만든 산초의 경우 세라마이드의 분해 과정이 특히 두드러지게 활발해서 산초의 맛은 갓 빻은 직후의 순간에 가장 강하다. 그래서 산초를 구매할 때 욕심을 부려서는 안 된다. 가장 좋은 방법은 갈아서 바로 사용할 만큼만 구매하는 것이다.

차의 맛과 향에 빠져들다

나는 차를 마시는 일에 이렇다 할 흥미를 가지고 있지 않다. 어린 시절 내내 차를 마시는 즐거움을 느껴보지 못해서일 수도 있다. 차나무가 뿌리를 내리는 산성 토양과는 거리가 먼 황투고원의 품에서 나고 자라서인지도 모르겠다. 그 시절에는 멀리 떨어진 지방에서 공수해온 차를 마셨다. 1980년대 초반에는 물자가 원활하게 유통되지 않았고 온라인 쇼핑이나 공동 구매는 개념조차 생각해볼 수 없었다. 찻잎 같은 상품은 식료품점 진열대 위에서만 볼 수 있는 귀한 몸이었다.

찻잎을 처음 봤을 때 벽돌 같은 모양을 한 덩어리들이라고 생각했다. 이것이 첫인상이었다. 상품을 편리하게 운송하기 위해서였는지 아니면 부스러진 찻잎을 한데 섞어 팔기 위해서였는지 정확한 이유는 알 수 없었다. 찻잎은 덩이진 보이차라도 되는 것처럼 딱딱하게 굳어 있었다. 사실 나는 보이차같이 생긴 차가 어째서 금값으로 대접받는지 늘 의아하게 여겼다.

보기에는 '벽돌차(차를 틀에 박아 건조한 벽돌 모양의 차_역자)'가 볼품없을지라도 아무 때나 마실 수 있는 차라는 뜻은 아니다. 매년 설이 되면 어른들은 그제야 벽돌 찻잎을 조금 뜯어 주전자에 넣었다. 주전자를 난로 옆에 두고 차를 우려내 온종일 마신 뒤 다시 물을 부어 우려내기를 반복했다. 차를 너무 많이 우려내 찻물이 맹물에 가까운 색이 되었거나 중요한 손님이 방문할 때가 되면 비로소 찻잎을 새로 뜯어 넣었다. 그 찻잎은 손님을 대접하기 위한 보여주기식 소품일 뿐이었다. 차에는 부엌 찬장의 페인트 냄새, 기름진 과자 맛, 한참 묵힌 사과 맛이 뒤섞여 있었지만 차 맛에 신경 쓰는 사람은 아무도 없었다. 그저 주인과 손님으로서 예의를 지키기 위해 차를 따르고 마셨다. 적어도 그때는 그렇게 생각했다.

차를 마시는 데는 이유가 있다

사람들은 쓰고 떫은 찻잎의 맛에서 헤어 나오지 못한다. 기껏해야 차나무과 동백나무속 식물의 잎에 불과할 뿐인데 나는 그 맛에 빠져드는 이유를 오랫동안 이해할 수 없었다.

밤새 친구와 차를 마시던 어느 날이었다. 대화 주제는 자극적이거나 흥미롭지 않았지만 이야기를 나누는 내내 정신이 맑아지고 흥분되는 듯했다. 그제야 나는 어린 찻잎의 신비로운 쓰임새를 우연찮게 깨닫게 되었다.

처음에 찻잎은 일종의 흥분제로 발견되었다. 달마대사는 여러 해 동안 벽을 보며 도를 닦다가 졸음을 쫓으려고 속눈썹을 모조리 뽑고 눈꺼풀을 손톱으로 잘라버렸다고 한다. 그런데 바닥에 버린 달마의 눈꺼풀이 초록색 식물 두 그루로 변해 있었다. 달마대사가 무언가에 이끌린 듯 그 잎을 신기하게 여겨 씹어본 순간 정신이 번쩍 들어 마침내 참선을 무사히 마칠 수 있었다.

달마가 심었다는 차나무의 전설은 허술하기 짝이 없다. 달마가 태어나기 전부터 이미 많은 사람이 찻잎을 사용하고 있었다. 신농씨의 이야기는 이보다 더 널리 퍼져 있다. 신농씨는 100가지 약초를 맛볼 때 100가지 독을 치료하는 선초를 발견했다. 그는 선초를

항상 몸에 지니고 다니며 독성 물질에 중독될 때마다 한 조각씩 씹어 삼켰다. 물론 선초라는 약초는 만능 해독약이 아니다. 실제로는 야생 제비콩 속에 든 일반적인 독소조차 해독하지 못한다. 선초는 신농씨가 향기로운 꽃과 독초를 정확하게 가려낼 수 있게 정신을 집중하도록 돕기만 했을 뿐이다.

차뿐만 아니라 커피와 카카오로 이루어진 세계 3대 음료는 모두 신경의 흥분과 관련 있다. 미각의 차원에서는 '쓴맛'의 굴레에서 벗어나지 못한다. 우리의 미각 시스템은 사람의 정신을 비정상적인 상태로 만드는 물질의 맛을 쓴맛이라고 정의한다. 카페인의 부작용은 유익하지만 역시 쓴맛을 가질 수밖에 없다. 다른 쓴맛의 물질이 뒤섞인 경우도 있다. 예를 들어, 찻잎에는 카테킨catechin이라는 폴리페놀의 한 종류가 들어 있다. 쓴맛이 나는 식물의 성분에 섞인 아미노산과 같은 물질은 단맛이나 감칠맛을 낸다. 섞인 성분이 맛에 제각기 다른 변화를 줘봤자 쓴맛일 뿐이다.

색과 맛으로 다가오는 관능적인 매력

|

나는 21세기에 들어서면서 차 맛을 달리 생각하게 되었다. 2000년
대 초에 생물학과 야외 수업을 하러 푸얼普洱로 향했다. 봄 찻잎이
한창 움틀 무렵이어서 가는 곳마다 차향이 가득했다. 학과 교수님
이 차를 칭찬해서 내 인식에 영향을 미쳤던 것일까, 그저 야외로
실습을 나와 설레었던 것일까. 아니면 봄에 나는 찻잎 고유의 신선
한 맛 때문이었을까. 나는 봄 차의 맛과 향에 처음으로 빠져들었다.

일반적으로 차의 색과 맛을 평가할 때는 절대적인 기준이 적용
되지 않는다. 찻잎의 품질은 색과 향, 식감을 결정하는 성분에 달려
있다. 엽록소는 색과 향에 영향을 주고 특유의 쓴맛을 내는 녹차폴
리페놀은 식감에 영향을 준다. 기름에만 녹는 지질류 물질과 함께
아미노산도 찻잎의 식감과 관련 있다.

새로운 새싹은 볕이 강하게 내리쬐지 않는 봄에 더 많은 엽록소
를 필요로 한다. 차나무의 새잎은 햇빛을 더 많이 흡수하기 위해
푸릇푸릇해진다. 세포를 만드는 아미노산과 지질 물질은 가지의
뾰족한 부분으로 모두 몰려든다. 이곳의 세포는 온도의 영향을 받
아 느린 속도로 생성된다. 그 결과 찻잎이 신선한 맛을 내는 데 한
몫하는 아미노산이 대량으로 축적된다. 물론 대사 활동은 적절한
속도를 유지해 쓴맛이 나는 녹차폴리페놀과 같은 이차대사산물을
쌓아놓는다. 이로써 균형 잡힌 맛이 만들어진다.

여름에 기온이 올라가면 차나무는 왕성하게 성장하기 시작한다. 뽀족한 가지 끝부분 속 임시 창고에 축적된 아미노산의 양도 확연히 줄어든다. 또한 잎의 대사 활동이 왕성해져 지나치게 많은 폴리페놀이 그곳으로 쏠린다. 결과적으로 쓴맛이 강해지는 것이다. 여름철의 강렬한 햇빛 아래에서 엽록소를 제대로 사용하기에는 역부족이다. 이 와중에 빛줄기가 엽록소를 파괴하지 못하도록 보호제 역할을 하는 색소 안토시아닌도 생산해야 한다. 안토시아닌에서는 쓴맛이 나 혀를 즐겁게 해주지 못한다. 게다가 찻잎의 색과 맛을 떨어뜨린다.

한 연구진은 여름철에 차나무가 햇빛을 피할 수 있도록 봄철의 생장 환경을 인위적으로 조작해 차의 식감을 크게 개선했다. 광고에서는 마치 찻잎을 따는 소녀의 손끝에서 차 맛이 바로 결정된다는 듯 우리를 현혹한다. 실제로 차 맛을 좋게 하기 위해서는 어린 찻잎을 딴 후 유념揉捻(찻잎을 비비고 꼬는 과정_역자) 과정을 제대로 거치는 것이 중요하다.

TV 광고가 전부 과장되었다거나 거짓이라고 단정 지을 수도 없다. 녹차의 경우 신선할수록 확실히 맛이 좋아진다. 앞에서 언급했듯이, 색과 맛에 영향을 주는 물질은 산소에 노출되는 순간 변한다. 색이 어두워지는 데다 냄새까지 나게 된다. 어느 실험에서는 녹차를 상온 상태의 공간에 두고 빛에 노출시키자 엽록소가 빠르게 분해되어 누렇게 변해버렸다. 동시에 아미노산도 분해되어 찻잎이 시들었다. 맛을 내는 성분과 무관한 지방도 냄새를 풍기는 알코올, 알데하이드, 산으로 분해되어 찻잎의 맛을 크게 떨어뜨렸다. 녹차를 신선한 상태로 오래 보관하려면 햇빛과 산소를 모두 차단한 후 저온에 두어야 한다.

어떤 방법을 써도 찻잎에서 제대로 된 맛이 나지 않을 수 있다. 그때 벽돌차에서 크게 발전한 재스민차가 등장했다. 재스민차는 적어도 찻잎에서 향을 맡을 수 있다. 나는 한창 유행했던 방향제가 떠올라 아무래도 이런 차를 별로 선호하지 않는다. 방향제를 조금이라도 과하게 뿌리면 이상한 냄새가 났다. 그 냄새에 대한 기억이 재스민차를 거부하게 만들어서 재스민차보다는 같은 시기에 출시되어 인기를 끌었던 건강 음료 젠리바오健力寶, 코코넛 주스, 망고 주스를 더 많이 마셨다. 재스민차가 불량품으로 판정받은 찻잎을 팔기 위해 만들어진 차라는 소문도 돌았다. 불량품을 그럴싸하게 포장하려는 궁여지책이라는 말이 내 귀에까지 들어왔다. 그래서인지 나는 아직도 반신반의하며 재스민차와 거리를 두고 있다. 언젠가 벽라춘碧螺春, 마오젠毛尖 등과 같은 이름의 녹차도 상자째로 선물 받았는데 손님 대접용으로만 쓸 뿐 자주 마시지 않는다.

차라고 다 같은 차가 아니다

|

녹차 잎을 채취하면 가능한 한 빨리 살청殺靑(연한 새 찻잎을 고온으로 건조해 발효를 억제해서 녹색을 보존하는 과정을 가리킴__역자)을 해야 한다. 찻잎의 효소가 작용해 잎의 색과 풍미에 변화가 생기는 것을 막기 위해서다. 또한 볶거나 전열 기구를 사용하는 방식으로 녹차를 말리면 당류와 아미노산 사이에서 마이야르 반응이 일어나 새로운 풍미 물질이 생긴다.

초청 녹차가 등장하면서부터 건조 과정은 모두 빠르게 덖어 말리는 방향으로 흘러갔다. 초청 녹차는 신선한 찻잎을 딴 후 살짝 시들면 바로 살청하고 손으로 비벼 가마솥에 볶은 다음 유념 작업을 하는 과정을 거친 차다. 차를 볶거나 말리는 데 설비를 따로 사용하지 않는다. 이 종류에는 흔히들 말하는 보이생차普洱生茶도 포함된다.

찻잎 시장이 커지면서 황차와 흑차도 새롭게 등장했다. 황차는 신선한 찻잎을 살청한 후 곧바로 유념하지 않고 지나치게 오랜 시간 쌓아두면서 탄생했을 가능성이 크다. 녹차를 볶을 때 온도가 너무 낮아도 살청이 불완전해지는데 이때까지 남아 있던 효소류의 작용으로 황차 특유의 풍미가 만들어진다.

흑차는 대량 생산 시스템에 의해 태어났다. 흑차를 생산하기 위해 처음 사용한 원료는 원래 오래된 차나무의 잎이었다. 높지 않은 온도에서 동시에 많은 양을 가공하는 살청이 끝났을 때 잎은 이미 짙은 녹갈색으로 변해 있었다. 또한 유념한 후 악퇴渥堆(찻잎을 두텁게 쌓아 고온다습한 환경을 만들어 발효를 촉진하는 과정__역자)를 하면 차의 색이 더 짙어졌다. 흑차는 찻잎을 대량으로 공급하는 문제를 간편하게 해결해주었다.

홍차는 1560년 이전부터 마셨다. 1556년 중국으로 건너온 포르투갈인 크루즈는 그의 저서에 홍차를 "무릇 상류층 사람들은 모두 손님에게 약간 쓰고 붉은빛을 띠는 차를 대접하기를 즐겼고 차는 병을 치료할 수도 있다"라고 기록해두었다. 이 말이 사실이라면 이때부터 중국인들은 이미 홍차를 마시기 시작했다.

홍차는 녹차와는 달리 찻잎을 완전히 발효시켜야 한다. 취두부처럼 곰팡이로 빼곡히 덮이는 발효 과정이나 술을 빚는 과정과 다르다. 홍차는 찻잎 자체의 변화 과정에 의존한다. 잎이 시들해질 정도로 햇볕에 말린 후 유념을 거쳐 세포가 각종 효소를 가능한 한 많이 방출하도록 꼬드기는 과정이다. 녹차폴리페놀이라는 성분이 테아루비긴thearubigins과 테아플라빈theaflavin 등 풍미를 지닌 각종 물질로 변하도록 유도한다. 그런 다음 햇볕 아래 두거나 불에 쬐어 말리면 녹차와 전혀 다른 매력을 지닌 홍차가 탄생한다.

우롱차烏龍茶로 대표되는 청차靑茶는 녹차와 홍차의 가공 공법을 결합해 만든다. 녹차처럼 직접 살청을 하지 않고 홍차처럼 찻잎을 완전히 발효시키지도 않지만, 청차는 제 나름의 독특한 풍미를 지니고 있다.

보이차 찻잎이 성숙한 맛을 내는 과정
|

찻잎이 신선할 때 차를 마셔야 가장 좋다는 말이 모든 차에 적용되지는 않는다. 보이차의 경우 특히 그렇다. 차의 진한 맛에 특별히 집착하지 않는 대부분의 사람이라면 누구나 갓 만들어진 보이차에 실망할 것이 뻔하다. 보이차는 녹차폴리페놀의 함량이 높은 운남 대엽종을 원료로 사용하기에 쓴맛이 유난히 강하다. 시후西湖 룽징龍井 지역의 찻잎을 레드와인에 비유한다면 보이차의 찻잎은 도수가 높은 고량주와 이과두주에 견줄 만하다. 웬만큼 차에 일가견이 없다면 강력한 쓴맛의 공세를 버텨내기 어렵다. 대엽종의 본고장 윈난에 사는 친구들은 하나같이 다른 지역의 차가 맛이 부족한 거

라고 입을 모아 말한다. 짐작하건대 녹차폴리페놀의 함량에 차이가 나기 때문일 듯하다.

다행히 보이차는 오래 묵혀 발효할수록 쓴맛이 줄어든다. 발효라는 단어에서 요거트, 간장, 삭힌 두부 같은 발효식품을 연상할 수 있다. 식품에서처럼 보이차에도 발효 과정이 일어난다. 홍차와 마찬가지로 보이차가 향과 맛이 좋은 음료로 변신하려면 반드시 이 과정을 거쳐야 한다. 보이차는 발효 과정에서 매력을 꽃피운다. 찻잎 표면에 붙은 곰팡이가 분해한 전분은 미묘한 단맛의 원천이 되고, 효모균이 단백질과 아미노산을 만들어내 차 맛이 더 풍부해진다. 또한 녹차폴리페놀은 테아루비긴과 테아플라빈으로 변해 차를 붉은빛으로 물들인다. 미생물의 도움을 받아 몸치장을 마치고 나면 보이차의 아름다움이 비로소 드러난다.

찻잎을 따고 나면 녹차와 달리 덖지 않고 햇볕 아래서 말린 후 보관한다. 찻잎에는 약간의 수분이 남아 미생물이 기운을 차리도록 돕는다. 운남 대엽종의 부드러운 맛을 드러내는 데 이 과정의 공이 워낙 커서 일부러 보이차에 물을 뿌려 미생물의 성장과 발효를 촉진하기도 한다.

보이차의 발효에 대한 노하우는 의도적인 연구 개발을 통해 얻은 것이 아니다. 햇볕에 말린 찻잎은 원래 떫었고 풋내도 났다. 저장 과정에서 계속 미생물에 시달리며 자연스럽게 성숙하고 풍부한 맛으로 변했다. 차를 알아가는 과정은 취두부가 거쳐 온 시행착오의 길과 크게 다르지 않다.

특이한 모양을 자랑하는 벽돌차 역시 상품을 편리하게 운송하기 위한 고민의 결과다. 당시 윈난에서는 차를 어깨에 메거나 말의 등에 실은 채 산 넘고 고개를 건너 운반해야 했다. 찻잎을 벽돌처럼 압축한 후 광주리에 넣는 방식으로라도 효율을 높이는 수밖에 없었다.

2005년 누군가가 보이차를 활용한 광고성 프로젝트를 기획해 수많은 구경꾼의 시선을 사로잡았다. 벽돌차를 말의 등에 싣고 윈난에서 베이징까지 운반하는 프로젝트였다. 이때 찻잎을 운송하는 과정에서 잎이 끊임없이 발효했다. 결과적으로 찻잎이 독특한 맛을 내는 물질을 계속해서 생성한 덕에 더 완벽한 보이차를 얻을 수 있었다. 온도의 변화가 보이차의 발효에 영향을 미쳤기 때문이다. 최근 몇 년 동안 보이차가 발효할 때 서식하는 균종과 발효 온도의 비밀이 밝혀졌다. 판도라의 상자가 서서히 열리면서 공장 안에서 완벽하게 차를 만드는 시대가 되었다. 단지 차의 상징적인 의미를 부각하기 위해 기획된 이 프로젝트는 말머리를 끌고 힘들게 차를 운반할 필요조차 없는 시대에 벌어지는 쇼다. 하지만 광고는 모두의 예상을 깨고 기대 이상의 효과를 거두었다. 찻잎 50그램의 가격도 1만 위안(약 190만 원)까지 치솟았다.

이렇듯 특별한 보이차지만 영양 성분은 일반적인 녹차와 별다른 차이가 없다. 특히 비타민C는 발효 과정에서 모두 소실된다. 하물며 무기질 같은 영양소는 다른 음식물에 더 많이 함유되어 있지 않은가. 적게나마 가지고 있는 영양소는 발효 과정을 거쳐도 함량이 높아지지 않는다. 두 차는 맛에 영향을 주는 녹차폴리페놀의 함량에서 가장 큰 차이를 보인다. 녹차와 보이차 중에서 하나를 선택하는 일은 둘 중 무엇을 마셔도 상관없는 콜라와 사이다 사이에서 갈팡질팡하는 것과 비슷하다.

차를 우려내는 솜씨

맛있는 차는 좋은 찻잎만으로 만들어지지 않는다. 차를 제대로 우려내는 일에도 기술이 필요하다. 내가 생각하기에 차를 가장 이상한 방식으로 우려내는 곳은 윈난이다. 난초의 한 종인 파피오페딜룸 말리포넨스를 찾기 위해 디앤시난滇西南의 마리포麻栗坡현을 방문했을 때였다. 꽃이 필 무렵이었지만 방문 기간 내내 날이 습하고 추워 진하게 우려낸 뜨거운 차를 매일같이 마셨다. 한기를 물리치려는 임시방편이었다. 아침마다 가이드는 차 때가 끼어 있는 주석 주전자에 찻잎을 반 정도 채워 넣었다. 그는 주전자를 화로에 올려 찻잎을 굽다가 찻잎에서 탄내가 피어오르기 시작하면 미리 끓여둔 물을 부었다. 물과 찻잎이 한바탕 뒤섞여 끓어오르고 나면 탕약 같은 찻물이 두 개의 잔에 채워졌다. 그 차를 한 잔만 마시면 온종일 산을 헤매고 돌아다녀도 지치지 않았다. 그때는 차의 향을 중요하게 생각할 여유 따위는 없었다. 오로지 정신을 각성시키는 차의 진한 맛으로도 충분했다.

차 애호가들은 찻잎을 우리는 물에 관해서도 예민하게 군다. 그들이 특히 민감하게 생각하는 요소는 온도다. 정말 온도가 차의 풍미에 영향을 미칠까?

녹차폴리페놀은 일정 온도에 이르면 그제야 찻잎에서 빠져나온다. 보통 섭씨 80도 이상의 뜨거운 물에서 녹차폴리페놀이 찻물 속에 녹아든다. 물의 온도가 높을수록 찻물의 쓰고 떫은 맛은 마리포현의 짙디짙은 차처럼 두드러진다.

원래부터 찻물을 우리는 데 표준이 되는 온도는 정해져 있지 않았다. 옥로玉露처럼 특별히 단맛이 나는 차는 섭씨 50도의 낮은 온도의 물에서 우려내야 한다. 쓴맛을 내는 녹차폴리페놀이 찻잎 밖으로 나오게 하는 대신 잎 속에 가능한 한 많은 양을 남겨두기 위해서다. 저온의 물은 단맛을 내는 아미노산을 잎에서 충분히 끌어낼 수 있다. 이러니저러니 해도 당과 우유를 배합해서 맛을 내는 홍차와 비교했을 때 녹차와 보이차는 물과 접촉하기만 하면 되니 단순한 편이다.

차라는 기호 식품을 두고 어떤 차의 맛이 최고인지 논하는 것은 부질없어 보인다. 윈난 사람들이 잎 차에 열중하는 만큼 마리포 사람들은 구운 찻잎을 좋아한다. 그런가 하면 베이징 사람은 재스민 차를 선호한다. 어떤 차든 각자의 입맛에 맞기만 하면 세상에서 가장 맛있는 최고의 차가 될 수 있지 않을까?

하룻밤이 지난 차를 마셔도 될까?

차를 우려낸 뒤 하룻밤이 지나면 차의 색이 짙어진다. 녹차폴리페놀이 산화하기 때문이다. 아미노산 등 맛 성분이 줄어드는가 하면 향기 성분도 날아가버린다. 그 결과 차의 향과 맛은 떨어지지만 과학적인 시각에서는 곰팡이나 미생물로 인해 변질되지 않았다면 차를 마셔도 상관없다.

물론 일부 영양 성분이 변할 수 있다. 차를 우려낸 뒤 오랜 시간이 흘렀는데 신선도를 유지하기 위한 조치를 취하지 않았다면 그럴 가능성이 더욱 크다. 하지만 가장 중요한 문제는 아무래도 풍미를 잃는 것이다. 진정 차의 맛을 즐기고 싶다면 묵혀두지 않은 갓 우려낸 차를 마시는 것이 좋다.

적은 향으로 큰 존재감을 드러내다

나는 처음 아이스크림을 먹었던 순간을 기억한다. 20여 년 전 아주 무더웠던 여름날이었다. 땅거미가 질 무렵 아버지의 손을 잡고 새로 문을 연 아이스크림 가게에 갔다. 작은 도시에 첫 번째로 생긴 아이스크림 가게였다. 나라에서 운영하는 방식대로 배급표를 구입한 후 줄을 서서 아이스크림을 받았다. 당시 그곳은 많은 사람이 줄을 길게 늘어설 정도로 인기를 끌었다. 지금의 맥도날드에서 런치 세트를 사 먹는 사람의 수는 비교도 되지 않았다. 가게 안에는 아이스크림이 가득 든 통 세 개가 나란히 놓여 있었다. 아이들은 반원 모양의 스쿱이 통 안팎을 들락거리는 광경에서 눈을 떼지 못했다. 옅은 아이스크림 향기가 밴 공기가 가게 안에 은은하게 감돌고 있었다.

내 차례가 되어 표를 건네자 종이컵에 두 스쿱 떠진 아이스크림이 손에 들어왔다. 마침내 작은 스틱으로 아이스크림을 듬뿍 퍼서 입안에 넣는 순간이 왔다. 감히 스틱 하드나 빙수는 사르르 녹아 목구멍 안쪽으로 미끄러지듯 넘어가는 아이스크림에 비할 바가 아니었다. 15분 동안 줄을 서서 받은 아이스크림을 다 먹는 데는 5분이 채 걸리지 않았다. 얼마나 달았는지는 잊어버렸지만 한참 동안 혀로 입가를 핥았던 것만은 분명히 기억에 남아 있다. 먹고 난 뒤 입가에 남아 있던 옅은 아이스크림 향이 너무 좋았다.

오늘날 아이스크림의 맛은 갈수록 다양해지고 있다. 아이스크림의 원조 격인 우유 맛뿐 아니라 딸기 맛, 초콜릿 맛, 멜론 맛, 바닐라 맛이 있고 토란 맛도 출시되었다. 마트의 냉동고 칸에는 다양한

맛의 아이스크림이 빼곡하다. 나는 딸기 과육을 조금이라도 맛볼
수 있는 딸기 맛 아이스크림을 자주 사 먹는다. 무언가가 섞여 있
는 것 같아 다른 맛에는 왠지 손이 잘 가지 않는다. 아이러니하게
도 내가 처음 먹었던 아이스크림은 바로 이런 이질적인 맛이었다.

나는 식물학을 업으로 삼은 후에야 바닐라*Vanilla planifolia*가 난초과 식물에 속하는 풀이라는 사실을 알게 되었다.

바닐라는 본래 난초였다

바닐라의 한자 이름인 향초라는 두 글자를 들었을 때 머릿속에는 페퍼민트, 쑥, 고수와 같은 단어가 떠오를지도 모른다. '초'라는 이름은 풀을 의미한다. 풀의 잎은 넓거나 좁고, 얇거나 두꺼우며, 줄기는 길거나 짧고, 가늘거나 굵다. 우리가 먹는 바닐라는 잎도 아니고 줄기는 더더욱 아니다. 바닐라는 풀의 열매다. 삭과蒴果(익으면 과피가 말라 쪼개지면서 씨를 퍼뜨리는 열매_역자) 형태의 열매를 쪼개어 열면 작고 기다란 검은색 구 모양의 씨앗이 1,000여 개나 들어 있다. 크림 혹은 초콜릿 같기도 한 바닐라의 향은 주로 여기에서 나온다. 원형을 손상하지 않고 그대로 말린 바닐라의 꼬투리는 얇고 길쭉한 모양이고 검은색을 띠어 볼품없다. 마치 물에 우려낸 찻잎의 줄기처럼 보이기까지 한다.

바닐라는 향자란이나 향초란이라고 불리는 난으로, 전형적인 난초과 식물이다. 향초의 정식 이름인 바닐라는 홍콩과 타이완의 미식 가이드 팸플릿에도 음역되어 윈나拿云呢拿라고 적혀 있다. 무엇으로 불리든 이 값비싼 '찻잎 줄기'는 모든 향료 중에서도 으뜸가는 최상품으로 꼽힌다. 마트에서 보이는 바닐라 열매는 완벽하게 밀봉한 유리병에 고이 담겨 있다. 유명한 온라인 쇼핑몰에서 바닐라는 뿌리의 수나 무게를 따져 거래될 만큼 극진한 대접을 받는다.

처음 인터넷으로 바닐라를 구매했을 때 나는 잔뜩 기대에 부풀어 꼼꼼하게 포장된 택배 상자를 열고 바닐라의 꼬투리를 쪼개어 향을 깊이 들이마셨다. 그 순간 짙은 먹물 냄새가 뇌리를 파고들었다. 맙소사! 내가 처음 먹었던 바닐라 맛 아이스크림 속에 정말 이 향초가 들어 있었다고?

구정물에서 아이스크림으로 변신하다

우리가 먹는 바닐라는 마다가스카르섬, 타히티섬에서 왔을 가능성이 있다. 인도네시아와 세이셸에서 왔을지도 모른다. 500여 년 전만 해도 바닐라는 멕시코의 열대우림에서 자라는 식물이었다. 중남미 원주민들은 바닐라를 카카오와 마찬가지로 신께 바치는 음식으로 여겼지만, 스페인에서 온 불청객들은 바닐라의 달콤한 맛을 경험해보지 못했다. 당시 아즈텍족은 바닐라로 음료를 만들어 마셨다. 주재료인 초콜릿 시럽에 마호가니, 옥수숫가루, 고춧가루 그리고 바닐라 부스러기를 첨가해 풍성한 거품을 만들어냈다. 음료의 맛은 맵고, 쓰고, 떫었다. 제아무리 바닐라로 맛을 냈다고 하더라도 토착민이 아니라면 쉽게 받아들이기 힘들었을 것이다. 스페인 사람들은 "돼지에게나 먹이는 구정물이다. 절대 사람이 마실 것은 못 된다"라고 평가했다. 하지만 옥의 고운 빛깔이 겨우 티끌 하나에 가려질 수 없듯이, 많은 사람이 바닐라의 가치에 점점 눈뜨기 시작했다.

그 후 귀부인들은 바닐라 음료에 들어가는 꿀 대신 설탕을 첨가했고 고춧가루 대신 계피와 육두구를 넣어 마셨다. 이렇게 만들어진 음료는 마침내 대중화의 길을 걷기 시작해 시대에 맞게 탈바꿈했다. 나아가 사람들은 바닐라와 코코아를 간단하게 배합해 지금 우리가 먹는 초콜릿의 기본 풍미를 만들어냈다. 바닐라는 세계적으로 유행하는 향료로 디저트나 케이크뿐만 아니라 화장품에도 광범위하게 들어갔다. 심지어 담배에도 바닐라 추출물이 쓰였다. 만약 당신이 아이스크림 향이 나는 담배 한 개비를 피워 문다면 그 한 개비의 80퍼센트는 바닐라 추출물로 채워졌을 것이다.

초콜릿이든 케이크든 어디에 쓰이든 바닐라는 여전히 조연급 출연진에 불과했지만 바닐라 아이스크림은 바닐라를 스타로 키워주었다. 바닐라는 세계인의 입속에서는 물론이고 마음속에서도 진정한 스타로 거듭났다. 『바닐라 문화사*Vanilla: The Cultural History of the World's Most Popular Falvor and Frangrence*』의 저자는 미국의 아이스크림 소비자 가운데 초콜릿 맛을 좋아하는 사람은 약 8.9퍼센트인 반면에, 바닐라 맛을 좋아하는 사람은 무려 29퍼센트라고 언급한다. 바닐라는 아이스크림 시장의 독보적 존재라는 사실을 알 수 있다. 사람들이 아이스크림 하면 바닐라 맛을 가장 먼저 떠올리는 것도 전혀 놀랍지 않다.

순수 수공업 식물

|

앵두의 뛰어난 맛과는 어울리지 않게 앵두를 심고 키우는 일은 앵두나무를 길러본 사람이라면 혀를 내두를 만큼 쉽지 않다. 하지만 앵두를 입에 넣기까지의 과정도 바닐라 앞에서는 장난 이상으로

봐주기 힘들다. 바닐라의 성장 조건은 매우 까다롭다. 일 년 내내 밤낮의 기온이 섭씨 20도보다 낮으면 바닐라가 제대로 자라지 못한다. 낮 기온은 섭씨 30도가 알맞고 습도는 70퍼센트 이하로 떨어지면 안 된다. 최적의 환경이 모두 갖추어져도 바닐라는 무려 3년이 지나야 비로소 꽃을 피운다. 이것은 겨우 시작에 지나지 않는다.

난초과 식물은 대부분 매우 낮은 확률로 자연적으로 열매를 맺는다. 바닐라도 마찬가지로 나무 한 그루의 꽃봉오리 200여 개 가운데 고작 10여 개에서 열매가 열린다. 그마저도 전부 선택 받은 꽃봉오리에 국한되어 있다. 꽃이 피고 열매를 맺는 과정에서 꽃가루의 전파는 중요한 단계로 알려져 있다. 꿀벌들이 꽃들 속을 헤치고 분주히 날아다니는 덕분에 우리는 아삭아삭하고 달콤한 사과와 매혹적인 리치를 먹을 수 있다. 바닐라의 고향에서는 특정한 종류의 벌이 꽃가루받이를 도와준다. 이 벌은 효율성이 너무 떨어져서 꽃가루받이에 도움을 받는 꽃송이의 수는 전체의 10분의 1에도 못 미친다. 바닐라 덩굴에서 수확하는 열매를 손가락으로 꼽아 셀 수 있을 정도다.

생산량을 늘리려면 사람의 손을 빌리는 수밖에 없지만 이 방법 역시 쉽지 않다. 난초과에 속한 다른 식물처럼 바닐라의 꽃가루는 꽃가루덩이를 형성해 한데 모인다. 꽃가루덩이는 '작은 모자'라고 불리는 뚜껑 삭개operculum에 덮여 있다. 작은 모자는 꽃가루가 암술머리와 자연스럽게 결합하는 현상을 막아 결과적으로 바닐라 생산에 차질을 빚는 주범이 되었다. 그러던 1833년, 한 소년이 바닐라를 인공 수분하는 방법을 찾아냈다. 조그마한 대나무 꼬챙이를 이용해 암술머리의 강실(포자를 형성하는 부분__역자)에 꽃가루를 집어넣는 간단한 동작만 하면 되었다. 이로써 세계 바닐라 시장은 점차적으로 발전해 거대해졌다. 이쯤 되면 누군가는 업계가 폭리를 취할 목적으로 바닐라의 가격을 올렸는지 의심할지 모른다.

실상은 그런 의심과 거리가 멀다. 꽃가루받이의 원리를 이해했다 한들 바닐라 꽃이 피는 기간이 너무 짧아 순조롭게 작업을 마무리하는 것조차 여전히 도전 과제에 머물러 있다. 바닐라는 보통 새벽 2~3시에 꽃을 피우고 오전 11시쯤이면 시들어버린다. 꽃가루받이의 모든 과정은 반드시 7~8시간 안에 이루어져야 한다. 이것이 끝이 아니다. 한숨 돌릴 틈도 없이 이 일은 바닐라를 생산하기 위한 첫걸음에 불과하다.

꽃가루받이가 끝나고 나면 어린 열매가 서서히 팽창해 작은 바나나 모양으로 자랄 때까지 보살핀다. 6~9개월 동안 여리고 귀한 열매를 곤충이나 새들이 훔쳐 먹지 않도록 지켜야 한다. 이미 익은 바닐라 열매에도 매혹적인 향은 찾아볼 수 없다. 익은 포도가 저절로 맛있는 술로 변하지 않는 것과 같은 이치다. 이 열매가 향을 품도록 하려면 지속적으로 극진한 서비스를 제공해야 한다.

바닐라의 향을 최고조로 끌어내기 위해서는 특수 제작한 오븐에 신선한 바닐라를 구워야 한다. 녹차를 제조할 때 살청의 단계를 거치는 것과 비슷하다. 이어지는 6~9개월 동안은 바닐라를 햇볕 아래 옮겨두고 하루씩 걸러 가며 일광욕을 시킨다. 열매 하나하나를 마사지해주어야 한다. 특별 관리를 하는 기한은 꼬투리가 뜨거워질 때까지다. 그 시기가 되면 꼬투리가 충분히 발효되어 매력적인 향을 가지게 된다. 이 과정에서 역한 냄새가 새어 나와 일꾼들에게는 매일 지옥이 되풀이될 것이다. 다행히 시간이 지나면서 좋지 않은 냄새는 옅어지고 우리에게 익숙한 기분 좋은 향으로 변한다. 그나마 불행 중 다행이다.

아쉽지만 없는 것보다 나은 합성 향료

|

박하나 레몬과 달리 바닐라는 대중적인 식품이 될 수 없는 운명을 타고났다. 생산 과정이 여간 복잡한 것이 아니어서 사람들은 대용품을 찾아다녔다. 1891년 프랑스의 한 화학자가 라일락에서 화학물질 유제놀eugenol을 추출해 바닐린vanillin으로 바꾸는 데 성공했다. 바닐린의 바닐라와 닮은 향은 인위적으로 조제한 가짜다. 진짜 바닐라는 50여 종에 달하는 맛 성분을 함유하기 때문이다. 시간이 흘러 사람들은 쿠마린cumarin이라는 물질을 발견해 자극적인 바닐린의 특성을 완화할 수 있었다. 개자리(콩과에 속하는 두해살이 풀_역자)에 많이 들어 있는 쿠마린은 추출하기도 쉽다. 쿠마린과 개자리는 죽이 척척 맞는 짝꿍의 면모를 갖추고 환상적인 바닐라 향을 선사했다. 바닐라 아이스크림은 합성향료를 도움닫기 삼아 대중적인 소비품으로 성장했다. 합성향료는 바닐라 아이스크림이 시장에서 일인자로 군림하도록 기꺼이 조력자 역할을 자처했다.

건강에 관한 관심이 하늘을 찌르면서 사람들은 식품의 성분을 정확하게 알고 싶어 했다. 아이스크림도 예외가 아니었다. 아이스크림 가게에 들어갔을 때 직원이 아이소아밀 아세테이트isoamyl acetate 맛과 아이소발레르산 아이소아밀isoamyl isovalerate 맛 중 어느 것을 원하는지 묻는다면 무슨 뜻인지 몰라 어리둥절하지 않을까? 바나나 맛과 사과 맛을 눈 뜨고도 못 알아보는 상황이 황당한 듯하지만 언제라도 실현될 가능성은 충분하다.

'식품안전 국가 표준과 식품 첨가물 사용 표준'에 따르면 모든 식품에 첨가물의 종류를 명시해야 한다. 성분 표시에서 사과 향, 귤 향과 같은 모호한 용어는 사라지게 될 테지만 소비자가 화학 명칭을 알게 되면 심리적으로 불안해지지 않을까? 아마도 소비자는 '맙소사! 우리가 매일 화학 원료를 먹고 있었던 거야?'라고 생각할지도 모른다.

나는 그동안 화학 원료를 아주 오랫동안 먹어왔다는 사실을 문득 깨달았다. 20년 전에 나는 진하건 연하건 과일 시럽을 물에 타서 먹었다. 10년 전에는 망고가 들어 있는지조차 알 수 없는 망고 주스에 열중했다. 어느 날 진짜 망고를 먹어보고 나서야 한동안 망고 주스에 대한 배신감에 시달렸다. 마트에서 파는 과일 주스 중에 합성향료를 첨가하지 않은 천연 음료는 많지 않다. 아이들이 먹는 분유에도 바닐린이 들어가 있을 정도다.

인공적인 향을 맡으면 늘 어색한 느낌이 든다. 식물의 향을 결정하는 자연적인 휘발성 성분은 복잡하게 얽힌 채 결합되어 있다. 예를 들어 바닐라에는 50여 종, 복숭아에는 90여 종의 휘발성 성분이 들어 있다. 일부 사과 품종은 심지어 200여 종을 포함하기도 한다. 수많은 휘발성 성분의 양을 정확하게 재어 다시 만들어내기도 힘들고, 화합물의 종류를 분석하듯 가려내기도 쉽지 않다. 각각의 성분이 전반적인 향을 결정 짓는 데 어떤 역할을 했는지 성분의 양으로 가늠하기는 어렵다. 어떤 물질은 0.01퍼센트보다 낮은 농도의 적은 양으로도 우리의 코를 자극하는 데 성공한다. 예를 들면, 바닐린은 공기 1리터당 함량이 고작 0.000005밀리그램일 때도 존재감을 드러낼 수 있다. 각각의 맛 성분 사이에 생각지도 못한 시너지 효과가 일어나기도 한다. 복잡한 자연의 향과 달리 우리가 평소 맡아온 인공적인 향이 '깊이가 없고 자극적인' 이유다.

"굵은베라도 있는 것이 옷 없는 것보다 낫다"라는 속담은 합성향료의 정의와 더할 나위 없이 잘 들어맞는다. 특히 어린아이의 경우 맹물보다는 색과 맛을 배합한 음료를 더 선호한다. 합성향료는 단위당 첨가량이 적어 지금까지 중독 증세를 보인 사례는 없었다. 멜라민처럼 검사 기준에 맞춰야 하는 첨가물은 조심해야 하지만, 천연향이든 인공 향이든 간에 우리의 생활을 건강하고 즐겁게 만들어준다면 무엇인들 굳이 넣지 않고 버틸 이유가 있을까?

지금 돌이켜보니 어릴 때 먹어봤던 아이스크림의 맛은 바닐린과 쿠마린에서 나온 듯하다. 진짜 바닐라와 합성 바닐라는 둘 다 장단점을 모두 가지고 있으니 적절히 그 맛을 즐기는 것도 나쁘지 않은 선택이다. 현실과 이상은 가까운 듯 먼 사이일 수 있다. 바닐라 향 아이스크림 한 통을 퍼 먹으며 RPG 게임 속 세상을 즐기는 행복을 무엇과 맞바꿀 수 있을까.

미 | 식 | 보 | 감

🍴

토란으로는 토란 아이스크림을 만들 수 없다?

집에서 토란을 주재료 삼아 토란 아이스크림을 만들면 아이스크림 가게에서 파는 그 맛을 낼 수 있을까? 헛된 꿈은 일찌감치 깨는 편이 낫다. 가게에서 파는 토란 아이스크림에는 토란이 전혀 들어가지 않는다. 토란은 천남성과 식물로 우리가 흔히 먹는 고구마와는 먼 사이라고 생각하면 된다.

2부

아름다운 외모로 승부 보는 식물들

미식가를 위한 식물 사전

밀가루는 모두 희고 쫄깃할 거라는 착각

1988년 진난晉南에는 하루가 멀다 하고 비가 내리는 여름날이 계속되었다. 한 달이 지나자 반드시 침대에 비닐을 깔고 자야 했다. 그때 나는 '지붕이 새는데 하필 밤새 비가 내린다'라는 설상가상의 의미를 몸소 체험했다. 그해의 기억은 그것이 전부가 아니었다.

가장 인상 깊었던 사건은 비 오는 날에 수확한 밀에서 시작되었다. 남은 1년 동안 나는 다른 사람들과 마찬가지로 매일 '끈적이는 밀가루'로 찐 검은 빛깔의 만두를 상대해야 했다. 새롭게 개발된 맛 좋은 밀가루 품종이 아니라 싹이 튼 밀을 갈아 만든 밀가루였다. 식감이 끈적거려 마치 고무찰흙을 씹는 기분마저 들었다. 지금까지도 나는 밀가루 음식을 별로 좋아하지 않는다. 산시에서 나고 자란 토박이라면 이해할 수 없는 일이 나에게 벌어진 셈이다. '끈적이는 밀'을 먹고 커다란 충격을 받은 탓이다.

세계의 식탁을 지배한 역사

나는 밀이 세계 인구의 35퍼센트를 먹여 살렸다는 말에 크게 공감한다. 나 역시 밥을 먹을 줄 알게 되었을 무렵부터 각종 밀가루 음식에 둘러싸여 살아왔다. 찜통 속 찐빵과 꽃빵에서는 김이 모락모락 피어올랐다. 냄비 안의 만두와 면은 조금씩 익어갔고 오븐에서는 쿠키가 노릇하게 구워졌다. 이들에게 물릴 경우를 대비해 꽈배기와 전병이 기름 솥에서 갓 건져진 채 기다리고 있었다. 산시 사

람들은 밀가루로 다양한 음식을 만들어냈다. 밀가루 음식의 황홀
경에 빠져 있다 보면 밀은 황투고원에서 저절로 자라난 우수한 식
물 종일지 모른다는 생각도 든다.

　실은 전혀 그렇지 않다. 시간을 거슬러 4,000년 전으로 되돌아가
보면 산시 사람의 식탁에 차려진 음식은 좁쌀이었다. 밀의 원산지
는 소아시아라서 그 당시 밀은 소아시아의 어느 하천 골짜기에서
햇볕을 쬐고 있었을 것이다. 좁쌀, 수수, 밀, 벼를 중심으로 볏과 식
물은 인류를 위해 중요한 식량이 되어주었고 지속적으로 식량 자
원을 제공했다. 딱딱한 죽간을 가진 대나무아과 식물조차도 우리
에게 신선한 죽순을 선사했는데, 부드러운 밀은 두말할 것 없이 단

연쿄 가장 빛나는 스타로 불릴 만하다. 일찍이 7,000년 전에 중동 지역 사람들은 밀을 채집하고 심기 시작했다. 그들은 우리가 먹는 일반적인 밀*Triticum aestivum* 대신 다른 야생밀*T. monoccum*을 재배했다. 오늘날의 밀과 비교해보면 야생 상태의 외알밀은 수확량이 미미한 수준에 그쳤지만 굶는 것보단 나았다.

훗날 재배를 거듭하면서 야생밀은 밭두렁 길섶의 염소풀속의 일종*Aegilops speltoides*과 교잡했다. 그 결과 밀은 에머밀로 재탄생했다. 속이 더 꽉 찬 에머밀 씨앗은 세심한 농부가 모아뒀다가 따로 심었다. 그 후 에머밀과 밀밭 가에 난 또 다른 풀*Aegilops tauschii* 사이에서 '사랑의 결정체'가 태어났다. 바로 세계 식량의 판을 뒤집어놓은 지금의 밀이었다.

대략 4,000년 전쯤 신장新疆에 들어온 밀이 중심부 지역에 입성하기까지는 다시 1,000년의 시간이 걸렸다. 흥미롭게도 밀은 기술 지식을 떼놓고 혈혈단신의 몸으로 들어왔다. 밀 가공 기술은 여전히 고향 소아시아에 남아 있어서, 아주 긴 세월 동안 중국인들이 밀을 요리하는 방법은 낟알을 익히거나 찌는 데 국한되었다. 산시 지역 밀가루 음식의 가짓수도 많지 않았다.

가루로 빻은 밀은 귀족 계층의 전유물이었지만 생산량이 늘어나면서 새로운 고민이 싹 텄다. 사람들은 밀의 겨를 제거할 방법과 밀가루를 더 맛있게 먹을 수 있는 방법을 곰곰이 생각했다. 그러다가 송나라 시대에 국수를 고안해내면서부터 밀을 보는 눈이 높아졌다. 사람들은 밀이 아름다운 외형을 갖추고 매력적인 식감을 선사하기를 바랐다. 밀을 먹는 일은 단순히 배를 채우는 행위 그 이상이었다.

새하얀 밀가루를 향한 열망

밀가루 색이라면 누구나 자연스럽게 하얀색을 떠올릴 만큼 하얀색은 밀가루와 떼려야 뗄 수 없는 관계다. 어릴 때만 해도 귀하디 귀한 하얀색 찐빵 대신 찐득거리는 검은색 밀가루로 만든 음식을 식탁에 올릴 수밖에 없었다. 그때는 어쩔 수 없이 검은색 밀가루를 삼키며 살아가야 했지만, 지금이라면 그 밀가루는 사료 공장에나 보내질 법하다. 밀가루의 색은 어떻게 결정될까? 밀가루가 하얄수록 품질도 좋을까?

우리는 밀가루의 '원형'인 밀의 배젖에서 답을 찾아야 한다. 밀알의 기타 부분인 열매껍질, 씨껍질, 씨눈은 모두 밀기울에 속한다. 일반적으로 입자의 크기가 작을수록, 빛 반사가 잘 될수록 밀가루가 더 하얗게 보인다. 그러나 모든 밀의 배젖이 곱게 갈리지는 않는다. 밀가루 입자의 크기는 단백질의 함량과 밀접한 관련이 있다. 밀이 단백질을 많이 함유할수록 가루 입자가 거칠어지고 검은색을 띤다. 경질밀과 연질밀이 똑같은 공정을 거치면 단백질 함량이 높은 경질밀이 연질밀보다 더 검은 밀가루가 된다. 찰기 또한 단백질 함량과 비례한다. 보기 좋은 색과 먹기 좋은 식감과 높은 수치의 단백질 함량 중에서 하나를 고르는 일은 쉽지 않은 문제다.

밀의 배젖은 가루의 입자 크기에 영향을 미치지만 색소도 함유한다. 여기에는 녹황색 색소 엽황소, 주황색 색소 카로틴이 들어 있어 갓 빻은 밀가루가 옅은 노란빛을 띠는 데 영향을 준다. 시간이 지날수록 색소는 서서히 분해되어 밀가루를 보관한 지 일정 기간이 지나면 특유의 색은 온데간데없이 사라진다. 최근 들어 일부 업체에서는 시각을 자극하고 식욕을 돋우기 위해 국수 면에 일부러 주황색 카로틴을 첨가해 내놓기도 했다.

재미있는 사실은 불안정한 분자들이 배젖 속에 숨어 있다는 것이다. 분자들은 호시탐탐 기회를 노리며 움직인다. 그중 하나는 폴리페놀 산화효소polyphenol oxidase다. 이런 분자는 무색의 페놀류 물질과 접촉할 기회가 생기기만 하면 검은색 색소로 변한다. 폴리페놀 산화효소 때문에 동상에 걸린 바나나가 검게 변하는 현상이 일어난다. 이 분자들을 함유한 밀가루도 페놀류 물질과 닿으면 점점 검어진다.

대표적으로 밀의 배젖이 밀가루의 색에 영향력을 행사하지만 겉껍질도 무시할 수 없는 요소다. 특히 붉은 낟알이 열리는 밀의 겉껍질은 갈릴 때 부서지면서 유색의 작은 입자가 되므로 이 입자를 제대로 걸러내지 못하면 밀가루가 검어질 위험이 있다. 하얀 낟알이 열리는 밀의 겉껍질은 밀가루와 섞여도 별다른 영향을 주지 않는다. 단지 하얀색을 선호하는 사람들의 심리가 작용해 하얀 밀의 가격이 붉은 밀보다 비싸다. 하지만 붉은 밀은 단백질 함량이 하얀 밀보다 훨씬 높고 세계적으로 가장 넓은 재배 면적을 차지하는 종이다. 붉은 밀은 서양 요리에서 빵을 만들 때 많이 사용한다.

하얄수록 품질이 높아지는 밀가루는 없다. 어떤 밀가루가 선택받을지는 소비자의 입장에 따라 달라진다. 통밀가루를 제외하고 보면 요즘의 밀가루는 당연하다는 듯 하얀색을 띠고 있고 다양해진 포장도 나날이 소비 욕구를 자극한다.

밀가루의 다양한 얼굴을 만드는 글루텐

어린 시절 우리 집은 밀가루 항아리를 하나만 썼다. 하얀색 밀가루든 검은색 밀가루든 모두 그 항아리에 부어놓고 국수나 만두, 찐빵을 만들 때마다 그곳에서 밀가루를 한 바가지씩 퍼왔다. 찹쌀과 정미된 쌀은 나누어서 따로 보관했지만 밀가루는 굳이 구분하지 않았다. 아무리 다양한 요리를 통해 팔색조의 모습을 선보여도 밀가루는 그저 밀가루일 뿐이었다.

요즘에는 밀가루의 신분이 다양하게 변화하고 있다. 마치 음료가 카페인 음료, 이온음료, 어린이 음료로 나뉘듯 밀가루도 만두용 밀가루, 제빵용 밀가루, 국수용 밀가루 등으로 세분화되었다. 이런 구분은 과연 어떤 의미가 있을까? 각양각색으로 포장된 밀가루 앞에서 우리는 어떻게 좋은 밀가루를 선택할 수 있을까?

우리가 먹는 밀가루는 밀의 씨앗에서 얻은 배젖이다. 밀기울은 밀이 갈릴 때 떨어져 나간다. 배젖은 전분과 단백질로 구성된 영양분 창고로서 밀 종자가 싹을 틔울 때 영양을 공급해 인류의 식량을 만들어내는 임무를 수행한다.

똑같이 배젖에서 나온 밀가루라도 밀의 품종에 따라 식감이 하늘과 땅 차이로 달라진다. 밀가루의 식감은 대부분 단백질 함량에 의해 결정된다. 특히 글루텔린이라는 단백질의 함량이 중요하다. 단백질이 어느 정도로 탄성이 강한 밀가루를 만들어낼지는 '글루텐'을 보면 알 수 있다. 글루텐은 밀가루에서 전분이 제거된 뒤 글루텔린으로 만들어지는 물질이다.

많은 양의 단백질을 함유하는 밀가루는 비교적 탄성이 뛰어나서 부드럽게 씹히는 빵을 만드는 데 적합하다. 단백질이 적은 밀가루는 찰기가 없어 과자를 만들 때 사용하면 좋다. 단백질을 적당히 함유하는 밀은 탄성과 부드러움을 동시에 요구하는 면이나 만두피를 만드는 데 알맞다. 밀가루는 단백질 함량에 따라 강력분, 중력분, 박력분으로 나뉜다.

이외에도 현재 국제적으로 통용되는 경질밀(혹은 듀럼밀)과 연질밀로도 나뉜다. 듀럼밀은 이탈리아에서 수입한 마카로니 분말의 포장지에 원료로 표기되어 있다. '경질'은 '강한 탄성', '연질'은 '약한 탄성'과 각각 짝을 이룬다. '강력분, 중력분, 박력분'의 구분과는 차이가 있다. 경질밀과 연질밀을 분류할 때는 전분의 영향도 고려한다. 경질밀의 전분과 단백질은 더 단단하게 결합한다. 밀가루 입자의 굵기는 상대적으로 거친 편이지만 물을 잘 흡수해 국수로 먹을 때 식감이 부드럽다. 반면에 연질밀은 전분과 단백질의 결합이 느슨하다. 밀가루의 입자가 곱고 흡수성은 약해서 과자를 구웠을 때 식감이 바삭하다.

요컨대 밀가루를 갈래짓는 일은 단지 마케팅 수단으로 이용되는 데만 그치지 않는다. 만두나 빵, 과자를 만들 때 요리의 종류에 어울리는 밀가루를 선택해야 최상의 맛을 낼 수 있기 때문이다.

통밀의 영양 가치가 더 뛰어날까?

최근 들어 밀가루나 국수를 제조하는 업체들은 통밀을 시장에 내놓고 있다. 광고에서 그들은 밀알의 중심 부분을 추출해내 통밀이 밀보다 쫄깃하고 영양이 풍부하다고 말한다. 하지만 이 말은 그다지 설득력이 없다. 배젖의 단백질은 밀알 바깥쪽에 있는 호분층에 주로 집중되어 있다. 밀알의 핵심인 전분층은 단백질을 극도로 적게 함유한다. 앞서 말했듯이 국수의 쫄깃한 식감은 밀이 단백질을 많이 함유할수록 강해진다. 그렇다면 과연 통밀로 만든 국수는 탄성을 가져 쫄깃거릴 수 있을까? 안타깝게도 '중요한 것은 무조건 중심부에' 있을 것이라는 상투적인 사고의 틀에 빠져 오류를 범한 꼴이다.

진난의 고향 집에서 떠나온 지 꽤 오랜 세월이 흘렀는데도 어찌된 일인지 밀가루 진열대를 지나칠 때면 어김없이 떠오르는 기억이 있다. 나는 그 앞에서 늘 고향 집의 밀가루 항아리와 평생 잊지 못할 끈적이는 면을 생각한다.

소금을 많이 넣을수록 면발이 쫄깃해질까?

반죽에 소금을 넣으면 면발이 쫄깃해져 식감이 좋아진다. 원리를 자세히
들여다보자. 소금이 밀가루 속 단백질의 형성 과정을 재촉하는 동시에 수
분을 반죽 곳곳에 균일한 정도로 퍼뜨린다. 그러나 소금의 농도가 3퍼센트
이상이 되면 수분의 분포에 영향을 미쳐 글루텐 형성을 방해한다. 면의 품
질이 떨어질 수 있으므로 소금의 양은 밀가루 500그램당 세 스푼을 넘기
지 않아야 한다. 사실 이 정도 양으로도 충분히 짜지만 싱겁게 느껴진다면
반죽 대신 장이나 간수에 소금을 넣는 것이 좋다.

미식가를 위한 식물 사전

희고 부드러운 보양식 재료

연근 하면 대부분 구멍이 여러 개 뚫린 연밥을 떠올릴지 모른다. 하지만 연근은 다른 이미지로 내게 아주 강렬한 인상을 남겼다. 결혼할 때 선물 받은 연근 덕분이다. 예로부터 연근의 줄기와 뿌리가 쭉쭉 뻗어 나가는 모습은 자손의 번창을 의미했다. 그렇다면 잡초 자경택란紫莖澤蘭이야말로 산과 들에 널리 퍼져 있으니 연근보다 훨씬 더 왕성한 번식 능력을 의미하지 않을까? 하지만 볼품없는 잡초와 비교하자면 연근은 기품이 있어 보인다. 어찌 됐든 어떤 의미가 담겨 있다면 특별한 물건이니 몇 배나 더 신경을 써서 보호해야 하고, 운송 과정에서 흠집이라도 나면 큰일이다. 나를 도와 특별한 연근을 운반했던 친구가 고생을 했다. 그는 연근을 품에 안은 채 차를 타고 나와 동행했다. 50킬로미터가 넘는 거리 중 4분의 1이 비포장도로인 길이었다. 그는 이동하는 내내 그렇게 있어주었다.

아무리 봐도 연근은 자손보다는 아름다운 신부를 기대하는 신랑의 마음을 더 암시하는 듯하다. 소설책을 조금만 눈여겨보면 미인은 언제나 연근과 함께 등장한다는 사실을 알 수 있다. 미모의 여인들은 모두 "팔이 연근처럼 하얗고 옥처럼 매끈하다"라는 표현으로 묘사된다. 연근의 새하얀 과육은 미인의 피부를 묘사하는 데 더할 나위 없이 잘 어울리는 소재다. 연근에 옥처럼 고운 여인의 팔을 뜻하는 '옥비우玉臂藕'라는 이름이 붙여지기도 했다.

이렇듯 연근은 일상생활과 문화 예술 분야를 넘나들며 활약하는 것은 물론 부엌에서도 매력을 발산한다. 연근은 갈비탕 국물 속을 갈비와 함께 헤엄치거나 찹쌀 소를 넣은 요리에서 찹쌀을 위해 안전한 집이 되어준다. 연근은 다방면에 걸쳐 늘 맡은 바 임무를 다하고 있다. 심지어 연근무침, 연근볶음과 같은 요리에 혼자 등장할 때도 아삭하고 달콤한 맛으로 존재감을 뽐낸다.

위로는 연꽃, 아래로는 연근

아름답고 매력적인 연꽃은 늘 시선을 사로잡아 사진을 찍는 사람들의 셔터를 누르는 손놀림을 바쁘게 한다. 식물학자라고 직업을 밝히면 이 질문을 많이 받는다. "하화荷花와 연화蓮花는 어떻게 다른가요?"

대답은 간단명료하다. "똑같습니다." '하' 자와 '연' 자는 같은 의미이므로 둘 다 연꽃을 가리킨다.

전 세계의 연꽃과 식물은 두 가지 종류뿐이다. 동아시아에 광범위하게 분포된 종은 '연'이고, 또 다른 종은 미국 황련*Nelumbo lutea*으로 저 멀리 태평양 너머에서 뿌리를 내리고 자란다. 과학자들은 화석을 분석해 연꽃이 1억 3,500만 년 전까지 북반구의 모든 담수 수역을 뒤덮을 정도로 광범위하게 분포되어 있었다는 사실을 밝혀냈다. 그 후 대멸종을 여러 차례 겪으면서 분포 범위가 대폭 좁아졌지만 끝내 연꽃은 자신의 조력자로 인류를 찾아냈다. 연꽃은 다시 땅을 개척하며 영역을 넓혀나갔다.

기록에 따르면 5,000년 전에 중국에서도 연꽃을 심기 시작했다. 최초의 연못은 관상용이 아니었고 식량을 마련하는 데 목적을 두었다. 창사長沙에 자리한 마왕퇴한묘馬王堆汉墓에서 연근 조각이 가득 담긴 찬합이 발굴되었다는 사실을 근거로 들 수 있다. 연근은 훌륭한 당류의 공급원이다. 식감이 좋아서 주식이나 부식으로 위장을 위로하기에 충분하다.

연근을 심으면서 자연스럽게 꽃을 감상할 수도 있다. 오로지 연꽃을 감상할 수 있도록 만들어놓은 곳도 생겨났다. 연꽃에 관한 최초의 묘사는 옛 시집 『시경』에 등장하는데, "산에는 소나무가 있고 못에는 연꽃이 있다山有扶蘇 有荷華"라고 쓰여 있다. 이때의 연꽃은 분명 꽃을 일컫는다. 연蓮과 하荷는 본래 한 가족이지만 연꽃 종류에 따라 어떤 연꽃은 감상의 대상이 되고, 또 다른 연꽃은 연근을 제공한다.

어느 곳 하나 버릴 것 없는 연근 한 뿌리

미식가라면 연꽃을 향한 관심은 자연스레 꽃이 아니라 줄기와 잎, 열매에 가닿기 마련이다. 그럼 일단 어떤 연근을 골라야 할지 생각해보자.

연근의 풍미는 계절마다 조금씩 달라진다. 흔히 여름철의 연근을 '과우果藕'라고 부르는데, 이 연근은 아삭하고 단맛이 나서 날것으로 먹기에 좋다. 겨울철의 연근은 서걱거리고 찰기가 있어 푹 삶아내 단맛 나는 간식을 만들 수 있다. 찹쌀을 넣은 연근찜과 연근갈비탕은 모두 겨울철 연근을 사용하면 더 좋은 맛을 낼 수 있다. 연꽃은 봄과 여름에 활발하게 성장해 연근의 당류는 자당과 과당의 형태로 존재한다. 이 시기의 세포에는 수분이 가득 차 있어 연근은 아삭아삭해지고 단맛이 난다. 가을이 되면 뿌리의 마디마다 겨울을 대비해 영양분을 저장하기 시작하면서 연근의 전분 함량이 급격히 상승해 마, 고구마와 같이 이른바 '전분 막대기'로 변한다.

흔히 좋은 연근을 사려면 연근 중심부의 구멍 수를 유심히 살펴볼 필요가 있다고들 한다. 연근은 구멍이 일곱 개짜리인 것과 아홉 개짜리인 것으로 나뉜다. 전자는 탕 요리에 안성맞춤이고 후자는 무침 요리에 적합하다. 구멍이 몇 개든 그 개수는 전분과 수분의 함량과 아무런 연관성이 없기에 좋은 연근을 고르는 정확한 기준이라고 할 수 없다. 사실 연근은 계절에 맞게 맛보는 것이 가장 현명하다. 어릴 때는 여름이 오면 외할머니가 연근무침을 해주시고는 했다. 그때마다 나와 사촌 동생은 제철 재료로 만든 아삭하고 달콤한 무침을 아주 맛있게 먹었을 뿐 연근의 구멍이 몇 개인지 세어볼 생각은 하지 않았다.

특별한 풍미를 자랑하는 연밥도 식탁 위에 놓였다. 연밥은 룽위

안렌쯔겅龍眼蓮子羹(용안과 연밥을 주재료로 해서 만든 탕__역자), 렌룽 웨빙蓮蓉月餅(연밥으로 소를 넣어 만든 월병__역자)의 주인공이 되었다. 씨 중간에 든 연꽃의 배아인 연심蓮心을 제거하는 일은 상당히 골칫거리라서 손이 많이 간다. 연심을 물에 우려서 차로 마시면 쿠딩차 苦丁茶(위의 열기를 식히는 차__역자)의 효능과 비슷하게 화를 다스릴 수 있다는 설이 있다. 효능은 검증된 바가 없어 스스로 느껴보는 수밖에 없다.

진정한 미식가라면 연밥뿐 아니라 연잎도 절대 놓치는 법이 없다. 전통 요리인 자오화지叫花雞는 닭을 연잎으로 싼 다음 술지게미와 황토를 발라 불에 굽는다. 이렇게 하면 닭고기에 연잎의 맑은 향이 밴다고 한다. 안타깝게도 자오화지를 먹을 때 그 맑은 연잎 향은 단 한 순간도 느낄 수 없었다. 대신 닭고기의 맛이 풍부해졌는데, 이는 연잎의 정화 작용 때문인 듯싶다. 연잎 속에 가득한 나노 입자가 닭고기의 잡내를 누그러뜨렸다.

연근이 검게 변했다고?

누구나 한 번쯤은 경험해봤을 것이다. 연근갈비탕과 비슷한 롄어우파이구탕蓮藕排骨湯을 쇠 냄비에 끓였는데 연근이 먹물처럼 까매졌다거나, 연근을 부엌에 하룻밤 뒀더니 검은색으로 변해버린 일 말이다. 사 올 때만 하더라도 연근은 백옥 같았다. 연근에 무슨 문제라도 생긴 것일까? 과연 변해버린 연근을 먹어도 되는 것일까? 진흙 속에서 자라면서도 희고 고운 빛깔을 지켜낸 연근인데 어째서 공기 중에서만 이토록 쉽게 검은색으로 변할까?

인터넷을 검색만 해봐도 다양한 해석이 펼쳐진다. "연근을 가열하면 까매진다. 연근에는 철분이 풍부해 열과 접촉했을 때 금속처럼 산화하고 색이 짙어진다." 이 말이 맞다면 철분이 풍부한 돼지 간이나 목이버섯도 탕에 넣었을 때 검게 변해야 마땅하다. 더욱이 연근의 철 함유량은 목이버섯이나 돼지 간 속 철분의 양에 훨씬 못 미친다. 이런 식재료들을 쇠 냄비에 넣어서 탕의 색이 검어졌다는 말은 처음 들어본다.

쇠 냄비 속 연근이 검게 변하는 현상은 연근이 함유한 화학물질 때문이다. 폴리페놀과 같은 화학물질은 공통적인 성질이 있다. 철 이온과 결합하면 보라색 혹은 파란색의 화합물을 형성한다. 연근에 풍부하게 들어 있는 폴리페놀 중 하나인 갈산gallic acid도 철 이온과 결합한 뒤 검푸른색의 물질을 형성한다. 이 물질은 검푸른색 잉크를 만드는 데 쓰이기도 한다. 갈비탕이 검게 물든 데는 다 이유가 있었다. 그렇다면 어떤 철과도 접촉하지 않고 장바구니에 얌전히 담겨 있던 연근은 왜 검은색으로 변한 것일까?

이 현상 또한 연근 속 폴리페놀류 물질 때문에 일어난다. 폴리페놀에 폴리페놀 산화효소가 작용하면 퀴논quinone이라는 화학물질로 산화한다. 퀴논은 다시 뭉쳐 멜라닌 색소를 형성한다. 사과를 깎아 놓거나 바나나를 냉장고에 넣어두면 검게 변하는 이유가 바로 여기에 있다. 연근이 들어간 요리를 해 먹을 때는 쇠 냄비를 쓰지 않으면 되겠지만, 연근 자체가 변하는 문제는 어떻게 해결해야 할까?

방법이 아예 없는 것은 아니다. 연근을 섭씨 100도의 끓는 물에 70초 동안 데치면 모든 폴리페놀 산화효소가 제 기능을 잃어 폴리페놀이 퀴논으로 전환되는 과정을 막을 수 있다. 그러나 이렇게 긴 조리 시간은 연근갈비찜을 요리할 때나 어울린다. 연근갈비찜같은 요리는 부드럽고 찰진 식감을 유지해야 하기에 오랜 시간 조리하는 것이 적합하다. 이 방법을 이용해 연근을 무친다면 색의 변화는 막을 수 있을지 몰라도 연근의 아삭한 식감은 살리지 못한다.

높은 온도에 가열하는 대신 다른 방법을 쓸 수도 있다. 산성 물질도 폴리페놀 산화효소의 손발을 묶어둔다. 연근을 무칠 때는 데친 연근을 식초에 넣는 과정을 거친다. 식초의 산성이 폴리페놀 산화효소의 작용을 막아주면 연근은 기존의 하얀색을 유지하는 데 성공한다. 시중에 포장된 채 팔리는 연근에도 구연산과 같은 폴리페놀 산화효소를 억제하는 물질이 들어 있다.

연근 가루와 기혈 순환

여러 해 전에 들은 풍문에 따르면 고급 음식점에서 쓰는 가루는 모두 연근 가루라고 한다. 시후추위西湖醋魚(서호의 생선찜_역자)의 원조 맛을 살리려면 반드시 시후에서 공수해 온 연근 가루를 넣어야 한다는 이야기도 들어봤다. 나는 가정용 연근 가루로 이런 요리를 만들어본 적이 있지만 특별한 맛을 느낀 기억은 없다. 연근 가루의 특별함은 오직 가루만 먹었을 때 느껴지는 것 같기도 하다.

그러나 경험상 연근 가루는 수술 후 몸을 추스르는 데 확실히 도움이 되었다. 아내가 제왕절개수술을 받은 후였다. 아내는 이틀 동안 산후풍에 시달리는 통에 식사조차 제대로 할 수 없었다. 나는 여기저기 수소문한 끝에 연근 가루의 효능을 알아내 득달같이 마트로 달려갔다. 병원으로 돌아와 아내에게 연근 가루를 물에 타주기만 했을 뿐인데 산후풍이 빠르게 회복세를 보였다. 나중에서야 연구 결과가 이미 나와 있었다는 사실을 우연찮게 알게 되었다. 연근 가루는 환자가 수술을 받으면 기와 혈이 원활하게 순환하도록 돕는다고 한다. 하지만 정확한 원리에 대한 설명은 별로 자세하지 않아 민간요법에 가까워 보인다. 함부로 맹신하는 것은 금물이다.

지금은 연근 가루에 걸핏하면 연밥, 대추를 첨가하는 추세다. 순도 100퍼센트의 연근 가루를 찾아보기 어려울 지경이지만 연근 성분이 100퍼센트인 가루를 맛보는 아주 간단한 방법이 있다. 우리 집에서는 연뿌리로 만두를 만들거나 완자를 튀길 때면 습관처럼 다진 연근을 무명천에 싸서 물기를 짜낸다. 연근즙을 잠시 내버려 두면 찌꺼기는 밑으로 가라앉고 윗물은 맑아지는데, 맑은 물을 쏟아내어 버린 후 다시 끓인 물을 붓고 설탕을 넣으면 자연 상태 그대로인 연근가루탕이 완성된다.

아름다운 수련과 연꽃의 차이

|

연은 부위별로 불리는 이름이 다르고 맛도 제각각이라고 하지만 식물 분류학자에게 연꽃, 연뿌리, 연근은 그저 하나의 식물에 붙여진 이름에 불과하다. 주의할 사항은 따로 있다. 수련은 연꽃의 가족인 양 한데 묶이는 일이 잦지만 연꽃과 전혀 다른 종에 속한다는 사실이다.

불과 몇 년 전만 해도 연꽃은 수련과에 속했다. 이 식물들은 외모가 서로 비슷하다 보니 누가 봐도 한 가족처럼 보였다. 분류학을 분자생물학적으로 연구한 결과 수련과 연꽃은 같은 핏줄이 아니라는 사실이 밝혀졌다. 수련과 같은 속씨식물은 지구상에 가장 먼저 출현해 속씨식물이라는 하나의 식물군을 형성했다. 이 식물군은 식물계의 기반을 이룬다. 그러나 연꽃은 진정쌍떡잎식물에 속한다. '전문적인' 개념에 식욕이 떨어진다면 연꽃이 수련보다 좀 더 고급스러워 보인다는 것만 기억하면 된다.

사실 수련과 연꽃은 아주 극명한 대비를 보인다. 연꽃의 잎은 항상 수면 위에 올라앉아 있고 수련의 잎은 수면 위에 바짝 엎드려 있다. 잎의 차이는 수련이 수면 아래서 열매를 맺는다는 사실과 연결된다. 두 식물의 꽃 모양도 거울을 갖다 댄 듯 비슷하게 느껴지지만 분명히 다른 점이 있다. 일반적으로 연꽃의 색은 분홍색과 하얀색 두 종류밖에 없는 반면 수련의 색은 붉은색, 노란색, 파란색에 이르기까지 무척이나 다양하다. 한창 유행했던 노래 〈푸른 연꽃藍蓮花〉에서 말하는 푸른 꽃은 연꽃이 아니라 수련을 뜻한다.

식탁 위에서 연근이 홀로 자태를 뽐내자 연꽃과보다 훨씬 대가족을 이루는 수련의 심기가 불편해졌다. 그래서 수련 집안에서는 순채와 가시연꽃의 연밥을 보내 연꽃이 가진 식탁의 지분을 빼앗았다. 순채는 시후춘차이겅西湖純菜羹에 넣는 초록 잎으로 생김새는 목이버섯과 닮았다. 맛도 익힌 흰목이버섯과 비슷하다. 나는 '순로지사純鱸之思'라는 말을 들으면 순채의 맛이 궁금해진다. 순채와 농어 요리를 잊지 못하듯 고향을 그리는 마음 한편의 순채 말이다. 가시연밥 역시 흥미로운 음식이다. 계두미雞頭米라고도 불리는 이 열매는 시럽으로 자주 만들어 먹는다. 가시연밥은 연밥보다 조금 더 쫄깃해 연밥과 비슷한 듯 다른 매력이 있다.

수련의 뿌리로도 멋진 음식을 만들 수 있다는 이야기가 있지만 아쉽게도 아직 맛본 적은 없다. 우리에게는 그 아쉬움을 대신할 연꽃이 있으니 다행이 아닌가 싶다.

연근이 검게 변하는 것을 막으려면 어떻게 보관해야 할까?

연근은 일정 시간이 지나도 다 먹지 못하고 그대로 두면 색이 변한다. 연근을 보관하는 동안 본연의 색을 잃지 않게 하려면 어떻게 해야 할까? 그리 어렵지 않은 방법으로 문제를 해결할 수 있다. 폴리페놀 산화효소는 화학적 반응 속도를 높이는 촉매 작용을 열심히 해낸다. 연근의 폴리페놀은 이런 산화효소 덕분에 산소와 접촉하면 퀴논으로 산화해버린다. 그래서 연근에 닿는 산소를 차단하면 된다. 연근을 물에 담가두면 검게 변하는 과정을 늦출 수 있다.

2부 아름다운 외모로 승부 보는 식물들

미식가를 위한 식물 사전

꽃과 가시로 무장한 싱싱한 매력

오이는 요리하기 가장 쉬운 채소다. 겉에 묻은 먼지와 흙을 물로 씻어낸 다음 한입 베어 물면 풋풋한 풋내가 입안을 떠나지 않는다. 상큼한 맛과 아삭한 식감은 연한 오이에게만 주어진다. 늙어서 주황색을 띠는 오이는 절대 이 맛을 낼 수 없다. 늙은 오이는 식용으로는 부적합하다. 싱싱한 오이는 어떻게 고를 수 있을까? 어머니께서는 꽃과 가시가 남아 있는 오이를 선택하라며 내게 비결을 전수하셨다. 이런 오이는 맛이 없을 수 없다. 오이가 아직 왕성한 성장기를 지나고 있기 때문이다.

언제부터인지 시장에서 꽃과 가시를 지닌 오이가 점점 많이 보이기 시작했다. 꽃은 오이 끄트머리에 노랗게 피었고 가시는 표면에 돋아나 있었다. 꽃과 가시는 싱싱한 오이의 상징이 되어버린 듯했다. 얼마 전에 언론을 통해 예쁜 오이의 비밀이 밝혀졌다. 알고보니 '젊고 싱싱하게' 보이는 오이는 식물호르몬을 바른 것이었다. 한동안 예쁜 오이는 식물호르몬과 함께 건강을 심판하는 시험대에 올라 있었다. 오이는 그렇게 논란의 소용돌이 한가운데로 빨려 들어갔다.

진짜 이름을 숨긴 채 자신을 치장하는 이유

오이의 한자 이름은 황과黃瓜다. 사람들은 오이를 자주 먹으면서도 노란색을 뜻하는 '황黃' 자 이름을 가진 식물이 왜 늘 겉에 파릇파

릇한 껍질을 입고 있는지 궁금해하지 않지만, 사실 황과는 호과胡瓜가 잘못 전해진 이름이다. 오이는 원산지인 인도의 채소밭에서 일찍이 3,000년 전에 발견되었다. 훗날 남아시아 출신 민족이 오이와 함께 중국 남쪽 지역으로 유입되었다. 농학서 『제민요술齊民要術』에도 그 당시 오이의 이름은 '호과'였다고 나와 있다. 확실히 황과라는 이름이 잘못 전해졌을 가능성이 크다. 그보다 조금 뒤에 쓰인 의학서 『본초습유本初拾遺』에 비로소 황과라는 이름이 등장한다.

흥미롭게도 늙은 오이는 확연한 노란빛을 띤다. 오죽하면 늙은 오이를 초록색으로 칠해 풋오이 마냥 꾸민다는 말까지 나왔을까. 실제로 박과 식물은 절대다수가 여주, 참외, 멜론처럼 익어가는 열매의 색을 초록에서 노랑으로 바꾼다. 오이가 노랗게 변하면 더는 아삭한 식감을 되찾을 수 없다. 안에 든 씨앗은 딱딱해지고 과육도 스펀지처럼 변화한다. 물론 예외가 있을 수 있다. 윈난과 구이저우에서 현지 조사를 할 때 노란 오이 품종을 먹어본 적이 있다. 애호박과 비슷하게 생긴 굵고 단단한 오이였다. 단단한 껍질을 벗기면 두툼한 청록색 과육이 모습을 드러냈다. 과육 중간쯤의 딱딱한 씨를 제거한 뒤 무치면 일반 오이와 맛이 비슷했다.

이름과 색깔이 어찌 됐든 간에 오이는 중국에 들어온 후 식탁 위의 거물급 인사가 되었다. 오이무침, 오이장아찌, 오이소박이는 물론 돼지고기 요리 무쉬러우木須肉에도 오이가 들어간다. 오이는 다양한 요리 속에서 입맛을 사로잡는 재료로 사랑받아왔다.

지금 시장에서 파는 오이는 갈수록 예뻐장해지고 있다. 길고 곧게 뻗어 있을 뿐 아니라 꽃도 웬만해서는 떨어지지 않을 듯이 붙어 있어서 시장의 오이를 볼 때마다 의심이 앞선다. 혹시 오이가 공업용 설비에서 생산한 일종의 제품이 아닌지 의구심이 들 때도 많다. 심지어 피임약으로 오이를 손질했을지도 모른다는 소문까지 돌았다. "피임약 처리를 한 오이를 먹으면 성조숙증에 걸릴 확률이 높아진다"라는 말이었다. 소문을 듣고 오이 추종자들은 오이에게서 등을 돌렸다.

피임약 때문에 오이가 열렸다고?

식물호르몬은 하루아침에 등장한 화학약품이 아니다. 호르몬이 채소와 과일을 생산하는 데 사용되었다는 사실은 놀랄 일도 아니고 새로울 것도 없다. 한겨울의 북쪽 지역에서도 완벽한 모양의 토마토나 노란 바나나를 먹을 수 있는 것은 모두 식물호르몬 덕분이다.

정확히 말하자면, 채소의 생산 과정에는 화학물질이 사용된다. 이 물질은 실제 식물호르몬과 유사한 작용을 한다. 예를 들면 나프탈렌 아세트산naphthaleneacetic acid이나 이사디2,4-Dichlorophenoxyacetic acid, 2, 4-D가 있다. 식물이 스스로 분비하는 물질은 식물호르몬으로 부르고, 인공적으로 합성한 물질은 식물생장조절제로 불러야 한다는 주장이 제기되기도 했다. 바야흐로 건강에 관한 관심이 나날이 높아지는 시대인 만큼 사람들은 명칭에 관심을 두지 않는다. 그보다 자연적으로 만들어진 것이 아닌 화학물질이 우리의 건강에 미치는 영향에 이목을 집중한다.

몇 년 전에 여자아이가 강제로 후숙한 딸기를 먹으면 성조숙증에 걸린다는 기사가 등장해 꽤 오랫동안 딸기 판매량이 급속도로 줄어든 적이 있다. 시중에 나와 있는 딸기는 갈수록 커지고 붉어져 탐스러운 모양새를 자랑하지만 딸기를 먹고 실제로 성조숙증에 걸린 사례는 보도된 적이 없다.

현재 식물의 성장을 촉진하기 위해 보편적으로 사용하는 식물생장조절제는 에테폰ethephon이다. 동물의 성호르몬인 에스트로겐estrogen, 프로게스테론progesterone, 테스토스테론testosterone과는 화학적 구조나 기능이 확연하게 다른 호르몬이다. 더구나 식물 속에서 분비되는 생장호르몬과 인간의 성장호르몬은 전혀 상관이 없다. 간단히 정리하자면 식물호르몬은 화학 신호를 주고받는 저분자 물질일 뿐 결코 세포를 구성할 수 없다는 것이다.

이 물질은 오직 식물세포의 세포막 위에 있는 특수한 수신 장치를 통해서만 임무를 수행한다. 세포막에는 식물호르몬인 에틸렌의 신호를 수신하는 에틸렌 수용체 1ethylene receptor 1, ETR1이라는 단백질이 있다. 이 단백질은 세포막에 '꽂힌' 단백질의 일종이다. 신호를 받는 단백질의 말단이 세포 밖으로 삐죽 드러나 에틸렌과 결합한다. 세포 안에 꽂혀 있는 부분은 화학 분자를 방출해 관련 유전자가 작업을 시작하도록 유도한다. 그러면 세포벽이 분해되고 열매는 부드러워져 과실은 성숙 과정에 돌입한다. 동물의 세포막에는 수신 장치가 없어 아무런 반응이 일어나지 않는다. 반대로 동물호르몬도 식물에 주입하면 아무짝에도 쓸모가 없어진다. 피임약으로 오이의 성장을 촉진했다는 말은 황당한 괴담에 지나지 않는다.

사람의 호르몬 시스템에 영향을 미치는 것은 오히려 식물호르몬과 작용하지 않는 이차대사산물이다. 최근 그중 하나인 식물성 에스트로겐에 관한 연구가 활발하다. 식물성 에스트로겐은 대두이소플라본soybean isoflavone과 리그난lignan 성분을 포함한다. 식물이 생장하는 데는 아무런 영향력을 행사하지 않지만 사람의 몸에서 분비되는 호르몬에는 어느 정도 영향을 미친다. 연구 결과에 따르면, 폐경기 전후 여성이 적당한 양의 식물성 에스트로겐을 섭취하면 여성호르몬 수치가 떨어져서 나타나는 골다공증, 식은땀, 홍조 증상을 완화할 수 있다. 지금까지 알려진 바에 따르면 식물생장조절제는 병충해를 예방하기만 할 뿐 식물의 생장과 발육을 촉진하는 기능과는 관련이 없다.

꽃이 피는 원인은 '호르몬'에 있다

식물호르몬을 인위적으로 만들어 쓰는 이유는 당연히 농산물의 생산량을 늘리고 품질을 더 높이기 위해서다. 오이와 같은 과채류의 생산량은 유과가 좌우한다. 생산량을 늘리는 일의 성패는 막 봉우리를 맺기 시작한 과실인 유과를 보존하고 성장하게 하는 데 달려 있다. 오이 모종은 다루기 쉬운 만만한 상대가 아니다. 식물이 열매를 맺는 궁극적인 목적은 대를 잇는 것이기에 생산량을 조절하는 일은 말처럼 쉽지 않다.

무엇보다 식물은 경쟁력을 확보하기 위해 우수한 종자와 열매에 먼저 영양을 공급하고자 한다. 꽃가루를 받지 못하거나 자가수분을 한 꽃들은 마치 비현실적인 건축 설계도처럼 과감하게 버려진다. 자연적으로 땅에 떨어진 꽃과 열매는 식물이 가지고 있는 자원을 효율적으로 이용하고자 자연계가 필연적으로 선택한 결과다.

낙화와 낙과는 모두 식물호르몬을 신호로 삼는다. 에틸렌과 낙엽산abscisic acid이 탈락 신호를 보내는 역할을 맡았다. 오이 덩굴에 매달린 꽃송이와 유과에 신호가 오면 탈락 신호를 받은 한 층 혹은 그 이상의 층으로 이루어진 특수한 세포가 곧 세포벽을 파괴하는 일에 착수한다. 이런 과정 뒤에 '쓸데없는 꽃과 과실'은 식물체에서 떨어져 나간다. 반면에 수정에 성공한 꽃의 경우 씨앗에서 분비된 생장호르몬이 꽃송이에 모여 세포벽이 해체되는 것을 막는다. 이 호르몬이 도와준 덕분에 어린 열매는 오이 덩굴에 단단히 달라붙어 있을 수 있다.

식물은 자원을 효율적으로 이용하려고 한다. 식물의 관점에서 가장 합리적인 선택은 일부 과실을 포기하고서라도 우량종자를 전폭적으로 지지하는 것이다. 싱싱하고 연한 과실을 즐기기를 바라는 사람들의 마음과는 상반된다. 속에 씨가 없는 아삭아삭하고 연한 오이는 식감이 더 나을 것이 분명하기 때문이다.

우리 입장에서 가장 좋은 결과물은 어린 과실이 떨어지지 않고 전부 오이 덩굴을 붙잡고 그 자리에 머물러 있을 때 나온다. 이런 수요에 발맞추어 클로로페녹시 아세트산 같은 낙과방지제가 등장했다. 이 조절제는 낙엽산의 활동을 억눌러 낙과를 의미하는 세포층인 떨켜가 생기는 과정을 늦춘다. 결과적으로 어린 과실이 가지를 잘 붙들고 있도록 돕는다.

오이 끄트머리에 핀 꽃은 가장 중요한 임무인 꽃가루를 전파하는 일을 맡았다. 일반적으로 꽃송이는 그 사명을 다한 후 다 자란 과실에서 분리되어야 마땅하다. 이 과정 또한 다르지 않다. 일단 탈락 신호가 특정한 위치에 있는 세포벽의 분해를 촉진한다. 이제 바람과 중력 등 외부의 힘에 의해 오이가 덩굴에서 떨어져 나갈 때까지 조용히 기다리기만 하면 된다. 물론 클로로페녹시 아세트산으로 낙과를 막을 수도 있다.

'꼭대기에 핀 꽃과 가시를 지니고 있는' 오이가 만들어지는 단계를 한번 상상해보자. 이런 과실은 낙화방지제를 엉뚱한 곳에 바른 오이인 듯싶다. 열매의 꼭지에 바를 약을 꽃송이에 바르는 실수가 일어나면서 꽃송이가 오이 꼭대기에 더 단단히 붙어 있게 된 것이다. 꽃가루받이를 한 후 열매가 자라기 시작할 때 호르몬의 도움 없이도 꽃이 져버리지 않아 오이꽃이 단단히 달라붙게 된다. 나중에 이런 오이가 시장에서 더 인기를 끌어 낙화방지제로 오이를 손질하는 단계가 표준 절차로 자리 잡았다. 소비자의 선호도가 '꽃과 가시가 달린' 오이를 만드는 데 어느 정도 기여한 셈이다.

호르몬 사용량과 탐스럽고 잘 익은 과실의 관계

식물생장조절제가 사람의 호르몬 시스템에 영향을 주지 않는다고 하더라도 무해하다고 단언할 수 없다. 연구 결과에 따르면, 조절제를 과다 섭취했을 때 호흡기와 소화관을 자극할 위험이 있다. 간과 신장을 손상하고 태아 기형이나 암을 유발할 수도 있다. 한 예로 많은 양의 에틸렌은 구토, 메스꺼움 등의 증상을 일으킨다.

더구나 과일과 채소가 먹음직스러워 보이게 하려고 점점 더 많은 양의 조절제를 사용하는 것은 아닌지 걱정이 앞서기도 한다. 그러나 실제로 조절제를 많이 사용할수록 농산물이 점점 더 보기 좋아지지는 않는다. 둘은 정비례관계가 아니다.

100만 분의 1의 농도를 나타내는 단위 피피엠ppm을 사용할 수 있도록 조절제의 농도를 낮추어 80~100피피엠으로 통제하면 오이의 생장을 촉진하지만 농도가 100피피엠을 초과하는 순간 호르몬의 힘이 사라진다. 더구나 이사디는 전형적인 '이중인격 호르몬'으로 농도가 낮을 때 토마토 유과의 탈락을 막아내지만 농도가 지나치게 높으면 정반대의 결과가 발생한다. 고농도의 이사디는 고엽제로 쓰일 수 있다는 사실을 알아야 한다. 이상적인 효과를 거두고 싶다면 사용량을 엄격히 통제해야 한다.

정상적인 환경에서 식물생장조절제가 채소 안에 들어가면 대사 활동에 의해 점차 분해된다. 약효가 서서히 사라지면서 남아 있는 것도 적어진다. 적은 양으로 남더라도 볶거나 튀기는 과정에서 파괴될 수 있다. 생산자가 안전에 온 힘을 기울여 자율적으로 관리하기만 하면 소비자는 식탁에 오른 채소가 식물생장조절제와 접촉했는지 여부를 걱정하지 않아도 된다. 오이 역시 깨끗한 물에 흙을 씻어내고 한입 베어 물 때의 아삭함을 만끽하는 것으로 충분하다!

오이를 피부에 올리면 미용에 도움이 될까?

오이를 주로 구성하는 성분은 물이기 때문에 피부에 수분을 보충하고 싶을 때 오이의 도움을 받을 수 있다.

오이에 함유된 다른 영양 성분의 피부 미용 효과는 아무래도 큰 기대를 걸지 않는 것이 좋을 듯하다. 흔히들 막연하게 떠올리는 비타민C의 함량은 100그램당 9밀리그램에 불과하다. 배추의 경우 47밀리그램의 비타민C를 함유한다. 비타민C의 효과가 나타나길 원한다면 차라리 배추를 얼굴에 붙이는 편이 나을지도 모른다. 오이가 100그램당 0.49밀리그램의 비타민E를 함유한다면 배추는 0.92밀리그램을 가지고 있다. 이번에도 오이가 졌다. 오이 속 영양소가 아무리 제 역할을 다한다고 해도 오이를 미용의 용도로 활용하는 것은 경제적이거나 과학적이라고 할 수 없다.

물론 오이 향이 배추 향보다 거부감이 덜한 김에 오이의 시원한 촉감과 향긋한 향을 즐기고 싶다면 한번 피부 위에 올려보는 것을 말리지는 않겠다.

과실이 맛이 없는 것은 무조건 호르몬 때문일까?

식물생장조절제는 식물의 향기 성분에 절대 직접적인 영향을 미치지 못한다. 오이, 토마토와 같은 과실에 당분과 특수한 향기 성분을 비축해두려면 충분한 햇빛, 알맞은 온도가 필요하고 적당한 시간이 흘러야 한다. 사람들은 품질을 높이기 위해 운송의 영향을 덜 받는 품종을 재배하고 싶어 한다. 과실의 맛과 향은 상대적으로 떨어질 수밖에 없다. 맛이 없다는 이유로 그

죄를 조절제에 뒤집어씌우는 것은 말이 되지 않는다.

집에서 오이 키우기

오이를 직접 키우고 싶다면 조심해야 할 사항이 하나 있다. 오이의 뿌리는 숨 쉬는 것을 좋아해서 흙의 상태는 늘 푹신하고 부드러워야 한다. 또한 오이는 비교적 얕은 깊이의 토양에 넓게 뿌리내려 뿌리가 한번 손상되면 회복하기 어렵다. 흙을 고르고 다질 때 최대한 주의를 기울여야 한다.

화이트닝 효과와 멜라닌 색소 침착

미식가를 위한 식물 사전

화이트닝 효과와 멜라닌 색소 침착

오래전부터 오이의 쓰임새 한 가지가 더 생겨났다. 크기가 작은 오이를 깨끗이 씻어 소쿠리에 올려놓고 물기를 뺀 다음 얇게 썰어 얼굴에 붙이는 것이다. 오이의 수분이 어느 정도 날아가면 떼어내고 다시 새로운 오이 조각을 붙이는 과정을 반복한다. 이 방법을 꾸준히 실천하면 피부가 촉촉해지고 윤기가 흐른다고 알려지면서 집에서 오이를 활용해 피부를 관리하는 여성들이 많아졌다. 대부분의 경우 시든 오이를 사용하므로 경제적으로 이득이었고, 오이는 쓰레기통에 들어가기 전까지 소명을 다하고 장렬하게 전사했다. 비록 효과를 장담할 수는 없지만 오이 마사지라는 신조어를 낳으며 오이의 새로운 용도가 하나 생긴 셈이다.

지금은 마스크 팩의 종류는 많아졌고 기능도 한층 업그레이드되었다. 단순하게 얼굴에 오이 조각을 붙이던 시대를 지나 이제는 우유와 꿀을 비롯해 장미 오일, 레몬 오일 등 각종 식물이 피부 미백 코너를 뒤덮고 있다. 사람들은 얼굴에 붙이는 마사지 팩 외에 피부를 위한 먹거리에도 관심을 가지기 시작했다. 비타민C를 많이 함유한 채소를 먹으면 피부가 더 하얘지고, 콜라를 마시면 피부가 검어진다는 따위의 정보가 속속 등장하고 있다. 아름답게 보이기를 원하는 여성 가운데 이상적인 피부색을 갖기 위해 채소와 과즙만으로 배를 채우고, 얼굴에 과일과 채소 조각을 붙이는 사람도 있다. 그런데 이 모든 것이 정말 효과가 있을까?

비타민C와 피부의 인연

각종 화장품은 물론 마스크 팩, 클렌징크림, 선크림도 비타민C를 전면에 내세운다. 한술 더 떠 체리, 레몬 등 식물에서 비타민C를 추출했다는 문구를 내걸고 광고한다. 비타민C에 놀라운 힘이라도 숨어 있는 것일까? 식물에서 추출한 비타민C의 효과가 인공적으로 합성한 비타민보다 더 뛰어날까?

비타민C가 우리의 몸속에서 맡은 역할은 확실히 중요하다. 비타민C의 결핍 상태는 괴혈병을 유발한다. 괴혈병은 잇몸과 피하에 출혈 증상을 유발하고 무기력해지면서 결국 사망에 이르게 하는 병이다. 비타민C는 피부에서도 상당히 중요한 역할을 담당한다. 피부를 구성하는 주된 물질인 콜라겐을 자세히 들여다보면 알 수 있다.

콜라겐은 우리 몸 전체를 핵심적으로 구성하는 물질이다. 혈관과 피부가 모두 이 단백질로 이루어져 있다. 정작 이 단백질을 형성하는 아미노산은 식물 섬유처럼 스스로 뭉치지 못해 마치 시멘트 보드를 리벳rivet 막대로 연결하듯 연결고리가 필요하다. 비타민C가 몸속에서 리벳이 되어 같은 일을 한다. 괴혈병이 발병하는 이유는 리벳으로 쓰이는 비타민C가 너무 적어져 콜라겐의 구조가 무너지고 혈관이 파괴되어서다. 비타민C의 기능은 피부를 치밀하고 탄력적으로 만드는 데 집중되어 있을 뿐 피부의 색을 바꾸는 것과는 별 상관이 없어 보인다.

수많은 미백 화장품의 광고에서도 끊임없이 언급되듯 비타민C는 강력한 항산화 작용을 하는 재주가 있다. 사람의 몸은 온갖 활

동을 하면서 '유리기' 같은 강한 산성 물질을 만들어낸다. 비타민C
는 쉽게 산화하는 물질이므로 유리기와 결합해 우리 몸의 중대한
구성 요소인 단백질과 세포막을 보호한다. 철판을 아연으로 도금
하면 아연이 산화해 파괴되어도 철판의 표면은 흠 없이 보존되는
원리와 같다.

비타민C는 얼마나 섭취해야 할까?

피부를 하얘지게 하려는 여성들은 비타민C 함량이 풍부한 과일과
채소를 찾기 시작했다. 일반적으로 비타민C를 많이 함유한 과일의
대표 주자로 레몬, 오렌지, 귤과 같은 감귤류 과일이 꼽힌다. 아내
는 '비타민C를 보충'해야 한다는 명분을 들이밀며 수시로 오렌지
를 사서 냉장고에 채워 넣었다. 사실을 귀띔해주자면, 우리는 모두
속고 있는 셈이다. 레몬이 100그램당 55밀리그램의 수치를 자랑하
며 비타민C를 많이 함유하고 있는 것은 사실이다. 오래전에 레몬
즙이 괴혈병에 걸린 수많은 선원의 목숨을 살려내기도 했다. 반면,
오렌지와 귤의 비타민C 함량은 그리 높지 않다. 오렌지 100그램당
비타민C는 40밀리그램에 불과하고, 귤에는 이보다 더 적은 양이
들어 있다. 의외로 우리가 자주 먹는 채소에 감귤과 맞먹는 수준의
비타민C가 있다. 예를 들면 양배추는 100그램당 63밀리그램, 브로
콜리도 100그램당 56밀리그램의 비타민C를 함유한다. 오렌지나
귤을 많이 먹기보다 채소를 골고루 먹는 편이 더 낫다는 말이다.
　무턱대고 비타민C를 많이 섭취할수록 건강에 좋을 거라는 착각

을 해서는 안 된다. 하루에 10밀리그램만 섭취해도 괴혈병을 예방할 수 있기 때문이다. 중국 영양학회는 12세 이상의 국민에게 하루 100밀리그램의 비타민C를 권한다. 비타민C 섭취량에 관한 연구에 따르면, 남성과 여성이 하루에 각각 평균 95밀리그램과 101밀리그램을 섭취하면 일상생활을 유지하는 데 문제가 없는 것으로 나타났다. 일상적으로 하는 식사만으로도 몸속 비타민C를 정상 범위로 유지할 수 있다는 의미이기도 하다.

물론 다다익선의 원칙을 철석같이 믿으며 높은 용량의 비타민C를 복용하는 사람들도 있지만 안타깝게도 과다 섭취한 비타민C는 체내에 저장되지 않는다. 인체가 최대로 흡수하는 양은 400밀리그램에 그친다. 남아도는 비타민C는 모두 신장을 통과한 후 소변으

로 배출되어 변기로 흘러들어갈 뿐이다.

한편 비타민C를 보충하려고 채소를 먹을 때도 신중을 기해야 한다. 비타민을 보충하려다 피부를 검게 만드는 끔찍한 결과를 초래하는 경우가 있기 때문이다.

멜라닌 색소 침착 '폭탄'

한동안 채소 주스가 여성들 사이에서 폭발적인 인기를 끌었다. 셀러리즙은 열량이 낮을 뿐더러 식이섬유도 풍부해 특히 인기가 많았다. 당근즙을 섞은 셀러리즙은 '장의 독소를 배출하고, 안색을 밝게 만드는' 디톡스 효과가 있어 더할 나위 없이 좋은 천연 건강 음료로 등극했다. 음료를 마시는 여성들은 어떻게 생각할지 모르겠지만 나는 한 모금 마셔본 뒤로는 손도 대지 않았다. 미나릿과 식물 두 종을 한데 섞어 만든 음료는 맛이 너무 이상해 아무리 건강 음료 이름표가 붙어 있어도 내 입맛에는 맞지 않았다.

이 이상한 음료를 마시지 않겠다는 나의 과감한 판단은 꽤 현명했다. 적어도 피부를 하얗게 만들고 싶다면 필히 나와 같은 선택을 해야 한다. 미나릿과 야채즙은 폭탄이 터진 자리처럼 피부를 검게 물들일 수 있다.

오랫동안 피부과 의사들은 원인을 알 수 없는 피부병 증상이 일어나는 이유를 추적하는 일에 몰두했다. 예를 들면, 농장 노동자들이 미나리를 채취한 후 손에 물집이 잡혔고 치료가 끝나자 환부의 피부색이 검게 변했다. 관광하러 왔다가 특산 나물을 먹고 얼굴에 붉은 반점이 생기거나 레몬 오일을 사용해 마사지를 한 후 피부가 검게 변한 사례도 있었다. 서로 전혀 관련 없어 보이는 이 사례들의 배후를 조종한 것은 놀랍게도 하나의 화학물질 푸로쿠마린 furocoumarin이었다. 이 물질은 식물계에 광범위하게 퍼져 있고 빛에 민감하다.

우리는 아직까지 푸로쿠마린의 '범행 과정'에 관한 지식을 충분히 습득하지 못했다. 알려진 사실이라고는 일반적으로 이 화학물질이 320~380나노미터 단위로 진동하는 자외선 파장을 강력하게 흡수한다는 것이다. 자외선의 높은 에너지로 기력을 보충한 후 푸로쿠마린은 '폭탄'이라도 된 듯 세포 속에서 파괴 공작을 벌이려든다. 산소가 없는 상태에서도 푸로쿠마린은 DNA와 결합해 유전자를 정상적으로 복제하거나 전사(DNA에 적혀 있는 유전정보를 mRNA로 옮기는 과정_역자)하는 과정을 방해할 수 있다. 자신에게 필요한 산소가 모자랄 때는 세포막을 파괴해 세포를 죽여버린다. 이때 멜라닌 색소가 침착된다. 그 결과 발진이 일어나고 물집이 잡히면서 피부가 검게 변한다. 증상의 심각한 정도는 몸 상태가 어떤지, 빛을 얼마나 오래 쬐었는지, 어떤 식물과 접촉했는지 등 여러 가지 요인에 따라 다르게 나타난다.

앞서 언급한 사례에서 사람들은 모두 식물과 접촉한 후 밝은 햇빛에 노출되었고 결국 푸로쿠마린과 같은 '흑색 폭탄'이 터졌다. 그러나 지나치게 두려워할 필요는 없다. 채소의 섭취량을 조절하고 선크림을 바르는 등 자외선을 차단하면 폭탄의 뇌관을 미리 끊어낼 수 있다. 사실 푸로쿠마린이 갱생 불가한 존재는 아니다. 피부에 멜라닌 색소를 만들어내는 능력은 백반증을 치료하는 데 활용되기도 한다.

채소를 먹고 햇볕을 쬐고 천연 에센셜 오일을 바르는 것은 모두 건강한 생활 방식에 해당하지만 지나침은 모자란 것만 못하다. 세 가지 활동을 연달아 하지 않도록 무조건 조심하는 것이 상책이다.

멜라닌 폭탄을 피하기 위해 주의해야 할 채소

과일과 채소를 먹고 나서 색소가 침착되는 멜라토닌 현상을 피하고 싶다면 주의해야 할 채소가 있다.

미나릿과의 셀러리, 소회향과 운향과의 레몬, 라임, 불수귤을 조심해야 한다. 특히 운향과 과실에서 나오는 품질이 낮은 오일은 되도록 사용하지 말자. 뽕나뭇과의 무화과도 유의해야 할 식물이다. 무화과 과육이 피부염을 유발할 위험은 매우 적지만 무화과를 쪼갤 때 흘러나오는 유백색 즙을 반드시 조심해야 한다. 이 즙이 피부에 묻으면 심각한 광과민성 피부염에 걸릴 수 있다.

산업화 시대와 딸기의 대중화

발렌타인데이가 저물 무렵이었다. 평소에는 생전 말썽도 부리지 않던 얌전한 아들이 느닷없이 딸기가 먹고 싶다고 생떼를 쓰기 시작했다. 나는 도저히 생떼를 당해낼 재간이 없어 늦은 밤에 어쩔 수 없이 마트로 향했다. 딸기가 없을지도 모른다는 마음에 가는 내내 불안했지만 우려와 달리 딸기는 마트에서 가장 눈에 잘 띄는 진열대 위에 놓여 있었다. 하나하나 고를 필요도 없이 딸기는 예쁜 상자 안에 가지런히 담겨 있었다. 그 위에는 비닐까지 살포시 덮여 있었다. 투명한 비닐을 뚫고 딸기의 먹음직스러운 붉은색이 시선을 사로잡았다. 비닐을 떼고 상태를 직접 확인해보고 싶었지만 마트에서 그러도록 내버려두지 않을 테니 보이는 대로 판단하고 살 수밖에 없었다. 딸기 한 상자를 집어 들었을 때 상자는 마치 바코드가 찍힌 과일 통조림인 양 느껴졌다. 이제 남은 것은 계산대로 가서 딸기 한 개당 5위안의 통행료를 지급하는 일이다.

딸기의 맛이 어떨지 지나치게 기대할 필요는 없었다. 아들이 실컷 먹고 나서야 나는 이른 봄에 나온 딸기를 조금이나마 맛볼 수 있었다. 먹어보니 신맛도 단맛도 아닌 심심한 맛이었다. 용과에게는 미안하지만 어떤 '특별한 맛'도 없는 용과를 먹는 듯했다. 차라리 딸기 향 껌을 씹는 편이 더 낫지 않을까 싶을 정도였다. 어쩌면 이 밍밍함은 바로 '포스트 산업화 시대'의 딸기를 대표하는 맛인지도 모르겠다.

딸기는 많은 사람의 마음속에서 가장 관능적인 상상을 불러일으키는 과일이다. 붉은빛 부드러운 과육을 한입 깨무는 순간 달콤한 과즙이 흘러나오지만…. 때 이른 봄 딸기는 너무나 가뿐하게 환상을 와르르 무너뜨렸다.

딸기의 진화

|

다른 사람들이 그러하듯 나도 다양한 식물 열매를 향한 호기심을 가득 가지고 있었다. 야외 실험을 하는 날이야말로 각종 야생 과일을 맛볼 수 있는 절호의 기회였다. 야외 실험을 하러 나갔을 때 교수님이 가장 많이 받는 질문은 식물을 분류할 때 어떤 점이 중요한지, 식물이 어떻게 진화해왔는지에 관한 것이 아니었다. 학생들은 "이건 먹을 수 있는 건가요?", "맛있나요?"와 같은 원초적인 궁금증을 물어 왔다.

장미과에 속하는 야생 과일인 딸기는 언제나 가장 먼저 눈에 띈다. 보란 듯이 길 양쪽 옆에서 자라나는 데다가 줄기에 주렁주렁 매달린 열매도 새빨간색이다. 찾으려 애쓰지 않아도 저절로 시야에 들어왔다. 눈에 띄게 한껏 치장하고 길가에 나와 있으니 동물들도 그냥 지나칠 리 없다. 이름 모를 동물들에 의해 초토화된 딸기를 자주 봐왔지만 크게 걱정하는 마음이 들지는 않는다. 딸기가 아무렇게나 유린당한다고 해서 생육에 필요한 귀한 씨앗마저 잃어버리지는 않기 때문이다. 맛좋은 딸기 과실은 열매라기보다 단지 꽃받침이 팽창한 결과물일 뿐이다. 본래 꽃받침은 꽃잎이 붙어 생장하기 위한 플랫폼이지만 딸기는 꽃받침을 유전적으로 '개조'해서 동물을 유혹하는 절묘한 미끼로 만들었다. 우리가 씨앗으로 알고 있는 작은 알갱이들이야말로 진정한 의미의 딸기 열매다. 동물이 딸기를 먹을 때 씨앗이 가루가 될 정도로 지나치게 씹지 않는 한, 작은 씨앗들은 동물의 장을 통과한 후 대변의 도움을 받는다. 대변이 '운반공'이 되어 씨앗을 새로운 공간으로 옮겨주면 씨앗은 싹을 틔운다. 인간도 그런 운반공을 만들어내는 생물이어서, 자신의 집으로까지 씨앗을 옮긴다. '작은 열매' 딸기 씨앗의 흔적은 석기시대부터 인류가 역사의 각 단계별로 남긴 유적마다 남아 있다.

물론 딸기가 동물의 입속으로 초청받기 위해서는 자신을 좀 더 매혹적으로 꾸밀 필요가 있다. 딸기 특유의 향은 초식동물과 잡식동물을 저항하기 힘든 지경으로 유혹한다. 길을 가다 딸기 향 음료나 디저트에 나도 모르게 시선이 가고 군침이 도는 것도 다 이유가 있었다. 그러나 산딸기를 포함한 야생종 딸기는 종류를 막론하고 아무리 달콤한 맛을 지녀봤자 조미료로밖에 쓰이지 않는다.

딸기를 활용하는 문제 앞에 원예학자들이 나섰다. 원예학자들은 버지니아 딸기와 칠레 딸기 품종이 등장한 뒤부터 딸기의 특징을 전반적으로 개선하고 매력적인 외형을 완성했다. 현재 우리가 먹는 딸기는 야생종 딸기와 염색체 구성이 전혀 다르므로 야생종을 간단하게 복제해 만들었다고 볼 수 없다. 사람이 직접 재배하는 딸기 품종은 모두 야생종의 염색체 수를 두 배 이상으로 늘린 8배체다. 세포 내에 여덟 개 그룹의 염색체가 있다는 뜻이다. 반면에 일반 야생종은 거의 모두 2배체 혹은 4배체다.

일반적으로 다배체 식물은 2배체 식물보다 몸집이 크다. 우리가 먹는 딸기의 크기가 야생 딸기보다 훨씬 큰 것도 놀랄 일이 아니다. 한편, 원예학자들은 끊임없는 교잡을 거쳐 적지 않은 가짓수의

덩치 큰 품종을 만들어냈고, 남다른 크기는 구미를 당기는 딸기 품종을 더욱 돋보이게 했다.

딸기의 크기에 대한 집착이 여기서 그쳤다면 딸기와 산업화는 별 관련이 없었을 것이다. 그러나 더 크고 탐스러운 딸기를 향한 사람들의 욕망은 점점 커졌다. 딸기의 산업화는 바로 이 욕망에서부터 시작되었다. 산업화의 길은 이름도 낯선 '증진제' 쪽으로 사람들을 안내했다.

산업화와 딸기의 증진제

증진제는 갑자기 짠 하고 나타난 신기한 농약도 아니고, DDT 같은 불법 화학약품도 아니다. 정식 화학명은 포클로르페뉴론forchlorfenuron, CPPU이다. 키위, 참외 등 과일의 생장조절제로 이미 광범위하게 사용되고 있는 이 물질이 어떻게 작용하는지는 지금까지도 뚜렷하게 밝혀진 바가 없다. 기본적으로 식물체 내 호르몬 분비량을 조절한다고만 알려져 있다. 이 물질은 식물 세포가 사이토키닌cytokinin을 두 배 많이 분비하도록 촉진한다. 일정한 시간 내 세포 분열 횟수도 증가시킨다. 또한 생장호르몬의 분비를 촉진해 세포를 커다랗게 만든다. 증진제를 투여한 결과 과실의 크기를 키울 수 있었다.

증진제는 과실의 크기만 키운 게 아니라 맛에도 어느 정도 영향을 미쳤다. 2001년 신장 스허쯔石河子 대학에서 진행된 실험에서는 증진제를 사용할 경우 딸기가 함유한 산의 총량을 높이거나 낮출 수 있다는 결과를 도출했다. 우리가 먹는 딸기가 신맛이 나거나 아무 맛도 나지 않은 이유가 여기에 있었다.

그나마 불행 중 다행으로 증진제를 마시고 자란 과실은 우리의 건강에 영향을 주지 않는다. 증진제를 투여한 생쥐가 급성 중독을 일으키려면 체중 1킬로그램당 4,918밀리그램이 필요하지만 장기간 접촉하면 적은 양으로도 체내에 단백질을 교란시킨다. 하지만 일반적인 조건에서 증진제는 생물의 몸속에서 비교적 빠른 속도로 분해된다. 식물체에서는 24시간이 지나면 60퍼센트가 분해되고 설사 동물 체내에 들어간다고 가정해도 남아 있는 증진제의 양은 미미하다. 실험용 쥐의 체내에 들어간 증진제는 일주일 후에 고작 2퍼센트밖에 남아 있지 않았다. 지금까지의 실험 결과를 보면 증진제는 안전하다고 할 수 있다. 그래도 현재 증진제가 암을 유발하거나 간과 신장의 기능에 장기적인 영향을 준다는 가설에 대해 모든 가능성을 열어두고 여전히 연구를 진행하고 있다.

그런데 반드시 호르몬을 자극해야만 커다란 딸기가 열리는 것은 아니다. 어떤 품종이든 적절히 꽃과 열매를 솎아내면 더 큰 과실을 얻을 수 있다. 원리는 아주 간단하다. 딸기의 식물 모양과 이파리 수는 기본 값이 정해져 있다. 광합성을 하거나 과실을 키우는 데 분배되는 영양물질의 총량도 마찬가지로 확정된 상태다. 과실의 수를 늘릴지 크기를 키울지 선택하는 문제는 간단한 산수 연습 문제와 다름없다. 최근 어느 실험에서는 딸기 식물체에서 과실을 적당히 제거하기만 하면 딸기 하나의 무게를 배로 높일 수 있다는 결과가 나왔다. 당 함량도 20퍼센트 늘릴 수 있었다. 양과 질 중에서 어느 것을 선택할지는 꽤나 고난이도의 문제다.

한편, 환경적 요인 역시 딸기의 생장에 영향을 미친다. 저온과 같은 요소는 딸기의 모양을 기형으로 만들 수 있다. 딸기 꽃받침인 과육의 발육은 씨가 정상적으로 자라는지 여부에 의존하는데, 표면에 박힌 깨알 같은 모양의 씨앗은 저온 상태에서는 제대로 자라지 못하기 때문이다. 믿기 힘들겠지만 딸기가 자랄 때 씨를 모두 떼어내면 분명 괴상한 모양의 열매를 얻게 된다. 따라서 식물이 증진제와 직접적으로 접촉했다는 사실과 기형 딸기가 열리는 현상의 상관관계 역시 단언하기 어렵다.

안전한 방사선 조사를 통해 과실을 보호하다

|

딸기의 과육은 너무 여려서 쉽게 짓무른다. 밭에서 일련의 작업 과정을 거치고 나면 딸기는 마트로 운송되어 진열대에 오른다. 거기서도 소비자의 선택을 받아 그들의 집까지 가야 기나긴 여정의 종착역에 도착한다. 실제 수송 거리가 10여 킬로미터에 불과하다고 하더라도 붉은 딸기에 함유된 풍부한 수분과 당류 물질이야말로 곳곳에 도사리고 있는 세균과 곰팡이의 가장 훌륭한 먹잇감이다. 딸기가 변질하는 이유는 이런 미생물 때문이다. 딸기의 표피가 불청객의 공격을 막아낼 수 있지만 보호벽 자체의 두께가 너무 얇은 것이 문제다. 채취하고 운반하는 동안 자칫 흠집이라도 나면 보호 기능이 순식간에 사라지고 만다.

벗겨낼 껍질이 없는 딸기의 특징을 고려한답시고 살균제를 사용하는 방법은 백해무익한 선택이다. 농약을 잔뜩 친 딸기를 누가 먹고 싶어 하겠는가? 상황이 이렇다 보니 방사선을 조사하는 방법만 유일한 선택지로 남는다. 효과는 매우 뛰어나다. 섭씨 4도에서 방사선 처리를 하지 않은 딸기는 8일 동안만 멀쩡하게 보관할 수 있고, 2주 정도 지나면 완전히 썩어버린다. 하지만 통상적으로 방사선 처리를 마친 딸기는 20일 동안 신선도를 유지한다.

방사선 조사 식품의 원리에 관한 설명에서 '억제'나 '사멸'과 같은 단어가 보이기는 하지만, 인체에 무해하다. 현재 일반적으로 사용되고 있는 방사선은 코발트60에서 나온다. 이 방사성 물질은 매우 강한 감마선을 방출하지만 감마선 사이에서 우연히 방출된 베타선을 차단하면 안전하게 사용할 수 있다.

감마선은 고에너지 전자파라서 본질적으로 태양광이나 전자레인지의 마이크로파와 같은 그룹에 속한다. 감마선은 화학물질 속 원자가 결합한 사슬을 끊어내는 능력을 갖추고 있다. 사슬이 끊어지면 단백질, DNA와 같은 중요한 물질은 비활성화하거나 심각한 오류를 일으켜 생물을 죽음으로 몰아넣는다. 감마선에 직접 노출되는 상황은 굉장히 위험하다. 혹시 방사선을 쬔 음식물에는 농약을 친 다른 음식물처럼 사람에게 해를 끼치는 물질이 남아 있지 않을까?

우리가 먹는 음식은 주로 탄소, 수소, 산소 세 가지 원소로 구성되어 있고, 자연적으로 방사성을 지닌 극미량의 원자를 제외하면 대부분의 원자가 방사성이 전혀 없다. 방사성이 없는 원자는 고에너지 중성자와 부딪히고 나서야 비로소 방사성 물질로 변한다. 그러나 코발트60이 방출하는 감마선에는 고에너지 중성자가 존재하지 않는다. 그러므로 이 방사선을 쬔 음식물에 잔류하는 '방사성 물질'이 있을지도 모른다는 걱정은 할 필요가 없다.

방사선을 쬔 딸기에도 영양 가치가 있을까?

방사선 조사는 미생물 속 분자를 파괴하는 멸균 작용으로 신선도를 유지하게 한다. 이때 영양 성분 분자도 함께 파괴되는 것은 아닐까?

그럴 확률이 높다. 감마선은 분자의 화학 사슬에 충격을 가할 때 사람에게 유용한 부분과 쓸모없는 부분을 구분하지 않는다. 다행스럽게도 방사선이 영양물질에 미치는 영향은 매우 미미하다. 방사선 처리한 딸기의 비타민C와 당 함량에 변화가 없었고 유기산의 함량만 0.84퍼센트에서 0.8퍼센트로 약간 떨어졌을 뿐이다.

물론 방사선은 딸기가 아닌 다른 식물이 생명 활동을 하거나 영양소를 구성하는 데 영향을 준다. 생강에 방사선을 쏘이자 투과량에 따라 초기 비타민C의 손실이 증가했다. 대량으로 존재하는 당류와 섬유소 같은 영양 성분은 별다른 영향을 받지 않았다. 하지만 변질될 경우 손실될 영양 성분까지 예상한다면 방사선 처리를 하는 것이 더 많은 영양물질을 보전하는 데 유리하다. 방사선을 쬔 생강의 경우 저장 기간이 120일을 넘기면 방사선 처리를 하지 않은 생강보다 비타민C 함량이 더 높았다.

산업화 시대에 사는 우리는 같은 가격이라면 크기와 맛, 모양을 일정하게 갖춘 상품을 더 선호할 수밖에 없다. 설령 맛이 하나도 없다 해도 문제 삼지 않는다. 우리가 균질한 상태의 식품을 통해 안정감을 찾기를 바랄수록 음식의 본질에서 점점 멀어진다. 언젠가 우리는 획일성에 질려버릴지도 모른다. 그때쯤에도 산업화의 거대한 수레바퀴 옆 들판 한 귀퉁이에 보일 듯 말 듯 모습을 드러낸 작은 딸기가 여전히 우리가 돌아오기를 기다리고 있을지도 모른다.

수제 버터 딸기잼 만들기

먼저 딸기를 잘게 썰어 냄비에 담은 후 약간의 물을 넣고 끓인다. 딸기 500그램을 넣었다면 물은 작은 술로 두 번 넣는 것이 적당하다. 딸기가 어느 정도 삶아지면 완전히 으깨 즙처럼 만들고 계량해둔 젤라틴을 그 안에 넣는다. 그런 다음 버터, 설탕, 잘 풀어둔 달걀을 딸기잼 혼합물에 붓는다. 이때 온도가 너무 높아지지 않게 주의를 기울여 조절해야 한다. 그리고 걸쭉한 잼이 될 때까지 계속 저어주기만 하면 된다. 이제 맛의 신세계를 열어줄 버터 딸기잼을 즐길 수 있다.

한번 맛보면 빠져드는 열대 과일의 여왕

어느 순간부터 아내는 한동안 한 가지 과일에만 푹 빠져 지냈다. 볼 때마다 '겉은 화려하지만, 실속이 없다'라는 생각을 지울 수 없는 과일인데, 그럴 만한 이유는 충분했다. 보라색 껍질이 전체 무게의 40퍼센트 이상을 차지했고 씨를 제거하고 나면 먹을 수 있는 부분은 30퍼센트도 채 남지 않았다. 평생 근검절약을 신조로 여기던 고모가 이 과일을 볼 때마다 한 소리 하시는 것도 당연했다. 그런데도 과일의 여왕이라는 명성에 조금도 타격을 받지 않을 만큼 사랑받는다. 이 과일의 이름은 바로 망고스틴이다.

사과, 수박, 배 등 전형적인 과일계의 간판 스타가 과일가게를 주름잡던 시대는 오래전에 지나갔다. 딸기, 체리와 같은 제철 과일조차 사람들에게 자주 노출되고 구하기 쉬워져서 평범한 '엑스트라'로 전락했다. 새롭게 떠오르는 열대 과일의 왕 두리안은 특이한 냄새 때문에 대중적인 인기를 끌기 힘들다. 과일의 여왕으로 불리는 망고스틴은 누구나 좋아할 만한 맛과 향을 자랑한다. 언뜻 보면 감처럼 생긴 이 과일의 몸값은 꽤 높은 편이다.

한번은 과일 가게에서 망고스틴을 싸게 판다고 내놓은 적이 있었다. 싼 가격에 이끌려 과일을 살펴보니 껍질이 마치 당구공처럼 딱딱했지만 과일 가게 주인은 껍질만 딱딱할 뿐이지 맛은 끝내준다고 장담했다. 그 말에 혹해 몇 개를 구매한 뒤 집으로 돌아와 생각보다 훨씬 딱딱한 과일 껍질을 잘라보니 뽀얀 빛을 띠어야 할 과육은 황갈색이었다. 과육에서는 진득한 액체까지 흘러나왔다. 결국 그날 산 망고스틴은 모두 쓰레기통에 처박히는 신세가 되었다.

미식가를 위한 식물 사전

　품질 좋은 망고스틴을 싼값에 먹고 싶다는 생각은 꿈도 꾸지 말아야 하는 것일까?

망고스틴의 치명적 단점

망고스틴의 모양은 꼭지 부위에 네 개의 잎이 달린 모자와 같은 꽃받침이 있어 흡사 감처럼 보인다. 하지만 망고스틴은 감과 직접적인 관련이 없다. 망고스틴은 클루시아과 망고스틴속 식물이다. 망고스틴속 식물의 열매는 모두 망고스틴과 닮았지만 껍질은 망고스틴과 다르게 붉은빛이 도는 보라색을 띠지 않고 대부분 노란색이나 하얀색이다. 색깔은 달라도 망고스틴속 식물의 열매는 비슷한 구조를 가져서 껍질을 벗겨보면 어김없이 마늘쪽 모양의 과육이 속을 채우고 있다.

망고스틴의 고향은 중국에서 멀지 않은 말레이제도다. 이 과일은 진작부터 이웃나라에서 바다를 건너 곧장 중국에 들어왔을 법했다. 이토록 맛이 뛰어난 과일이 어째서 고작 최근 100년 전부터 세상에 알려지게 되었는지 문득 궁금해진다. 망고스틴과 달리 두리안은 냄새가 너무 자극적이어서 대중적인 인기를 끌기 힘들었다. 망고스틴처럼 향기롭고 맛있는 과일이 바다를 건너오지 못하고 말레이제도에 갇혀 있었던 이유는 무엇이었을까?

말레이제도를 처음 발견한 유럽인들은 달콤한 망고스틴을 그냥 둘 수 없었다. 하지만 그들에게는 더 중요한 일이 있었다. 계피, 후추, 카다멈cardamom, 황금, 보석으로 선실을 가득 채워야 했다. 망고스틴이 비집고 들어갈 자리는 어디에도 없었다. 망고스틴은 다루기 쉬운 과일이 아니어서 나무에서 딴 망고스틴 열매를 6~10주 동안 저장하고 나면 내가 과일 가게에서 싼값에 샀던 것과 같은 질 낮은 과일로 변해버린다. 돛을 동력 삼아 항해하던 시대였다. 인도양을 건너는 기간 동안 망고스틴을 처음 상태 그대로 유지할 수 없었다. 망고스틴이 바다를 건너지 못하고 고향에만 머물러야 했던 이유는 수명이 짧아서였다.

껍질이 두툼해 강인하고 딱딱한 인상이지만 질감은 폭신해 실제로는 종이호랑이에 지나지 않는다. 껍질에는 촘촘하게 구멍이 나 있는 덕분에 공기 중으로 수분이 빠르게 빠져나간다. 껍질과 과육은 의외로 느슨하게 결합되어 있어 껍질 속 수분이 사라질 때 과육은 아무런 도움도 주지 않는다. 그야말로 한 지붕 아래 두 가족인 셈이다.

식물학의 관점에서 망고스틴의 껍질은 우리가 평소에 먹던 사과의 '껍질과 과육' 전체와 맞먹는 열매껍질이다. 사실 망고스틴의 과육은 씨앗을 둘러싸는 부속물인 헛씨 껍질이다. 나무에 매달려 있을 때 망고스틴 열매는 나무로부터 수분을 공급받으며 아무 탈 없이 성장한다. 일단 나무에서 떨어져 나오는 순간 열매는 자신을 스스로 돌봐야 하고 이때부터 껍질에서는 수분이 빠져나가는 현상을 피할 수 없다.

입술이 없으면 이가 시리듯이 수분이 빠져나간 후 껍질은 호두 껍데기처럼 안에 담긴 '내용물'을 보호해주지 못한다. 공기가 위쪽 틈을 통해 밀려들어오면 망고스틴 열매는 가지고 있는 당분을 소모해가며 공기를 호흡한다. 그 결과 망고스틴의 맛에 영향을 미치는 산과 알데하이드와 같은 물질이 생성되면서 이때부터 과육은 변질될 운명을 받아들인다.

게다가 망고스틴 과육 자체도 스스로 상태를 유지하려는 노력을 하지 않는다. 그중 펙티네이스pectinase는 과육의 형태를 유지하는 펙틴을 철저히 분해한다. 일단 나무에서 열매를 따면 펙티네이스가 점점 강하게 활성화하고, 여기에 외부에서 유입되는 산소까지 힘을 합한다. 과육은 흐물거리는 상태가 될 때까지 망가진다. 일련의 과정은 리치의 변질과 다소 비슷한 면이 있다.

또한 망고스틴은 단순히 탈수 현상 때문에 딱딱해지지 않는다. 껍질은 탄성이 남아 있을 때 목재를 딱딱하게 만드는 리그닌을 끊임없이 축적하는데, 며칠이 지나면 칼로도 자를 수 없을 만큼 견고해진다.

누군가는 망고스틴나무를 직접 옮겨 심어 열매를 얻으면 되지 않느냐고 말할지도 모른다. 중국은 바로 그 방법으로 리치나무를 옮겨온 적이 있고, 영국도 부려궁扶荔宮(한 무제가 지은 궁__역자)을 본뜬 '부산죽궁扶山竹宮'을 지어 과일 공급 문제를 해결하는 동시에 진기한 꽃과 풀을 감상하고자 했다. 하지만 과실나무를 옮겨 오는 일은 결코 말처럼 쉽지 않았다.

단성 변식 종자의 한계

|

일찍이 18세기 말부터 영국인들은 망고스틴을 자국으로 들여오려고 시도했다. 당시 대영제국은 최고 전성기를 누리고 있었고, 지구상의 모든 진귀한 화초를 모아 영국으로 가지고 들어가고 싶었다. 진기한 화초를 찾는 일은 그리 어렵지 않았지만 어떻게 운반하느냐가 문제였다. 일 년에 가까운 항해 기간 동안 이 식물들을 죽이지 않고 실어 나르는 것은 불가능에 가까웠다. 식물을 보관하는 데 도움을 주는 각종 난방 장치와 온실이 속속 등장했지만 계속되는 노력에도 식물을 운송해 옮겨 심는 일은 괄목할 만한 성과를 거두지 못했다. 영국 본토에서 재배한 망고스틴은 1855년이 되어서야 처음 열매를 맺었다. 그때 비로소 영국 여왕은 이 열대 과일을 맛볼 수 있었다. 그 후 19세기 말부터 20세기 초까지 망고스틴은 동남아시아 전역으로 점차 확산했다.

여기서 나무를 통째로 옮길 수 없다면 씨앗만 가져다 심으면 되지 않느냐는 반박이 들리는 듯하다. 하지만 나무 옮겨 심기보다 씨

앗 심기가 훨씬 어렵다는 사실을 알아야 한다. 망고스틴 씨앗의 수
명은 매우 짧기 때문이다. 온도와 습도 등 조건을 제대로 갖추지
않으면 씨앗의 수명은 하루를 넘기기 힘들다.

망고스틴은 무성생식을 한다. 꽃은 다른 망고스틴 개체와 꽃가
루를 주고받는 수정 과정을 거치지 않고, 씨앗은 씨방 내벽의 세포
에서 자라난다. 망고스틴 씨앗에는 망고스틴나무 모체의 복사본이
들어 있는 셈이다.

연구자들은 씨앗을 이용해 망고스틴을 재배하려는 생각을 포기
했다. 씨앗 대신 싹과 잎을 직접 활용해 조직을 배양하면 새싹을
더 쉽게 얻을 수 있기 때문이다. 현재 배양기의 성능이 나아지면서
건강하게 생장하는 망고스틴 묘목을 얻는 것까지 가능해졌다.

팔색조 망고스틴을 신선하게 보관하는 비법

|

망고스틴의 성질은 쉽게 바뀌지 않지만 다행히도 지금 우리는 첨
단 교통수단을 이용해 하루 정도면 세계 어디든 가고자 하는 곳에
도착하는 세상에 살고 있다. 천 리 밖에서 나고 자라는 신선한 과
일을 먹어보는 꿈은 현실에서도 충분히 실현된다. 하지만 망고스
틴을 사서 집으로 돌아온 순간부터 단 며칠만이라도 신선도를 유
지하려면 직접 손을 쓰는 수밖에 없다.

우선 망고스틴이 자라는 곳은 온도를 낮게 유지할 수 있는 환경
이어야 한다. 온도가 낮은 곳에서는 과일 껍질의 수분이 빠져나가
는 양이 줄어든다. 과실이 호흡하거나 펙티네이스가 활성화하는

현상도 늦어진다. 또한 껍질이 단단하게 굳어지는 것을 막고 비교적 부드러운 상태를 유지하게끔 도와준다.

물론 저온이라는 조건만으로는 충분하지 않다. 겉은 강해 보이지만 속은 한없이 여린 과일이라 껍질은 산소의 침입을 막아낼 수 없다. 망고스틴이 빠른 속도로 산화하는 불상사를 피하기 위해 최대한 밀봉하는 것도 신선도를 유지하는 방법이다. 요컨대, 망고스틴을 지퍼백에 소분하여 냉장 보관하면 맛있게 먹을 수 있는 시간은 좀 더 길어진다.

어찌 됐든 현재 여전히 망고스틴의 신선도를 유지하는 방법을 실험하고 있지만 결과는 보잘것없다. 망고스틴 주스를 사서 마시는 것도 좋은 선택이다.

먹을 수 없는 망고스틴의 껍질은 나름대로 유용하게 쓰인다. 말레이시아 군도에서는 전통적으로 껍질을 소염제 삼아 사용한다. 화학 성분을 분석해보니 실제로 망고스틴 껍질은 염증 반응을 줄이는 데 효과가 있는 안트론anthrone 화합물뿐만 아니라 황색 포도 상구균의 생장을 억제하는 물질도 함유하고 있었다. 자연에서 나는 데다가 효과까지 뛰어난 항생제를 앞으로 개발할 수 있을지 기대가 된다.

한편, 과일 껍질에서 흘러나와 텁텁한 맛에 한몫하는 보라색 즙에는 다양한 천연색소가 풍부하다. 색소를 추출하고 정제하는 기술을 개발하는 중이라 앞으로 천연 보라색 떡을 먹고 싶다면 아무래도 망고스틴 껍질에 기대를 걸어봄 직하다.

껍질을 벗기지 않고도 망고스틴 과육의 쪽수 알아맞히기

망고스틴 과일 꼭지에는 꽃송이같이 볼록 튀어나온 흔적이 남아 있다. 그 부위가 몇 갈래로 갈라졌는지 세어보면 과육 조각의 수를 알아맞힐 수 있다. 볼록한 흔적은 꽃의 암술머리의 흔적이다. 망고스틴 꽃의 암술머리 개수는 씨방의 개수와 일치하므로 껍질을 벗기지 않고도 망고스틴 과육이 몇 쪽으로 나뉘어 있는지 알아낼 수 있다.

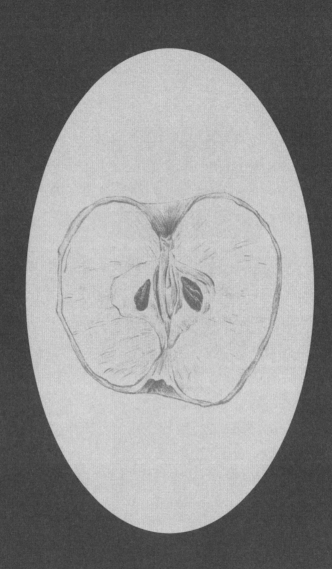

미식가를 위한 식물 사전

곪고 무른 부분을 먹을까 말까?

설이 지난 뒤에는 항상 부엌 한구석에서 술 냄새가 희미하게 새어 나온다. 과일 상자 안에서 무언가 썩고 있다는 신호다. 서둘러 과일 상자를 한바탕 뒤집어엎으면 이미 썩어 진물이 흐르는 사과가 하나씩 보였다. 옆에 담겼던 사과 몇 개도 함께 짓물러 검은 반점이나 있었다. 내가 투덜거리며 사과들을 쓰레기통에 쓸어 담으려고 할 때 어느새 나타난 어머니가 그들의 생사를 바꿔놓으셨다.

"나머지 반은 아직 멀쩡하잖니. 정 못 먹겠으면 내가 먹을 테니 버리지 말고 그냥 놔둬."

한참 동안 실랑이를 벌인 끝에 우리는 결론을 내렸다.

"그럼 탈이 날지도 모르니까 의심스러운 곳은 도려내고 익혀 먹어야겠어요."

다행히 설탕물에 조린 사과를 먹고 탈이 난 사람은 없었다.

썩은 사과를 먹어도 되는지에 관한 상반되는 두 가지 관점이 있다. '신중파'는 썩은 사과에는 아질산염과 독성 물질이 다량 함유되어 있으므로 통째로 버려야 한다고 생각한다. 반면에 '절약파'는 독소 따위에 겁먹는 일은 괜한 짓이라는 입장이다. 곰팡이가 핀 부분만 도려내면 아무 문제가 없고, 썩은 과일이 암을 유발한다는 말도 우스갯소리라고 말한다. 과연 썩은 과일은 먹어도 되는 걸까?

사과를 포함한 모든 과일은 환경에 예민하다. 게다가 충격을 견디는 능력도 약하다. 추위나 더위는 말할 것도 없고 위쪽에서 떨어뜨리거나 작은 충격이 가해지기만 해도 곪고 짓무른다. 과일이 일부분만 썩거나 짓물렀는데 통째로 버리기도 애매하다. 어머니는 바닥에 떨어져서 곪아버린 사과는 곪은 부위만 도려내 드셨고 갈색 반점이 생긴 배로는 배숙을 만드셨으며, 곰팡이가 핀 귤 역시 그 부분만 버리고 드셨다. 이런 식으로 응급처치를 해도 되는 것일까? 대답을 얻기 위해 우리는 먼저 썩은 과일이 어떻게 탄생하는지부터 따져보아야 한다.

상처가 생긴 사과도 좋은 사과다

일반적으로 과일이 썩는 원인은 크게 세 가지다. 첫째, 이리저리 부딪히며 물리적 손상을 입는다. 둘째, 저온 상태에서 동상에 걸린다. 셋째, 미생물이 침입해 곰팡이성 부패가 생긴다.

세 가지 손상 중에서 물리적 손상이 가장 흔하다. 예를 들면, 자전거에 달린 바구니에 붉게 익은 사과를 담은 봉투를 넣고 울퉁불퉁한 길을 지나가는 경우가 있다. 또 멀쩡한 사과라도 씻을 때 실수로 바닥에 떨어뜨린다면 당신은 '멍들고 곪아버린 사과'와 마주할 수밖에 없다. 다행히 이렇게 과일에 난 상처에는 독소가 없다.

과일의 일부가 물러진 이유는 어딘가에 부딪히는 바람에 세포가 터져 세포질이 흘러나와서다. 또한 세포가 손상되면서 무색의 폴리페놀 물질이 짙은 색의 퀴논quinone류 물질로 변해 상처 부위는 특별한 색을 띤다. 사실은 사과를 자른 후 곧바로 먹지 않고 그냥 둬도 갈색으로 변한다. 어딘가에 부딪혀 곪은 사과는 불쾌감을 불러일으킬 뿐 건강에 나쁜 영향을 미치지 않는다. 다만 상처가 생긴 자리에 세균이 자라지 못하도록 가능한 한 빨리 먹는 것이 좋다.

동상에 걸린 바나나도 좋은 바나나다

여름철이 되면 흔히 과일을 냉장고에 보관한다. 밤새 냉장고 안에 있던 바나나는 불쏘시개처럼 시커멓게 변해버리고 만다. 시간이 좀 더 지나면 바나나가 통째로 소스처럼 묽어질지도 모른다. 이런 바나나를 마주하면 누구나 '버려야 할지 말아야 할지' 갈등한다.

　실제로 바나나는 온도가 지나치게 낮은 환경에서 쉽게 병에 걸린다. 낮은 온도에서는 바나나 속에 함유된 과산화물 제거 효소 superoxide dismutase, SOD의 세포 내 유리기를 제거하는 능력이 급격히 떨어진다. 제때 사라지지 못하고 갈수록 쌓이는 유리기 때문에 세포막이 물질을 투과하는 정도가 변하고 결국 세포는 파괴된다. 한편 저온의 환경은 펙틴 에스테레이스pectin esterase의 활성 강도를 높인다. 이 효소는 불용성 펙틴을 분해해 바나나 조직을 무르게 만든다.

　냉장고에 넣어둔 바나나의 색이 변하면서 껍질에서는 많은 일이 일어난다. 폴리페놀 산화효소는 껍질 속 천연 페놀류가 산화하

는 과정에 도움을 준다. 산화를 통해 퀴논류로 변한 페놀류는 서로 결합해 피부 속 멜라닌 색소와 유사한 물질이 된다. 바나나 껍질의 세포막이 망가질 때 분비되는 도파민은 산화효소의 작용으로 공기 중의 산소와 반응해 갈색 물질을 만들어낸다. 마침내 바나나는 검게 변하고 먹을 수 없을 정도로 물러진다.

오이도 냉장고에 들어가면 표면에 반점이 생기고 과육은 물러진다. 온도가 낮아져 성벽 기능을 하는 세포막이 힘을 쓰지 못해 세포가 괴사하게 된다.

낮은 온도에서 동상을 입은 바나나든 외부로부터 충격을 받고 상처를 입은 사과든 모두 세포가 손상을 입는 것으로 귀결된다. 세균이 손상된 세포의 영양분을 선점해 먹어치우기 전까지 이 과일들은 비교적 안전지대에 놓여 있다. 맛과 식감은 살짝 떨어질 수도 있지만 아직은 괜찮다. 그러나 손상된 세포에서 아미노산, 당, 무기염 등이 흘러나오는 순간 질병을 일으키는 미생물, 특히 진균의 생장에 알맞은 환경과 조건이 마련된다. 일단 이곳에 이미 곰팡이가 생겼다면 큰일이다.

곰팡이가 핀 과일의 종착지는 언제나 쓰레기통일까?

|

가끔 썩은 사과에 곰팡이가 피면 그 부분만 도려내고 먹을 때가 있다. 별다른 이상 증세는 단 한 번도 나타나지 않았지만 이 행동에는 커다란 위험이 뒤따른다. 과일에 가장 많이 생기는 곰팡이는 푸른곰팡이*Penicillium*다. 이 곰팡이가 만들어내는 파툴린Patulin은 동물의

위장관의 일을 방해하고 신장 부종 같은 병을 일으킬 수 있다. 게다가 파툴린과 세포막이 한번 결합하기 시작하면 더는 되돌릴 수 없다. 다시 말해, 파툴린이 세포와 결합해 엉겨 붙은 다음에는 오랜 시간에 걸쳐 세포를 손상시키고 심지어 암을 유발한다. 파툴린을 먹인 생쥐의 절반을 죽일 수 있는 양은 몸무게 1킬로그램당 수컷의 경우 46.3밀리그램, 암컷의 경우 29~48밀리그램이었다.

특별히 주의해야 할 사항이 있다. 곰팡이가 핀 부위를 제거하고 과일을 먹는다고 하더라도 절대적으로 안전하다고 장담할 수 없다. 곰팡이에서 생기는 파툴린은 과실의 다른 부위로 퍼진다. 중국 예방의학과학원이 곰팡이가 핀 사과의 파툴린 함량을 조사했다. 사과에서 정상적으로 보이는 부분은 곰팡이 부위에 있는 파툴린의 10~50퍼센트를 함유했다. 정상적인 부위라도 파툴린의 양은 1킬로그램당 무려 3밀리그램에 달한다. 과일에 곰팡이가 피었을 때는 쓰레기통에 버리는 것이 손질해서 먹는 것보다 훨씬 안전하다.

곰팡이가 핀 사탕수수도 꽤 위험하다. 사탕수수에 곰팡이가 피면 주로 아르트리니움Arthrinium이라는 균이 생긴다. 균의 대사산물 보비노시딘bobinocidin, 3-nitropropionic acid은 아주 강한 신경독소다. 균을 먹은 생쥐의 절반을 죽게 할 정도가 되려면 수컷에게는 몸무게 1킬로그램당 100밀리그램의 보비노시딘이 필요했고 암컷에게는 68밀리그램이 필요했다. 곰팡이가 핀 사탕수수의 보비노시딘은 1킬로그램당 30~40밀리그램에 달한다.

사탕수수를 오랫동안 보관할수록 특히 더 조심해야 한다. 중국 예방의학과학원 영양과 식품 연구소는 허난河南, 허베이河北, 광시, 광둥과 푸젠 지역의 사탕수수 317점을 대상으로 아르트리니움의 양을 조사했다. 아르트리니움은 신선한 사탕수수에서는 매우 적게 서식해 식물체의 곰팡이균 감염율이 0.7퍼센트 정도로 낮았다. 신선도가 높을 때는 곰팡이균의 균락 수colony count도 평균적으로 이 균에 감염된 사탕수수의 0.1퍼센트였다. 3개월 동안이나 오래 보관하자 아르트리니움의 샘플은 무려 34퍼센트의 비율로 오염되었다. 균락 수도 급증해 평균적인 곰팡이균 수치의 18퍼센트를 차지했다. 중독을 일으킨 모든 사례에서 사탕수수를 오래 보관한 것이 원인이었다. 사탕수수에 눈에 띄는 곰팡이가 보인다면 가까이하지 말아야 한다.

외관상 뚜렷한 변화가 드러나는 썩은 과일이 아니더라도 맛이 변하는 등 보이지 않는 곳의 상태가 변한 과일을 종종 만나게 된다. 예를 들어 오래 내버려 둔 사과에서 술 냄새가 난다면 먹어도 될까? 뚜렷한 변화가 눈에 보이지 않는다면 먹어도 무방하다. 특히 사과와 같은 과일은 오랫동안 보관했을 때 호흡할 산소가 부족해져 십중팔구 무산소 호흡을 하게 된다. 그러면 사과 속 당류 물질이 알코올로 전환되어 술 냄새를 풍긴다. 똑같이 술 냄새를 풍기지만 이미 검은색으로 변하고 물러진 사과와는 구별할 필요가 있다. 발효된 사과에 있는 다른 잡다한 균은 해롭다. 곰팡이가 핀 과일처럼 버리는 것이 가장 좋다.

썩은 과일이라 해도 구분할 필요가 있다. 충격이 가해졌거나 저온 상태에서 보관했다는 이유로 썩은 과일은 몸에 문제를 일으키지 않는다. 하지만 곰팡이균이 생겨 변질했다면 과일을 당장 쓰레기통에 넣도록 하자.

사과를 보관할 때 공기를 통하게 해야 할까?

상자에 보관된 사과는 상자 안에 있는 산소로 호흡한다. 그러다가 산소의
양이 부족해지면 무산소 호흡을 하면서 알코올과 함께 쓴맛이 나는 물질
을 만들어낸다. 상자 안의 산소가 부족한 상황에서 사과의 맛을 원래대로
되돌리기 위해서는 당장 사과를 섭씨 10~18도의 통풍이 잘 되는 환경에
두어야 한다.

먹을 수 있지만 먹지 않는 부위

나는 어릴 때부터 과일을 껍질째 먹는 것을 싫어해 칼을 쓰지 않고도 치아로 커다란 사과의 껍질을 어떻게든 벗겨냈다. 언제나 그렇듯 부모님께서 가장 큰 사과를 건네주실 때마다 어린 나는 이로 갉아 껍질을 벗겨내느라 진을 뺐다. 아버지께서 과일을 깎는 반자동 장치를 사 오셨을 때 나는 기다렸다는 듯이 사용해봤다. 이 기계는 아버지가 다니는 공장에서 자동차 부품을 가공할 때 쓰는 선반(금속 재료를 회전시켜 바이트로 깎아내는 기계__역자)의 축소판이었다. 기계를 사용할 수 있는 과일의 크기가 정해져 있어 크기가 너무 크거나 너무 작으면 작동되지 않았다. 그렇다 보니 기계가 있어도 내가 직접 이로 껍질을 벗겨야 하는 경우가 더 많았다.

언제부터인지 "과일을 껍질째 먹어야 영양분을 충분히 섭취할 수 있다"라는 소문이 마치 사실인 양 입지를 굳히기 시작했다. 나는 하는 수 없이 아내가 권하는 대로 텁텁한 껍질을 벗겨내지 않은 사과를 씹어 삼켰다. 과일을 껍질째 먹는 추세에 휩쓸리다 보니 집에 둔 과일칼과 과일 깎는 기계도 모두 찬밥 신세였다. 과일을 껍질째 먹어야 할 때마다 나는 껍질의 영양분이 과연 미각을 포기하는 대가를 치를 만큼 유용한지 의심을 떨쳐버릴 수 없었다.

과일의 껍질은 보호막에 지나지 않다

|

과일 껍질은 소비자의 마음을 사로잡아 구매를 유도하지 않는다.

금귤을 제외하면 대부분의 과일 껍질은 우리의 혀를 즐겁게 할 능력이 부족하다. 과일 껍질의 세포는 수분의 유실이나 미생물의 침입을 막는다. 세포는 과육과 최대한 바싹 붙어 있어야 하고 수분을 잃는 현상을 늦출 수 있도록 왁스와 다당류 물질을 껍질 표면에 '발라'줘야 한다. 물론 밀랍을 칠한 듯 물질들로 범벅이 되어 맛이 좋지 않을 것이다. 또한 중요한 시기에 과실을 훔쳐 먹으려고 달려드는 동물에 맞서기 위해 화학무기를 비축해두어야 한다. 이 일은 당연히 세포 방어 시스템이 담당한다. 껍질에는 시고 떫은 맛을 내는 화학무기들이 있다. 과일이 익으면서 많은 화학물질이 제거된 뒤에도 껍질에는 과육보다 더 많은 무기가 있다.

수많은 문헌을 뒤져봐도 과일 껍질을 반드시 먹어야 한다는 주장은 어디에도 없었다. 식물 해부학에서는 복숭아나 배를 모두 똑같은 구조로 분류한다. 흥미롭게도 귤처럼 껍질을 까고 먹어야 하는 과일도 껍질과 과육이 합쳐진 복숭아와 동일한 구조다. 반면 사과의 열매껍질과 과육은 꽃받침이 발달한 것이다. 과일의 껍질이 영양분을 포함한다는 주장은 점쟁이의 입에서 흘러나오는 그럴듯한 말에 가깝다.

물론 껍질이 영양 성분을 조금 더 많이 함유한다는 주장에도 제 나름의 논리가 있다. 껍질 부분의 세포가 구조적으로 더 긴밀하게 배열되어 있고 수분의 양도 훨씬 적기 때문이다. 하지만 껍질이 과육보다 몇 배 높은 영양 성분을 함유하더라도 두 부분의 무게를 고려했을 때 영양 성분의 총량 중 껍질이 차지하는 비중은 아주 미미하다. 이 사실을 잊지 말아야 한다.

껍질 속 안토시안과 펙틴

|

영양학 전문가가 과일의 껍질을 먹어야 한다고 말하는 이유는 따로 있다. 전문가들은 단순히 일반적인 영양 성분의 가치를 바라보기보다 껍질 안에 함유된 특수한 영양물질에 주목한다.

안토시안anthocyan은 과일 껍질의 성분 중에서 가장 눈에 띈다. 과육에서는 좀처럼 보기 힘든 이 물질은 붉은색, 보라색, 자주색, 파란색 등 식물의 색을 내는 색소의 공급원이다. 보랏빛 모란, 붉은 월계꽃, 분홍빛 복숭아꽃은 모두 안토시안이 빚어낸 걸작이다. 일반적으로 안토시안 성분은 식물이 비교적 많이 함유하고 있다. 그중 중요한 두세 종류의 플라보노이드flavonoids 색소가 꽃과 과실의 색을 배합한다. 예를 들어 블루베리가 만들어내는 안토시안의 종류는 훨씬 다양하다. 블루베리가 익을 때 검보라색 과즙에서 발견된 안토시안 종류만 이미 25종이 넘을 정도로 그 자체가 안토시안을 합성하는 전용 공장이다.

안토시안은 곤충이 꿀을 먹으러 오도록 유인하거나, 잎 속에 독성 물질인 사이안화물cyanide이 들어 있다는 사실을 곤충에게 경고하는 데 그치지 않는다. 사이안화물은 유리기에 맞서 싸우기도 한다. 식물체 안에 빛을 비추면 높은 에너지가 여분으로 남는데, 산소와 같은 분자가 이 에너지를 흡수하면 유리기가 형성된다. 높은 에너지를 갖게 된 분자들은 마치 고농축 폭탄처럼 정상적인 세포 구조를 언제라도 무너트릴 수 있다. 안토시안은 자신을 희생해 유리기의 위험을 제거한다. 사람들은 이 능력을 발견한 다음 안토시안이 인체 내에서도 비슷하게 기능하도록 유도했다.

우리는 이런 물질의 도움을 받아 인체 속 유리기를 깨끗이 청소하기를 바라지만 그러려면 반드시 충분한 양의 안토시안을 섭취해야 한다. 과일 껍질에 들어 있는 안토시안의 양은 상대적으로 제한되어 있고 색소는 대부분 동물을 유인해 먹잇감을 제공하는 역할을 맡을 뿐이다. 새롭게 떠오르는 안토시안 속 건강 기능성 물질이 제 역할을 다하도록 만들고 싶다면 과일 껍질을 덥석덥석 집어먹어야 한다.

펙틴 역시 자주 거론되는 건강 기능성 성분이다. 펙틴은 녹말과 유사한 다당류 물질이다. 세포벽에 주로 분포하는 프로토펙틴protopectin, 세포액에 용해되는 펙틴, 세포벽과 세포액 사이에 존재하는 펙틴산이 있다. 이들은 세포 골격을 구성하므로 식물에게는 무

엇보다도 중요한 물질이다. 일례로 바나나와 토마토가 익을 때 과육이 부드러워지는 것은 펙틴이 분해되기 때문이다.

우리는 흔히 펙틴에 대한 착각에 빠진다. 펙틴이 '우리 신체의 흠집 난 곳을 메워 더 건강한 몸을 만들 것'이라고 잘못 생각한다. 사실 애초에 사람의 몸은 펙틴을 흡수하지 못해 펙틴은 인체에 특별한 작용을 하지 않는다. 수많은 다당류와 마찬가지로 펙틴 역시 서둘러 자기 갈 길을 가는 데 집중할 뿐이다.

잘 분해되지도 않고 흡수되지도 못하는 펙틴의 특성을 이용한 연구가 진행 중이다. 펙틴의 새로운 용도도 속속 밝혀지고 있다. 예를 들면 당분 함량이 적은 잼에 펙틴을 첨가하면 점도가 높아지고 한결 나아진 식감을 얻을 수 있다. 칼로리는 거의 증가하지 않는다. 특수하게 포장된 채 장기에 들어간 약물이 안전하게 몸 밖으로 방출되도록 돕기도 한다. 약물은 위와 소장을 통과해 결장에 들어간 후에 방출된다. 결장에 이르러서야 만나게 될 펙틴 분해효소 덕분이다. 하지만 영양학의 관점에서는 무색무취하고 흡수조차 불가능한 물질에 관심을 둘 필요가 없다.

과일 껍질의 위험성

살충제를 정상적인 범위 안에서 사용하더라도 사과 껍질에 잔류하는 농약의 양은 과육에 들어 있는 양의 20퍼센트를 웃돈다. 평범한 수준의 농약을 함유한다면 중독 반응을 일으키지 않는다. 하지만 과수 농가들은 더 크고 탐스러운 사과를 생산해야 돈을 벌 수 있다. 농가에서 사과에 기준치 이상의 농약을 살포하지 않았을 거라고 감히 장담할 수 있을까? 진짜 유기농 방식으로 재배한 사과의 껍질은 안심하고 먹을 수 있겠지만 그 속의 영양분은 증가하지 않는다. 유기농 과일이라면 으레 영양학적으로 가치가 더 높을 거라고 착각하곤 하지만 형편없는 식감을 감수해가면서까지 일반 과일보다 더 비싼 돈을 내는 것은 어리석은 선택이다.

물론 과일 껍질이 쓸모없는 것은 아니다. 껍질 속 색소는 우리의 식탁에 풍성한 색을 입힌다. 레드 드라이 와인은 포도 껍질의 색소 덕분에 농염한 빛깔을 띤다. 다양한 과일 껍질에서 살구 껍질의 오렌지색, 망고스틴의 보라색 등 천연 색소를 추출해 우리의 식탁에 건강한 색을 입히려는 연구가 지금도 진행되고 있다.

금귤만 껍질과 과육을 통째로 먹는다

식물학적으로 따져보면 우리가 먹는 금귤의 껍질은 복숭아의 과육과 다름없다. 금귤은 감귤류 과일 가운데 특별한 식물로 우리에게 익숙한 감귤과는 다른 과일이다. 금귤과 감귤은 귤속에 속하지만, 나무에 열린 작은 귤을 모두 금귤로 넘겨짚지 않기를 바란다.

과일을 씻을 때 소금을 넣으면 도움이 될까?

일단 정답부터 말하자면 아무 소용도 없다. 소금기를 함유한 물이 남아 있는 농약의 용해를 촉진한다는 증거는 어디에도 없다. 과일을 세척할 때 화학물질은 주로 기계적 운동을 통해 제거된다. 가장 확실한 방법은 수돗물에서 30초 이상 문지르며 세척하고 헹궈주는 것이다.

미식가를위한식물사전

보라색 수용성 색소

중국에서는 '색, 향, 맛, 모양'을 기준으로 음식을 평가한다. 그중 가장 먼저 언급되는 '색'은 모든 기준 가운데 으뜸이다. 주홍빛 연어, 대추색 오리구이는 하나같이 우리의 시신경과 미뢰를 자극한다. 나는 20년도 더 전에 제과점 진열대에 올라 있던 가지각색의 크림 케이크를 지금도 추억한다. 화려한 색깔을 자랑하는 케이크에 어린 향수다. 지금 생각해보니 그 케이크는 색소의 집합체였다.

그때쯤부터 다양한 색깔로 치장한 식품이 유행했다. 노른자가 불그스름한 오리알에는 수단레드와 같은 인공 색소를 첨가했고 크림 케이크에는 선셋옐로 색소가 슬그머니 섞여 들어갔다. 음료수에도 색소를 넣어 시각을 자극했다. 무지의 어둠 속에서 장막이 하나둘씩 걷힐 때마다 우리는 한순간 아름다운 색에 대한 환상이 와르르 무너지는 느낌에 휩싸인다. 누구도 자신의 식탁을 화학 실험대로 인식하고 싶어 하지 않는다. 우리는 선명하고 화려한 색깔로 칠해진 식품의 색소 성분에 관해 찾아보기 시작했다.

하지만 문제는 여기서 끝이 아니었다. 갓 구매한 딸기와 방울토마토를 씻으니 붉은 물이 나오거나 검은깨를 담가둔 물이 검게 변했다는 보도가 잇따랐다. 자연스럽게 우리의 의심은 자연식품으로까지 확대되었다. 과일조차 색소로 염색한다는 사실이 밝혀졌다. 염색하지 않은 자연식품은 탈색될 일이 없지 않을까?

검붉은 색의 진실

|

한 집안의 외아들로 태어난 탓에 부모님은 내가 높은 곳에 올라가거나 뛰어내리는 등 위험한 행동을 하는 것을 극도로 싫어하셨다. 하지만 매년 오디가 초록색에서 검은색으로 변하는 계절이면 나는 골목대장을 따라 오디를 따먹으러 다녔다. 나무에 오르는 것쯤은 당연한 일이었기에 오디를 먹을 때마다 했던 위험한 행동이 들통 나지 않으려면 어쩔 수 없이 반드시 입안을 헹구고 나서 집에 돌아가야 했다. 천연색소 공장이라는 말이 과언이 아닐 정도로 짙은 오디즙은 혀를 온통 보랏빛으로 물들였다. 입을 씻어내는 일을 깜빡 잊어버리기라도 하는 날에는 이러지도 저러지도 못하고 현행범으로 붙잡혀 잔뜩 꾸지람을 들어야 했다.

지난날 내게는 죄의 증거로 여겨지던 색소가 20년이 지나고 나니 오디의 매력 포인트로 각광받고 있다. 오디의 보랏빛 색소 안토시안은 항산화 성분으로 주목받고 있다. 아주 방대한 화학물질인 이 색소는 안토시안 외에도 많은 종류를 포함한다. 익히 들어온 루테틴, 루테인, 리코펜도 이 색소를 구성한다. 과일과 채소는 식탁을 다채롭고 풍성하게 꾸민다. 시간을 거슬러 올라가면 적어도 인공색소를 개발하기 전까지는 자연에서 나온 식물색소가 큰 역할을 했다. 색소를 활용하는 일의 중심에 식물색소가 있었던 덕분에 모든 것이 가능했다.

안토시안은 색, 모양, 식물 종이 크게 다른 딸기, 홍미purple rice, 흑미에 공통적으로 함유되어 있다. 현재 건강 보조제로 주목받고 있는 안토시안은 대가족을 이루는 화학물질의 일종으로 모든 가족 구성원을 통칭한다. 안토시안 가족은 델피니딘delphinidine, 사이아니딘cyanidine 등을 구성원으로 두고 있다. 이들은 식물의 각 부위에 광범위하게 분포한다. 수소이온 농도에 따라 색은 조금씩 다를지언정 이제 막 돋아난 참죽나물 새순, 새빨간 장미 꽃잎, 붉게 물든 단풍 낙엽과 그리움의 의미를 지닌 붉은 팥 속에 빠짐없이 존재한다. 안토시안 계열의 색소는 모두 수용성 인데다 식물세포의 액포 안에 저장되어 세포가 손상될 때 자연스럽게 물에 녹아버린다.

검은깨의 색소는 특별한 물질이라 지금까지도 정확한 구조가 밝혀지지 않았다. 어떤 연구자는 이 색소가 안토시안의 한 종류라고 말한다. 또 다른 이는 화학물질 카테킨Catechin과 유사해 찻잎 속 쓴맛을 내는 물질과 같은 뿌리를 공유한다고 여긴다. 이 색소는 안토시안처럼 검은색이나 짙은 보라색을 내고 카테콜처럼 물에 녹으니 두 가지 가설이 모두 타당할 수 있다고 보는 절충안도 존재한다.

검은깨와 함께 놓고 보면 목이버섯의 색소는 좀 더 순수하다. 알려진 바로는 티로신을 합성하는 멜라닌 색소와 비슷하다. 분자 구조는 아직 완벽하게 밝혀지지 않았다. 목이버섯의 멜라닌과 티로신 합성 멜라닌은 물, 산성 용액, 소금물에 용해되지 않는다. 그렇다고 프로필알코올propyl alchol, 뷰틸알코올butyl alcohol, 클로로폼chloroform 등 유기용매에 녹지도 않는다. 단지 알코올에만 적은 양이 용해될 뿐이다.

방울토마토의 붉은 색소는 안토시안과 다소 다른 리코펜이다. 리코펜은 지용성이어서 물에 녹이기는 어렵고 기름과 직접 접촉하는 것을 선호한다. 토마토달걀탕에서 토마토의 붉은색이 잘 우러나오지 않거나 하얀 셔츠에 토마토 물이 들어 얼룩이 생겼을 때 빨래를 해도 색이 쉽게 빠지지 않는 이유다.

표피에서 색소가 빠지는 현상

이제 식재료의 색에 숨겨진 진실을 엿보았으니 딸기, 흑미, 검은깨
의 색소가 물과 친밀한 사이라는 사실을 알게 되었다. 이들을 물로
씻으면 색이 빠지는 현상은 지극히 평범한 일이 아닐까?

　어떤 재료의 색소는 표피에 분포되어 있다. 홍미, 땅콩, 검은깨의
씨앗 표피에는 다량의 색소가 있다. 씨앗 표피의 색소는 물에 쉽게
용해되므로 물 밖으로 씻겨 나온다. 하지만 씨앗 색소의 함량은 매
우 높아서 사흘 동안 물에 담가놓고 반복해서 헹궈내도 본연의 색
은 사라지지 않는다.

　딸기의 붉은색 안토시안은 물에 쉽게 녹지만 표면에 덮인 투명
한 표피 세포층이 손상되기 전에는 내부의 안토시안이 빠져나오기
힘들다. 딸기를 씻었을 때 붉은 빛깔의 물이 나온다면 그 이유는
손아귀에 너무 센 힘을 준 탓에 표피층이 상해서일 것이다. 정상적
인 딸기와 세포가 상한 딸기를 각각 컵 속 물에 담가본 적이 있다.
컵 속의 물이 붉게 물든 경우는 세포에 상처를 입은 딸기가 든 쪽
이었다.

　사실 방울토마토와 목이버섯에게는 물을 붉게 물들일 가능성
이 거의 없다. 방울토마토의 두꺼운 표피는 다층 세포로 치밀하게
구성된 장벽과 같아서 쉽게 무너뜨릴 방법이 없다. 토마토의 리코
펜은 물에 녹지 않아 붉은색을 씻어내려면 다른 방법을 찾아야 한

다. 한편, 목이버섯의 멜라닌 색소는 알코올에만 용해되므로 도수가 높은 술에 담그지 않는 이상 색소를 빼낼 수 없다. 웬만해서는 술에 목이버섯을 담가두는 일은 생기지 않을 듯하다. 목이버섯을 담가놓은 물의 온도가 어떻든, 얼마나 긴 시간이 흐르든 물은 항상 맑고 투명할 것이다.

보기 좋은 식물 색소가 건강에도 좋을까?

먹거리의 다채로운 색을 바라보는 사람들은 인공색소 첨가제의 안전성에 관심을 집중한다. 그러다 보니 천연색소의 사용을 마케팅 포인트로 삼아 소비자의 마음을 사로잡으려고 드는 장사꾼이 늘어났다. 천연색소는 확실히 안전하다. 예를 들면 쿠르쿠민, 카로틴, 베타닌betanin은 사용량을 제한하지 않고 원하는 만큼 첨가해도 무방하다. 생쥐에게 80일 동안 연속으로 쿠르쿠민을 먹이는 실험에서는 실험군과 대조군의 차이가 뚜렷하게 나타나지 않았다. 한쪽의 실험군에게는 매일 체중 1킬로그램당 500밀리그램씩 많은 양을 먹였다. 다른 쪽의 실험군에게는 매일 체중 1킬로그램당 100밀리그램씩 적은 양을 먹였다. 두 그룹의 실험 지표는 아무 조건을 설정하지 않은 대조군과 별다른 차이가 없었다. 이를 토대로 사람의 체중을 60킬로그램으로 가정하고 계산하면 매일 30그램씩 쿠르쿠민을 섭취하더라도 안전하다. 이 정도로 많은 양이라면 하루 세 끼 모두 식탁 위를 온통 노랗게 물들이고도 남는다.

물론 천연색소의 사용량에도 제한선이 있다. 엽록소를 추출할 때 구리 원소를 첨가하기에 동클로로필린나트륨 sodium copper chlorophyllin 사용량의 최대치는 1킬로그램당 0.5밀리그램이다. 그러나 이 정도 양으로도 삼시 세끼 밥상 위 모든 음식을 충분히 초록색으로 물들일 수 있다.

현재 연구자들은 안토시안, 리코펜, 카테콜과 같은 식물색소가 건강에 좋다는 연구 결과를 속속 발표하고 있다. 이 물질들은 모두 환원성이 비교적 강하다. 인체 속 유리기를 제거하고 암과 같은 질병의 발병률을 낮추는 데 도움을 준다. 하지만 몸 밖에서 배양된 세포를 사용해 실험한 결과이므로 안토시안이 실제로 체내에서도 작용하는지에 관해서는 여전히 근거가 부족하다. 음식물 속 안토시안의 수치는 낮다. 예를 들어 안토시안의 노다지로 새롭게 주목받는 붉은 양배추는 안토시안을 100그램당 664~690밀리그램 함유한다. 생쥐를 대상으로 한 항노화 실험에서는 매일 몸무게 1킬로그램당 500밀리그램의 안토시안을 주입했을 때 비로소 의미 있는 효과를 볼 수 있었다.

그러나 없는 것보다 있는 게 낫다. 안토시안을 심리적 위안거리로 삼는 것도 나쁘지 않아 보인다. 더군다나 과일과 채소의 화려한 색이 눈을 유혹한 덕분에 비타민과 미네랄, 섬유소를 얻을 수 있다면 일거양득이다. 하지만 색소를 섭취하기 위해 과일과 채소를 먹는다는 것에는 의미가 있어 보이지 않는다.

토마토즙 얼룩은 어떻게 씻어내야 할까?

리코펜은 지용성이므로 아무리 많은 물을 사용해도 얼룩이 지워지지 않을 것이다. 그럴 때는 글리세린glycerin을 사용해보도록 하자. 글리세린으로 섬유 틈에 낀 리코펜을 잡아낸 뒤 물로 헹구면 얼룩이 말끔하게 지워진다. 글리세린은 옷을 물들이는 염료 중 일부 종류에 녹아들 수 있으므로 옷 안쪽 부분에 먼저 시험해보는 것이 좋다.

3부

세상에 특별하지 않은 음식은 없다

전분, 수분, 단백질을 모두 갖춘 식물

출생지와 어린 시절의 경험만 놓고 보면 나의 입맛은 밀가루 음식의 본고장인 산시 토박이의 것이어야 마땅했지만 외할머니께서 윈난 토박이라 또 다른 곡식인 쌀과 두터운 정을 쌓을 수 있었다. 1980년대 초반에는 외식 사업이 그다지 발달하지 않아서 유일하게 외할머니의 요리 솜씨에만 기대어 맛있는 먹거리에 대한 욕구를 채웠다. 당시 갓 지은 밥으로 주먹밥을 만드는 냄새는 지금까지도 잊을 수 없다. 솥에서 밥이 다 지어지면 외할머니는 얼른 돼지기름과 과일 시럽을 넣고 식혔다. 그러면 밥은 외할머니의 손에서 둥근 주먹밥으로 변신했다. 한참 지나서 과일 시럽은 색소와 향료의 혼합물에 지나지 않는다는 사실을 알았지만, 그때는 옆에서 주먹밥이 만들어지는 광경을 보고 있노라면 침이 고이다 못해 흐를 지경이었다.

20여 년이 흘러서도 주먹밥의 맛과 향을 떠올리면 여전히 입안에 군침이 돌지만 그때 그 쌀이 도대체 무슨 품종이었는지 전혀 기억나지 않는다. 시장에는 태국산 향미, 일본산 유기농 쌀, 우창 지방 쌀처럼 친환경 인증 표시를 내건 새로운 쌀 품종이 등장하고 있다. 이토록 다양한 쌀은 어째서 맛과 식감이 모두 다를까? 우리는 어떤 쌀을 밥그릇에 담아야 할까?

다양한 종이 살아 숨 쉬는 벼의 역사

|

인류가 살아남기 위해 쌀을 매우 요긴한 식재료로 사용했다는 사실에는 의심의 여지가 없다. 벼농사와 관련된 일에 종사하는 사람은 세계적으로 약 10억 명에 달한다. 중요도의 순위를 따지자면 밀다음가는 곡식인 쌀을 수확하기 위함이다. 벼가 갑자기 멸종하기라도 하면 적어도 15억 명이 기근에 시달릴 수 있다. 사람 수만 보면 벼는 토지의 신과 곡물의 신의 신전인 사직단에 자신을 편안히 모셔두고 추앙할 백성을 충분히 거느린 셈이다. 늪지대의 진흙 속에서 잡초처럼 제멋대로 자라던 벼의 과거를 감히 짐작조차 할 수 있겠는가?

쌀의 식감과 향은 모두 제각각이지만 우리의 입에 들어가는 쌀밥은 대부분 아시아벼*Oryza sativa*에서 수확한 쌀로 짓는다. 물론 아프리카에 갈 기회가 있다면 형제인 아프리카벼*Oryza glaberrima*를 먹어볼 수도 있다. 하지만 아프리카벼는 아시아벼에 한참 못 미치는 정도로 재배 면적이 좁을 뿐더러 생산량도 훨씬 적어서 지금은 아시아벼가 세계를 정복한 상황이라고 할 수 있다.

분류학자조차도 유전체를 측정하는 기술을 활용하기 전까지는 벼 품종의 복잡한 관계를 명확하게 파악할 수 없었다. 갱미粳米와 선미籼米는 다르다. 갱미는 둥글고 윤기가 흐르지만 선미는 가늘고 부드럽다. 찰기가 있는 찰벼는 단맛이 난다. 다양한 종류의 벼는 같은 뿌리에서 기원해 멀리 떨어진 서로 다른 종이 아닌데도 저마다 다른 특징을 지닌다. 다행히 가계도를 분석할 만큼 발달한 현재의 기술 덕분에 마침내 벼의 뿌리를 찾아냈다. 모든 벼의 조상은 평범한 야생벼*Oryza rufipogon*다. 야생벼는 대대손손 자손을 이어가면서 유전자 결함이라는 가장 놀라운 변화를 겪었다.

야생벼 낱알은 다른 식물처럼 종자가 무르익으면 바람에 날려 떨어진다. 골치 아프게도 종자가 언제 다 익을지 확인할 방법은 없다. 하지만 종자를 퍼트리는 일을 담당한 유전자가 저지른 실수 덕에 지금 우리가 먹는 아시아벼가 탄생했다.

갱미와 선미의 유전자를 분석해보니 두 형제는 특별할 것 없는 야생 볍씨 군락에서 기원했다. 각각의 군락은 서로 다른 지역에 위치해 있었지만 두 품종은 찰기의 정도만 차이를 보인다. 동북 지역에서 자라는 대부분의 벼는 쌀알의 길이가 비교적 짧은 메벼다. 찰벼로 지은 밥보다 점성이 적은 포실포실한 밥을 좋아하는 사람이 있는가 하면 찹쌀의 끈적이는 느낌을 선호하는 사람도 있는데, 모두가 녹말의 작용 때문이다.

쌀알 속에는 두 종류의 녹말이 있다. 하나는 아밀로스amylose고 나머지 하나는 아밀로펙틴amylopectin이다. 아밀로스는 머리카락처럼 길고 곧게 연결된 곧은 사슬normal chain 구조다. 물을 잘 빨아들여 흡수하자마자 팽창하고 서로 느슨하게 연결되어 있다. 이 녹말 구조는 밥을 지었을 때 찰기가 덜한 원인이기도 하다. 식감이 적당히 딱딱하고 포실포실한 것이다. 그러나 찬밥의 식감을 원래대로 살리고 싶을 때 아주 딱딱하게 변한다는 단점이 있다. 반면, 아밀로펙틴은 나뭇가지처럼 생긴 가지가 갈라져 나온 곁사슬side chain 구조로 연결되어 있고 아밀로스보다 훨씬 부드럽다. 찰기가 있는 찹쌀밥이야말로 이 녹말의 작품이다. 쌀알에 들어 있는 두 녹말의 비율에 따라 쌀밥의 장단점은 달라진다. 각자가 선호하는 식감과 치아가 받아들이는 딱딱하고 부드러운 정도를 따져 쌀을 고르는 것이 좋다. 본인의 취향에 맞게 쌀을 선택하는 것이다.

지역 풍토에 따라 달라지는 벼의 특성

사람들은 벼를 식물학적으로 분류하는 데 관심을 두기보다 원산지에 더 집착한다. 쌀 포대 자루에서 가장 눈에 띄는 것은 '태국 향미', '둥베이東北 전주미珍珠米', '톈진天津 샤오잔미小站米'와 같은 글자다. 그렇다면 지역에 따라 쌀의 특성도 정말 달라지는 것일까? 당연히 그렇다! 지역의 환경에 적응하는 능력이 품종에 따라 다르기 때문이다. 왜 다른지는 논외로 두고서라도 그 능력은 천차만별이다.

우리가 사 먹는 둥베이 쌀과 같은 메벼의 갱미 품종은 저위도 지역의 고산지대나 고위도 지역에서 재배하기에 적합하다. 갱미는 추운 날씨에 강하고 일조량이 적은 환경도 꿋꿋이 견뎌내지만 고온에 약하므로 북방 지역에서 재배하는 것이 유리하다. 선미는 고산지대를 제외한 저위도 지역이나 해발고도가 낮은 습하고 더운 지역에서 효율적으로 재배할 수 있다. 이 벼는 추위에 약하고 높은 습도와 더위, 강한 빛을 잘 버텨서 남쪽 지역에서 더 잘 자란다. 태국 향미를 포함해 남쪽 지역에서 오는 각종 쌀은 대부분 같은 그룹에 속한다.

이런 분석이 무조건 옳다고 단정 지을 수 없고 예외도 있을 수 있다. 그러나 지역마다 다른 기후와 토양이 쌀의 품질에 영향을 미치는지 묻는다면, '그렇다'라고 대답할 수밖에 없다.

첫째, 칼륨, 마그네슘, 규소, 아연을 풍부하게 가지고 있는 토양은 맛이 더 좋은 쌀을 키워낸다. 토양 속 질소비료는 쌀의 단백질 함량을 높여주는 대신 식감을 훼손한다. 반대로 단백질 함량을 낮추는 마그네슘은 뛰어난 맛을 선사한다.

둘째, 일조량은 쌀알의 속이 제대로 들어차는 데 기여한다. 햇빛은 당류를 샘솟게 하는 근원이다. 쌀알이 여무는 동안 충분한 햇빛을 받으면 아밀로스의 함량이 높은 알찬 낟알이 만들어진다. 물론 온도 역시 빠뜨릴 수 없는 조건이다. 일반적으로 쌀이 익어가는 내내 섭씨 21~26도의 기온을 유지해야 쌀알이라는 작품의 완성도를 획기적으로 끌어올릴 수 있다.

맛에 비해 향은 확실히 한 차원 높은 요구 조건이다. 쌀밥의 향은 알코올, 알데하이드, 산 등 100여 종의 화합물로 이루어져 있다. 그

중에서 주된 역할을 하는 물질은 2-아세틸-1-피롤린이다. 이 물질은 일교차가 큰 지역에서 자란 쌀에 높은 수치로 들어 있다. 많은 사람이 단지 향토 감정 때문에 둥베이 지역의 쌀을 칭찬한다고 깎아내릴 수는 없는 이유다.

고단백미 vs 현미

쌀은 맛과 영양 모두를 충분히 갖추어야 한다. 요즘에는 단백질과 아미노산을 풍부하게 함유하는 쌀까지 등장했다. 하지만 이 영양소들이 쌀의 강점으로 작용하지는 않는다. 밀가루의 단백질 함량은 10퍼센트 이상인 반면에 쌀은 7퍼센트 정도만 함유하기 때문이다. 쌀에 함유된 단백질은 녹말의 배열에 영향을 미쳐 맛과 품질을 떨어뜨린다. 단백질과 아미노산은 달걀과 두부에도 들어 있다.

쌀 속에 다량의 단백질이 섞여 들어가면 쌀의 식감을 망친다. 단백질이 쌀의 구조를 더 치밀하게 만들면 밥을 지을 때 수분이 제대로 침투하지 못한다. 그러면 생쌀을 씹는 듯 설익은 느낌을 줄 수 있어 쌀의 부드러운 식감을 살리기 어려워진다.

고단백미가 쌀의 질을 한 단계 높였다면 현미는 영양분을 보충했다. 그렇다면 현미의 영양가는 어느 정도일까? 오래전에 외할머니에게 들은 이야기가 있다.

"예전에 독수공방하며 시어머니를 모시고 살던 효심 깊은 며느리가 있었단다. 착한 며느리는 매일 밥을 지으면 시어머니에게 모두 퍼주고 자기는 바닥에 눌어붙은 밥에 물을 부어 먹었지. 그런데 나중에 보니 시어머니는 뼈만 앙상해질 정도로 말라 있었고 며느리의 얼굴에는 화색이 돌았다지 뭐니."

이야기를 듣자마자 나는 고분고분한 아이처럼 그릇에 담긴 밥에 물을 부어 남김없이 다 마셔버렸다. 지금 생각해보니 며느리와 시어머니는 역사상 최초의 비타민B 섭취 실험의 주인공으로서 신뢰할 만한 결론을 얻게 해주었다. 수용성 비타민B는 인체에 중요하게 작용한다. 이 이야기가 실제로 일어난 일을 토대로 창작되었다면 고부는 1886년에 밝혀진 비타민B의 기능에 대한 단서를 먼저 제공한 셈이다. 그해 네덜란드 의사 크리스티안 에이크만_{Christiaan} _{Eijkman}이 쌀겨가 각기병 치료에 도움이 된다고 밝힌 일보다 훨씬 앞선 것이다.

이야기가 전해 내려오는 동안 현미에 관한 관심은 점점 하늘을 찌르기 시작했다. 나는 구이저우의 산속에서 정제하지 않은 쌀을 먹어본 적이 있다. 쌀의 맛은 밥그릇을 들 힘조차 앗아갈 만큼 형편없었지만 현미 속 비타민B2 함량은 정제한 백미의 일곱 배나 된다. 수치상으로는 매우 큰 차이를 보이더라도 현미 100그램에는 비타민 B2가 최대 0.42밀리그램 들어 있을 뿐이고 같은 중량의 일반 백미는 0.06밀리그램의 비타민B2를 함유한다. 돼지의 간 100그램은 비타민B2를 2밀리그램이나 함유하므로 수치의 높낮이를 가릴 때 현미는 감히 경쟁 상대가 되지 못한다. 비타민B2를 보충하고 싶다면 차라리 돼지 간으로 죽 한 그릇을 끓이는 것이 맛과 영양을 따졌을 때 훨씬 낫다.

현재 우리가 섭취하는 영양소는 놀라울 정도로 풍부해진 공급원에서 쏟아져 나온다. 채소와 고기, 달걀에서 얻을 수 있는 비타민은 쌀겨와 비교도 되지 않을 정도로 다양하다. 이쯤 되면 정제된 쌀과 쌀겨가 섞인 현미 가운데 어느 것을 먹어야 하는지를 놓고 벌여온 논쟁에 종지부를 찍을 수 있을 듯하다.

먹거리가 풍성한 시대에 접어들어 쌀에 들이미는 잣대의 수준도 점점 높아지고 있다. 하지만 사람들의 요구 사항에 앞서 무엇보다 공급량이 넉넉히 보장되어야 한다. 벼의 교잡종은 식량 부족 사태를 크게 완화했다. 물론 선별 단계에서부터 수확량이 많은 개체를 골라 교배친으로 삼아야 한다. 맛이 좋은지 나쁜지는 고려 대상이 될 수 없다. 수확량을 보장하려고 농약과 화학비료를 서슴지 않고 사용하는 경우도 있다.

일본산 유기농 쌀은 1킬로그램당 100위안의 가장 높은 가격으로 팔린다. 유기농 쌀을 재배하는 농가에서는 자체적으로 비료를 주어 영양분을 공급하거나 새를 풀어 해충을 막는다. 그런데 유전자를 조작한 벼를 수확할 때도 화학비료와 농약을 적게 사용한다. 이 벼도 농약을 직접 쓰지 않고 유전자 자체에 포함된 바이오 살충제로 키워낸 유기농 벼라고 할 수 있다. 유전자 조작이 과연 안전한지 전반적으로 의심을 받고 있는 상황이더라도 지금껏 쌀을 먹은 후 생긴 문제는 보고되지 않았다. 건강에 해로운지 유익한지를 논하기에 앞서 충분히 배를 불릴 수 있을 만큼의 양과 다양한 선택지가 주어져야 한다. 그때가 되어서야 우리는 비로소 쌀의 안전성과 맛을 제대로 판단할 수 있을 것이다.

♟♟♟

좋은 쌀로 좋은 맛을 내는 법

좋은 쌀로 맛있는 밥을 지으려면 노하우가 필요하다. 우선 쌀을 물에 미리 담가두는 것처럼 밥을 짓기 전에 쌀알의 수분 함량을 30퍼센트까지 끌어올려야 한다. 이때 불을 세게 조절하면 끈적거리는 밥이 지어진다. 수분이 쌀 표면에 머무르지 않고 더 빠르게 쌀알의 핵심으로 곧장 도달할 수 있도록 도와야 한다. 쌀알이 수분을 충분히 흡수하게 한 뒤 센 불에서 가능한 한 빨리 끓어오르게 하면 된다. 쌀이 수분을 촉촉이 머금고 나서 섭씨 98도의 고온 상태를 20분 동안 유지하면 맛있는 밥을 먹을 수 있다. 지금 사용하는 인공지능 밥솥은 우리를 대신해 밥을 짓기 위한 최적의 조건을 마련한다. 아무리 그렇다고 하더라도 가끔 손수 밥을 지어보는 즐거움도 소소한 행복이 되어준다.

더 말할 것도 없이 밥을 지을 때는 쌀 위로 손가락이 한 마디 정도 올라오는 깊이로 물을 받는다.

미식가를 위한 식물 사전

익숙하다고 해서 가장 잘 아는 것은 아니다

"에휴, 또 많이 사 왔네."

어머니가 한숨을 내쉬며 이미 흐물흐물해진 배추를 두 팔 한가득 안아 쓰레기통에 버리셨다. 자꾸 이런 일이 반복되다 보니 우리 집은 겨울에 배추를 거의 사다 놓지 않는다.

언젠가 나는 젊은 친구들에게 채소를 신선하게 보관하는 비결을 알려주다가 무심코 어린 시절의 기억을 입 밖에 꺼냈다. 그때는 단돈 10위안이면 배추를 수레에 그득히 담아 올 수 있었다. 그런 날이면 온 가족이 총출동해 부엌의 절반을 꾸역꾸역 메웠다. 잠자코 이야기를 듣던 90년대생 학생들의 얼굴에 이해할 수 없다는 표정이 떠올랐다. 무엇이 문제인지 알 수 없어 당황스러워 하던 찰나 옆에 있던 동료가 지원군으로 나서더니 우스갯소리를 했다.

"그렇게 말하면 나이 들어 보이잖아!"

그가 농담처럼 일깨워준 덕에 어색해질 뻔했던 분위기에서 간신히 빠져나오기는 했다. 하지만 이야기 속 어린 시절의 광경은 세월이 흘러 다시는 볼 수 없게 되었다.

중국 북쪽 지역에서는 대표적인 3대 채소로 무, 감자, 배추를 꼽는다. 20년 전에 이 채소들은 북쪽 지역의 겨울철 식탁을 채웠다. 무사히 기나긴 겨울을 나기 위해 식초에 절인 배추, 감자채, 배추무침, 무채볶음과 같은 반찬과 앞뒤 가리지 않고 사이좋게 지내던 시절이었다. 가끔 등장해 하이라이트를 장식하는 토마토소스를 제외하면 겨우내 세 가지 채소로 만든 음식이 돌림노래처럼 반복적으로 식탁에 올랐다.

청명절淸明節이 오면 사람들은 대문 앞 텃밭을 서둘러 갈아엎고 시장에서 사 온 청경채 씨앗을 뿌린다. 초록빛 청경채는 한 달이 채 지나지 않아 국 솥에 들어가 봄의 기운을 전했다. 나는 매일 청경채국을 먹는다면 정말 좋겠다고 생각하면서도 배추는 청경채가 자라난 채소인지 궁금했다. 하지만 호기심은 오래도록 풀리지 않은 채 그대로 남았다. 청경채가 다 자라기도 전에 내 배 속으로 들어갔기 때문이다.

배추와 따로 또 같이, 혼동하기 쉬운 청경채

외할아버지 댁에서는 텃밭에 청경채를 한 번도 심지 않았다. 우리가 봄에 먹은 청경채의 정체는 다 자라지 않은 배추였다. 진짜 청경채는 작은 유채나 상하이칭上海靑으로 분류되는 것을 가리킨다.

청경채는 대표적인 십자화과 배추속 식물이다. 배추 종의 변천사는 곧 채소를 선별하고 개량하는 기술의 발달사를 의미한다. 5,000여 년 전까지만 해도 배추의 조상 '유채'의 생김새는 아직까지 들풀과 다름없었다. 잎은 크고 넓적하고 두툼한 모양이 아니었고 줄기는 달콤하거나 둥그스름하지 않았으며 식물유의 원료로 쓰이는 씨앗도 존재하지 않았다. 들풀은 먹을 수 없지만 이 식물은 먹을 수 있다는 사실이 유일한 차이점이었다. 우리의 조상은 이 식물의 씨앗을 세대별로 보관했다가 원하는 형태에 맞추어 선별했다.

그 결과 2,700여 년 전 서주 시대에 가장 먼저 순무가 탄생했다. 『시경』에도 순무를 읊은 시구가 많이 등장한다. 예를 들면 "채봉채

비 무이하체採葑採菲 無以下體"라는 시구는 순무와 무를 뽑을 때 밑동만 보고 판단하지 말라고 충고하는데, 뿌리의 맛이 덜하다고 해서 이파리까지 한꺼번에 버리지 말라는 의미를 담고 있다. 당시에도 순무의 줄기잎과 뿌리를 함께 먹었다는 사실이 드러난다. 시는 순무의 구체적인 형태를 따로 묘사하지 않았지만 순무는 야생 유채의 하나로, 이파리가 살짝 두툼했을 것이다. 이런 채소는 오늘날 배추, 청경채, 무청(만청)의 공동 조상으로 알려져 있다.

기원후 3세기부터 배추 종은 본격적으로 식탁에 오르기 시작했다. 당시 배추의 이름은 '숭菘'이었다.

배추를 배추로 부르지 않았다는 사실은 특별한 일이 아니다. 숭의 이파리는 지금 우리가 아는 청경채처럼 자라면서 밖으로 벌어지는 모양이었고, 모든 잎은 하얀 부분을 거의 찾아볼 수 없는 초록색이었다. 원시 배추와 고추로 한국식 김치를 만들면 어떤 완성

품이 나올까?

　숭의 이름은 추운 겨울을 견뎌내는 강인한 성품에서 유래했다. 북송北宋 시대 육전陸佃의 저서 『비아埤雅』에는 이런 글이 나온다. "매서운 겨울 날씨에도 시들지 않고 사시사철 피어나니 굳은 지조가 소나무와 같아 숭이라고 부른다." 확실히 그는 폭설이 내렸을 때 눈이 배추를 덮친 참혹한 현장을 본 적도 없으면서 배추가 추운 겨울에 강하다는 결론을 내렸을 것이다. 당시 숭은 장강 유역에서만 자랐기에 큰 눈이나 된서리와 맞닥뜨릴 일이 없었고 김장 김치를 담그는 일 또한 불가능했다.

　그 후 800여 년 동안 숭은 장강 이남에서 독하게 버텨내며 변화를 거듭했다. 송나라 시대에 숭의 품종은 이미 다양해져서 잎이 넓고 단맛이 나는 '우두채牛肚菜', 잎이 둥글고 큰 '백숭白菘', 그리고 살짝 쓰고 독특한 풍미를 지닌 '자숭紫菘'이 등장했다. 지금은 흔히 볼 수 있는 이파리가 겹겹이 포개어진 배추가 나타나기 전이었다.

　우리에게 익숙한 청경채(상하이칭)는 이때 등장한 숭의 일종일 가능성이 크다. 원예학에서 일반 배추(큰 배추와 다른 종)로 불리는 이 종은 남쪽 지역에서는 사계절 내내 재배할 수 있어 지금까지 대표 채소 자리를 유지하고 있다. 하지만 청경채를 원상태 그대로 오래 보관하기란 여간 쉬운 일이 아니다. 게다가 이 식물은 북쪽의 매서운 겨울 날씨를 견뎌내지 못해 아직도 북쪽 지역의 대표 채소로 자리잡지 못하고 겉돌고 있다.

　반면, 당시 북쪽 지역에서 재배하던 또 다른 종의 배추는 사람들의 식탁을 지배했다. 그것은 바로 순무다. 순무도 청경채처럼 유채속 배추 아종의 변종이다. 이파리만 먹는 배추와 달리 순무는 이파리와 줄기를 모두 먹을 수 있는 채소다. 순무의 특징을 제대로 알지 못하면 무로 착각하기 쉽지만 무는 일반적으로 매운맛이 나고 순무처럼 크기가 큰 무는 오히려 단맛을 낸다. 순무는 노란 꽃을 피우고 무는 하얀 꽃을 피워 명확하게 구분할 수 있다. 순무는 한창 군란으로 어지럽던 시대에 구황작물의 역할을 했다. 건조 물질 함량이 9.5퍼센트에 달해 6.6퍼센트인 무보다 훨씬 높은 수치를 자랑하는 까닭이다. 기원후 154년에 메뚜기 떼에게 습격당하고 한바탕 수해를 겪은 후 한나라 환제桓帝는 기근에 대비하기 위해 백성들에게 순무를 심어달라고 호소했다. 순무는 맛이 썩 좋지만은 않아서 감자가 보급되자 빠른 속도로 역사의 뒤안길로 사라졌다. 그저 새로운 맛을 궁금해하는 사람만이 순무의 잎을 삼키고 뿌리를 씹어 먹는 습관을 이어간다.

배춧속이 들어차는 과정

|

배추라는 이름은 원나라 시대에 처음으로 입에 올랐다. 숭의 여러 품종 중 우두송을 수백 년에 걸쳐 재배하면서 품종을 개량한 끝에 우두송은 배추의 길을 걷게 되었다. 우두송의 중심부를 구성하는 이파리들이 마침내 하나로 뭉치면서 바깥을 향해 퍼져 있다가 꽃술을 향해 점점 포개질 듯 모여들었다. 이파리는 꽃술에 모일수록 더 긴밀하게 연결되어 아예 공처럼 변했는데, 이 품종이 바로 양배추다. 북쪽 사람들이 이토록 특별한 채소를 가만둘 리 없었다. 그들은 대대손손 종자를 붙들고 개량해 배추가 북쪽 지역의 차가운 기

후에 적응하도록 만들었다.

동시에 북쪽 지역에서는 배추를 저장하는 기술이 크게 발전했다. 땅에 움을 파 배추를 넣어두는 것이었다. 움을 이용한 저장 기술 덕에 배추는 북쪽 지역의 월동채소 가운데 핵심 멤버가 되었다. 오늘날 온실 하우스를 발명하고 보급한 데 견줄 만한 혁명이었다. 저장 기술을 발명하지 않았다면 우리는 여전히 먹기조차 힘든 순무 뿌리에 의지해 겨울을 나야 했다. 이 발명 덕에 하얀색을 띠는 배추의 특징이 한층 도드라졌다. 움 안에 저장한 배추의 엽록소 수치는 매우 낮은 수준으로 떨어져 자루와 이파리의 색이 하얗게 남기 때문이다.

배추 잎사귀가 퍼진 상태를 유지하다가 안으로 모여든 이유는 지금도 수수께끼다. 현재 그나마 공신력을 얻고 있는 두 가지 가설이 있다. 첫 번째 가설은 순무와 배추의 원시 종인 '숭'을 교잡하면서 끊임없이 우량종을 선택해 결구(채소 잎이 여러 겹으로 겹쳐서 둥글게 속이 드는 알들이_역자) 배추와 반결구 배추가 점차 탄생하게 되었다고 주장한다. 두 번째 가설은 배추가 북쪽에 옮겨질 때 꽃술을 따뜻하게 보호하기 위해 잎사귀가 안으로 말려들어갔다고 보고 있다. 다른 식물과 마찬가지로 지금의 배추가 되기 위해서는 오랫동안 선별 과정을 거쳐야 했다. 중국과학원 식물분자유전 국가중점실험실의 연구팀은 BcpLH라는 유전자가 배춧속 형성과 관련이 있다는 사실을 밝혀냈다. 연구진이 유전자 침묵gene silencing 기술을 사용하자 배추의 결구 능력이 사라졌다. 다시 말해 BcpLH 유전자는 배추의 생장기에 해당하는 연좌기(잎이 방사선 모양으로 퍼지는 시기_역자)에서 속이 드는 시기인 결구기로 전환되는 시점과 밀접한 관련이 있다. 심층적인 연구를 완료하면 언젠가 배추처럼 저장하고 운반하는 데 끄떡없는 잎채소가 훨씬 많이 등장할지 모른다.

이른바 '청경채'인 줄로만 알았던 외할아버지 댁 텃밭 채소를 속이 들어차기 전에 서둘러 먹어치우지만 않았더라면 그 집 마당 텃밭에서도 잘 익은 배추를 볼 수 있었을 것이다.

배추 겉잎보다 속대에 영양 성분이 더 많을까?

친구가 내게 다른 채소는 먹지도 않느냐며 배추와 전생에 긴밀한 사이라도 됐다는 듯이 왜 배추 타령을 하는지 타박한 적이 있었다. 그도 그럴 것이 나는 걸핏하면 배추를 기준으로 두고 다른 채소의 영양 가치를 평가했다. 배추는 가정에 꼭 필요한 식재료였으므로 어떤 채소를 갖다 대도 제대로 된 비교는 이루어지지 않았다. 더군다나 해삼이나 전복은 먹어본 적이 없는 사람이 많을 수 있으나 배추를 접해보지 못한 사람은 별로 없을 테니까.

배추는 어떤 요리에 이용하는지에 따라 조리법을 달리해야 한다. 기억하건대, 전혀 쓰촨 요리처럼 보이지 않는 '카이수이바아차이开水白菜'의 주재료는 배추가 맞지만 배추를 식초에 절이거나 볶지도 않고 잘게 썰어 소를 만들지도 않는다. 이름처럼 단순히 끓는 물에 배추를 집어넣는 요리도 아니다. 정확하게는 돼지나 닭 따위를 국물에 고아 배추를 넣고 끓인 요리다. 암탉으로 국물을 낸 뒤 닭가슴살을 잘게 찢어 달걀 흰자와 함께 솥에 넣고 불순물과 기름을 걷어낸 맑은 국이다. 국물이 얼추 완성되면 입동 무렵 수확한 속이 꽉 찬 배추를 골라 바깥쪽의 질긴 잎은 벗겨낸 뒤 여린 속만 솥에 넣고 끓이면 된다. 서리를 맞은 배추라면 단맛이 더 강하다.

맑은 국물 속에 배추가 들어간 아주 평범한 국이지만, 한 술 뜨는 순간 단맛이 우러난 담백한 국물의 맛은 어떤 수식어로도 표현하기 어려울 정도로 기가 막힌다. 카이수이바이차이는 입이 아리도록 매운 쓰촨 요리 사이에서 담백한 맛을 자랑하는 몇 안 되는 요리다.

카이수이바이차이의 맛도 기가 막히지만, 가정집에서 쉽게 해 먹을 수 있는 배추 요리법도 다양하다. 평범하게 무쳐 먹거나 닭고기 수프를 끓일 때도 배추의 아삭한 단맛이 곁들여진다. 중국인 대다수가 "배추의 진가는 그 심 속에 숨어 있다"라는 말에 공감하며 배추속대도 귀하게 대접한다. 이런 말이 진짜 일리가 있을까? 배추의 식감은 주로 가용성 당, 조단백과 조섬유 성분이 결정한다. 두 가지 성분이 많을수록 배추는 아삭하고 달다. 반면에 조섬유 성분이 지나치게 많으면 씹을 수 없을 정도로 질겨진다. 배추속대의 세 가지 성분비는 우리의 입맛에 알맞다. 배추속대를 실험한 결과를 분석해보니 겹겹이 싸인 배춧잎의 바깥쪽에서 안쪽으로 들어가면 들어갈수록 가용성 당과 조단백의 함량이 점점 높아지고, 조섬유의 함량은 상대적으로 낮아진다는 사실이 밝혀졌다. 배추속대가 맛있는 이유가 여기에 있다. 바깥쪽 잎에도 제 나름의 장점이 있어 비타민C를 많이 함유한다. 선택의 문제는 각자의 취향에 달렸다.

한편 배추의 겉대보다 부드러운 잎의 영양분 함량이 높은 것은 사실이지만, 배추 겉대가 쓸모없지는 않아서 적어도 배추초절임에서는 속잎보다 제 역할을 훨씬 잘한다.

신선도를 유지하는 폼알데하이드

20여 년 전만 해도 겨울철이 되면 땅속 움이나 통로에 배추를 쌓아 저장했다. 그마저도 궁하면 아예 처마 밑에 두었다. 보관해둔 배추 바깥쪽의 마른 잎을 떼어내면 신선한 상태를 유지하는 속잎이 들어차 있어 겨우내 네다섯 달 동안 채소 걱정을 하지 않게 해주었다. 배추는 금값 채소가 아니어서 한 근에 5푼(分)이면 수레에 가득 실을 만큼 살 수 있었고, 시장 바닥에 나뒹구는 배추 겉대를 모두 수레에 쓸어 담아 올 수도 있었다.

하지만 시대가 변하고 환경이 바뀌면서 위안(元) 수준으로 오른 배춧값을 고려해 운송업자나 판매업자는 손실을 줄일 궁리를 했다. 그렇다면 폼알데하이드를 사용해 배추의 신선도를 유지한다는 소문은 사실일까? 폼알데하이드가 이런 역할을 한다면 과연 어떻게 작용할까?

우선 배추는 토마토, 참외와 같은 과일과 다르게 수확 후에도 살아 숨 쉰다. 밭에서 수확한 배추는 알이 찬 엽구葉球 형태로 뿌리만 제거한 온전한 식물이다. 엽구 중심부에는 꽃봉오리가 계속 자라고 배추는 적당한 온도와 습도 조건을 제공하면 시들거나 썩지 않은 채 살아남는다. 절단된 뿌리 부분이 공기 중에 노출되면 갈변 현상이 일어날 수 있지만 폼알데하이드는 이런 변화를 억제할 만한 능력이 없다.

환경적 변화를 제외하고서라도 배추의 상태에 영향을 미치는 요인은 여러 가지다. 배추는 진균, 세균 등 '강도'와 맞서 싸워야 한다. 배추의 절단면 부위에서는 당류 등 영양물질이 풍부하게 들어 있는 즙이 배어 나와 세균과 진균 번식의 온상지가 된다. 이곳에 폼알데하이드를 사용하면 확실히 항균 작용 효과를 톡톡히 볼 수 있다. 농도 40퍼센트의 폼알데하이드 용액을 그대로 사용하는 것은 절대 금물이어서 폼알데하이드 용액을 희석해 0.1퍼센트의 농도로만 맞춰도 부패 현상을 막는다.

연구 결과에 따르면, 사람이 일반적인 폼알데하이드 용액 10~20밀리리터를 복용하면 죽을 수 있는데, 용액의 농도를 40퍼센트로 맞추어 계산하면 4,000~8,000밀리그램에 불과한 양도 치사량이 되기에 충분하다. 일반인이 그만한 농도의 폼알데하이드를 접하기는 어렵다. 물론 우리는 적은 양이라도 장기적으로 노출될 위험에 더 주목해야 한다. 일반적인 실내 인테리어를 기준으로 했을 때 폼알데하이드 농도를 1세제곱미터당 0.1밀리그램으로 조절하면 안전성 기준을 통과한다. 보통 1세제곱미터를 채우는 공기의 중량은 1.2킬로그램이라는 사실을 이용해 공기가 함유한 성분의 질량 백분율을 계산하는 것이 가능하다. 농도가 1세제곱미터당 0.006밀리그램의 수치에 이르면 우리는 보이지 않아도 폼알데하이드의 존재를 느낀다. 배추에 사용한 폼알데하이드 용액이 지나치게 많으면 단번에 알아챌 수밖에 없다.

폼알데하이드가 몸에 좋지 않다는 사실은 의심의 여지가 없다. 그래서 식품에 용액을 사용하는 행위는 명백히 금지되어야 마땅하다. 일부 몰지각한 장사꾼들이 배추에 폼알데하이드를 대량 투여해 배추의 모양과 신선도를 유지하고자 한다면 그 결과는 굳이 거론할 필요조차 없다.

배추의 신선도를 유지하는 수단은 따로 있다. 예를 들어, 농도

0.01퍼센트의 아황산수소나트륨 용액 혹은 농도 1퍼센트의 염화나트륨 용액에 배추를 담근 뒤 섭씨 0~5도에서 보관하기만 해도 좀 더 오랫동안 신선도를 유지할 수 있다. 실험 결과 대조군에 비해 온전한 모양을 유지하는 기간이 12일이나 더 연장되었다. 식품의 안전성을 심각하게 걱정하는 시대에 살다 보니 어떻게 설명하더라도 설득력을 잃어버려 쉽게 안심할 수 없다. 공급 사슬과 판매망이 조화를 이루어 모두에게 만족스러운 배추를 생산하기를 기대할 뿐이다.

혹시라도 구매한 배추에 폼알데하이드가 묻어 있을까 봐 내심 걱정이 된다면 여러 번 씻어내는 것도 좋은 방법이다. 폼알데하이드는 물에 아주 잘 녹기 때문에 씻기만 해도 수월하게 사라지는 한편, 고온의 환경에서는 쉽게 휘발하므로 운송과 조리 과정에서 충분히 제거할 수 있다. 폼알데하이드를 걱정하느라 맛있는 배추를 포기할 필요는 없어 보인다.

점점 더 다양한 채소가 진열대로 몰려오고 있지만 중국 북쪽 지역의 식탁 위를 호령하는 배추의 위세는 앞으로도 상당 기간 지속될 예정이다.

속이 썩은 배추는 먹으면 안 된다

간혹 겉은 멀쩡한데 잎을 몇 장 걷어보면 짓무르고 썩은 물이 흘러나오는 경우가 생긴다. 에르위니아속 세균이 일으키는 현상이다. 이들은 잘린 배추 뿌리의 절단면으로 침투해 내부 조직을 파괴한다. 이 세균 자체가 독은 아니지만 배추의 질산염을 아질산염으로 바꿔 식중독을 유발한다. 속이 썩은 배추는 쓰레기통으로 바로 보내버리자.

호르몬 때문에 배추가 갈라지는 걸까?

시장에서 떨이로 처분하는 배추를 보면 가끔 겉은 멀쩡한데 속이 갈라져 있다. 배추에 식물생장조절제를 지나치게 많이 사용했다는 소문이 돌기도 했다. 사실 배추가 갈라지는 현상은 흔하다. 특히 배추가 익을 때 수분이 지나치게 많으면 속잎이 왕성하게 성장하는데, 심지어 겉잎을 뛰어넘는 속도로 자라나 배추 자체가 갈라지는 현상이 발생한다. 보통 이런 배추는 떨이로 파는 경우가 있으니 집에 식구가 많아 배추 소비량이 많다면 대량으로 사두는 것도 좋은 방법이다.

배추에 검은 반점이 나 있는데 먹어도 될까?

검은 반점은 배추에 자주 보이지만 원인을 밝힐 만한 증거가 아직 나오지 않았다. 일반적으로 이 점은 질소 비료를 과다하게 사용하면 생긴다고 여겨지므로 큼직큼직한 흑반이 배추에 피어 있다면 먹지 않는 게 상책이다.

얼갈이배추는 최근 몇 년 사이 특히 인기를 끌고 있는 채소다. 크기가 작은 배추이기에 배추속대를 얼갈이배추로 속여 파는 사람도 적지 않다. 얼갈이배추와 배추속대를 어떻게 구분할 수 있을까? 얼갈이배추의 잎은 배추속대보다 좀 더 느슨하게 뭉쳐 있고 초록색에 가까운 빛을 띠는데, 배춧속은 노란색에 더 가깝다. 맛은 얼갈이배추가 더 부드럽고 아삭하다.

3부 세상에 특별하지 않은 음식은 없다

291

미식가를 위한 식물 사전

식탁 위의 트랜스포머

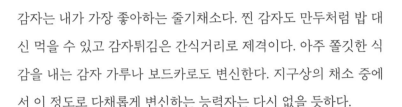

감자는 내가 가장 좋아하는 줄기채소다. 찐 감자도 만두처럼 밥 대신 먹을 수 있고 감자튀김은 간식거리로 제격이다. 아주 쫄깃한 식감을 내는 감자 가루나 보드카로도 변신한다. 지구상의 채소 중에서 이 정도로 다채롭게 변신하는 능력자는 다시 없을 듯하다.

언젠가 간쑤甘肅 성에서 식물을 조사하는 동안 감자로 만든 만찬의 위력을 온몸으로 체험한 적이 있다. 매일 아침 하루의 시작은 찐 감자였다. 고춧가루에 찍어 먹거나 옥수수 수프를 곁들인 정겨운 시골 밥상은 도시의 맛과는 차원이 달랐다. 산에서 맞이하는 점심시간에는 가이드가 짊어지고 온 구운 감자와 건빵으로 끼니를 해결했다. 잠시나마 소풍이라도 나온 듯한 들뜬 기분에 퍽퍽한 식사마저 견딜 만했다. 저녁에 숙소로 돌아오면 커다란 그릇에 담긴 감자채와 밀전병이 상에 올라왔다. 감자를 좋아하는 나에게조차 고문이 따로 없었다. 일주일이 지나자 감자를 보기만 해도 신물이 올라왔다. 결국 가이드를 데리고 시내로 나가 오랜만에 감자 없는 한 끼 식사로 배를 채운 뒤 지나침은 모자람만 못하다는 말의 뜻을 뼈저리게 느꼈다. 나는 고사성어 '엽공호룡葉公好龍'에 나오는 엽공葉公과 다르지 않았다. 옛날에 엽공은 용을 너무 좋아해 집 안을 온통 용과 관련된 것들로 채워 넣었지만 막상 진짜 용이 집으로 찾아오자 자신의 생각과 달라 기겁하며 도망쳤다. 그때 감자가 선사해준 경험으로 나는 이 고사성어의 뜻을 깊이 깨달았다.

이름을 가장 많이 가지고 있는 채소

"사장님, 양위채 한 접시 더 주세요!"

쓰촨 출신 학생이 접시를 주인에게 건네자 맞은편에 있던 산시 출신 사장이 되물었다.

"네? 양위요? 양위는 없고 산야오단山药蛋볶음은 있는데 그거라도 드릴까요?"

옆에 있던 베이징 출신 학생이 보다 못해 끼어들었다.

"그렇게 말하면 못 알아들을 수도 있잖아. 겨우 투더우土豆볶음 하나 더 먹는데 통역까지 해줘야겠냐?"

접시 위의 감자는 이런 생각을 했을지 모른다.

"사실 내 이름은 마링수馬鈴薯라고."

감자는 먹는 방법도 다양하지만 이름도 한두 가지가 아니다. 중국에서 감자를 지칭하는 가장 흔한 단어는 마링수지만 전국에서 공식 명칭을 사용하는 사람은 많지 않다. 산시에서는 산야오단, 윈구이에서는 양위, 광둥에서는 수쯔薯仔, 산둥에서는 디단地蛋으로 부른다. 식물학자들에게 감자는 이명과 속명으로 더 많이 불리는 전형적인 식물로 손꼽힌다. 누구에게나 잘 알려진 현지 식물이 감자와 구분하기 어려울 정도로 유사해 이 식물들의 이름이 감자의 영역까지 범위를 넓힌 것이다.

투더우라는 이름은 아마도 땅속줄기가 아니라 콩과 닮은 식물체의 전체적인 형태로부터 비롯되었을 확률이 높다. 명나라 때 서광계徐光启가 저술한 『농정전서农政全书』 28권에서는 감자를 이렇게 설명한다.

토우土芋는 토두土豆(투더우)와 황독黃獨(황두)으로 불린다. 덩굴진 줄기는 콩과 닮았고 둥근 뿌리는 달걀 모양인가 하면, 속은 하얗고 껍질은 갈색을 띠며… 끓여 먹거나 쪄 먹는다. 또한 즙을 내어 마시기도 하고, 찌든 때를 빼는 데 쓰기도 한다.

이 대목에 따르면 감자를 먹는 일은 땅속에서 자라는 콩을 먹는 것과 흡사하다. 눈으로 보기에도 감자의 줄기와 잎은 누에콩이나 완두콩과 어느 정도 비슷하다.

만약 식도락 여행을 위해 도착한 타이완에서 땅에서 나는 콩을 의미하는 '투더우'를 주문한다면 엉뚱하게도 감자 대신 땅콩 한 접시를 마주하게 될지도 모른다. 땅콩이야말로 흙 속에서 자라는 콩이니 투더우라는 이름과 찰떡궁합이다.

지역마다 다양하게 불리는 감자의 이름들은 그만큼 감자가 대중적으로 사랑받고 있다는 증거다. 감자가 바다를 건너기 전에는 감히 꿈에도 상상하지 못했던 일이다. 감자는 고향 남미에서도 이렇게 많은 이름을 가지고 있었을까? 그곳에 감자라는 식물 자체가 다양한 종류로 존재한다는 사실만은 확실하다.

감자가 중국에 들어온 지 기껏해야 400여 년이 지났지만 원산지에서 감자가 재배된 역사는 무려 7,000년을 뛰어넘는다. 신석기시대에 인류가 막 농사를 짓기 시작했을 무렵 현지 인디언들은 막대기로 흙을 파헤쳐 부드럽게 땅을 고른 후 감자를 재배했다. 그들은 하나의 독립적인 종으로서의 감자가 아닌 가짓과 가지속에 들어가는 여러 식물을 재배했다. 흔히 볼 수 있는 솔라눔 투버로섬*Solanum tuberosum* 외에도 솔라눔 아잔후이리*S. ajanhuiri*, 솔라눔 차우차*S. chaucha*, 솔라눔 컬티로범*S. curtilobum*, 솔라눔 우제프크주키*S. juzepczukii*, 솔라눔 푸리아*S. phureja*, 솔라눔 스테노토멈*S. stenotomum* 등을 포함한다.

그중 모든 감자 재배종의 조상인 솔라눔 스테노토멈은 2배체 감자다. 이 종을 교잡하고 선별하는 과정에서 감자는 방대한 대가족으로 발전했고 일반 종인 4배체 감자가 탄생하기에 이르렀다.

밭에서 작게 피어난 감자꽃을 유심히 들여다보면 정교한 모양에 누구나 감탄한다. 지금이야 감자꽃은 모두 밭을 예쁘게 장식하지만 꽃봉오리가 전형적인 독이 많은 가짓과 식물처럼 생겼기 때문에 감자는 유럽에 도착하자마자 독초로 취급당하며 푸대접을 받았다. 그러나 이런 차별적 태도는 감자의 장점에 떠밀려 금세 흔적도 없이 사라졌다.

하늘이 내린 귀한 양식

|

감자의 줄기는 여러 가지 방법으로 먹을 수 있을 뿐만 아니라 전분, 단백질과 같은 필수적인 영양 성분을 풍부하게 함유한다. 중간 크기의 감자 하나는 성인이 하루에 섭취해야 할 영양분의 4분의 1을 제공한다. 심지어 비타민C, 비타민B, 무기질에 더해 식이 섬유까지 갖추고 있다. 감자에 비타민A와 칼슘이 부족하지만 않았더라면 감자는 완전식품이 될 수 있었다. 으깬 삶은 감자에 비타민A와 칼슘이 풍부한 우유를 부은 감자 요리를 식품 영양 성분의 표준으로 삼아야 한다는 주장도 있다. 마음은 충분히 이해하지만 그런 감자 요리가 대중의 입맛을 충족시키려면 갈 길이 꽤나 멀어 보인다. 언젠가 마트에 갔다가 진열대에 놓인 채식용 으깬 감자를 보고 만능 식품이 우리 앞에 가까이 다가왔다는 사실을 새삼 실감했다.

이와 더불어 감자는 자라는 곳을 가리지 않는다. 물이 잘 빠지는 모래흙이 깔린 산비탈에 안개만 자욱하게 끼어 있어도 감자는 무럭무럭 자라난다. 일반적으로 밀농사를 지을 때 사용하는 물의 양은 30평당 25만~30만 리터다. 감자밭 60평을 살리고도 남을 양이다. 몇 년 전까지만 해도 나는 일 때문에 윈구이찬의 고산지대와 석회암 지대를 누볐다. 그 척박한 땅에 싹이 튼 감자를 흙에 묻고 조금만 기다리면 더 많은 복제품을 수확할 수 있었다. 감자는 그곳에서 '재배 범위가 가장 넓고 수확량이 많은' 거의 유일한 농작물의 지위에 올랐다.

재배 조건이 그다지 까다롭지 않아 매번 놀라운 수확량을 기록하는 감자 앞에서 다른 농작물은 고개를 들지 못했다. 감자는 30평당 3,000킬로그램을 가뿐하게 생산해내는 기염을 토한다. 이 수치는 벼의 수확량의 세 배에 달해 감자가 밀이나 벼와 같은 전통적 농작물의 통치권을 송두리째 무너뜨리는 경우가 많아졌다. 지금도 간쑤성 남부 산악 지대에서 '감자를 주식으로, 밀전병을 부식으로' 먹던 눈물겨운 기억을 잊을 수 없다. 감자는 높은 수확량과 영양분을 무기로 옥수수, 벼, 밀을 잇는 네 번째 주식으로 등극했다. 2016년 중국 농림부는 2020년까지 감자 재배 면적을 30억 평 이상으로 확대하는 가이드라인을 발표했다.

하지만 완벽해 보이는 이 식물도 보관하기가 쉽지 않다는 치명적인 결함을 갖는다.

초록색으로 변한 감자

감자를 사 들고 와 베란다에 내놓고 사흘 뒤에 나가보니 감자가 초록색으로 변한 적이 있었다. 어머니는 아까운 마음에 초록색 부분을 칼로 조심스럽게 도려내고 나머지 부분으로 감자채 볶음을 만드셨지만, 흔히 아는 감자 맛이 아닌 입안이 얼얼하게 마비되는 맛이었다.

흔히들 초록색으로 변한 부위는 감자가 갑자기 빛을 봐서 생겨난 독소라고 착각하는데, 사실은 전혀 그렇지 않다. 감자의 색을 초록색으로 바꾸는 것은 엽록소다. 나뭇잎을 초록색으로 물들이는 색소가 감자에도 작용했다. 입을 마비시키는 물질은 무색무취한 알칼로이드 독소 솔라닌Solanine이다. 빛을 받게 되면 감자는 엽록소와 솔라닌을 동시에 합성해 언뜻 보기에 초록색 물질 자체가 입을 마비시킨다고 여겨진다.

그렇다면 빛을 받은 적이 없는 감자는 안전할까? 완전히 안전하다고 말할 수 없다. 빛이 내리쬐지 않는 환경이라도 온도가 높으면 감자는 솔라닌을 대량으로 합성한다. 빛이 없지만 섭씨 25도의 따뜻한 기온을 유지하는 환경에서 감자를 20일 동안 보관하면 솔라닌 함량은 100그램당 3밀리그램에서 222밀리그램까지 치솟는다. 빛이 드는 환경에 두었던 감자의 솔라닌 양에 비하면 절반에 그치는 함량이지만 수치만 보면 70배 이상 증가해 안전기준을 훨씬 웃돈다.

절대 초록색 감자를 아까워해서는 안 된다. 솔라닌의 독성은 매우 강해 신경전달물질 아세틸콜린acetylcholine의 기능을 저하하는 콜린에스테레이스cholinesterase를 억제한다. 솔라닌은 아세틸콜린을 지나치게 많이 축적시켜 신경을 과도한 흥분 상태에 몰아넣는다. 솔라닌 함량이 100그램당 20밀리그램을 넘을 경우 메스꺼움을 느끼거나 구토, 설사 증상을 일으킨다. 너무 많은 솔라닌이 한꺼번에 몸에 들어오면 정신이 혼미해지거나 경련이 일어나 자칫하면 목숨까지 위태로워진다. 감자를 먹는 일이 대단한 호사가 아닌 이상 죽을 위험을 무릅쓸 필요는 없다.

　다만 초록색 부위를 도려낸 뒤 만든 감자채에는 어떤 문제도 없다. 남아 있던 솔라닌은 조리할 때 파괴되므로 걱정하지 않아도 된다. 감자채의 갈변을 막기 위해 볶기 전에 물에 담가두어도 솔라닌의 일부가 물속에 녹아 사라진다. 감자를 볶을 때도 식초를 많이 넣고 센 불로 조절하면 솔라닌이 제거되므로 마음 놓을 수 있다.

감자의 독소도 이겨내는 무서운 천적
|

솔라닌의 독성은 그 자체로 충분히 강력하다. 그런데 이 독소가 콜로라도 딱정벌레에게 먹히기만 하면 아무런 힘도 쓰지 못한다. 콜로라도 딱정벌레는 멕시코의 혹독한 사막에서 튼튼한 위장으로 완전무장한 채 각종 가지과 식물을 몽땅 먹어치운다. 감자의 즙 많은 줄기와 잎은 딱정벌레가 원래 즐겨 먹던 먹이보다 부드럽고 안전한 최상의 먹잇감이다.

　1853년 콜로라도 딱정벌레는 미국에 있는 감자밭을 거의 전부 초토화시킨 뒤 유럽의 감자까지 소탕해 아시아로 세력을 넓혔다. 토마토, 피튜니아와 같이 감자와 친척 관계인 가짓과 식물들도 표적이 되었다. 농약을 살포해도 문제는 해결되지 않는다. 감자밭에 유기인(인을 함유한 유기화합물_역자) 농약을 뿌리면 사납게 몰려드는 딱정벌레 대군을 물리치는 데 도움을 줄 수 있지만 잔류하는 농약의 부작용은 피하기 어렵다. 딱정벌레의 천적을 끌어들여 생물학적으로 이 곤충을 제어해야 한다는 주장은 까딱하면 천적 생물이 새로운 문제의 불씨가 될지도 모른다는 사실을 간과한다. 누가 장담할 수 있겠는가?

과학자들은 딱정벌레 떼에 대항할 만한 미생물 무기 '바실러스 튜링겐시스*Bacillus thuringiensis,* Bt'를 찾아냈다. 이 세균이 분비하는 특수한 단백질은 딱정벌레의 배 속에서 위장관의 상피세포를 파괴해 딱정벌레를 죽음에 이르게 한다. 또한 미생물 농약은 쉽게 분해되므로 몸속에 남는 양이 적어 식품의 안전을 보장한다. 그러나 이 세균은 일하는 시간의 길이에 크게 제약을 받는다. 과학자들은 독성 단백질을 만드는 유전자를 감자 안에 직접 주입해 Bt 감자 스스로 콜로라도 딱정벌레에 저항하도록 무기를 연구했다. 현재 이 작업은 실질적인 성과를 거두어 미국의 유명한 바이오 기업 몬산토Monsanto가 이미 상업적인 생산에 활용하고 있다.

아직까지 Bt 감자가 건강에 영향을 미친 사례는 나오지 않았지만 여전히 많은 사람이 반신반의한다. 진짜 걱정해야 할 일은 Bt 감자가 광범위하게 재배되는 순간 딱정벌레 역시 새로운 해독 기능을 가질지도 모른다는 것이다.

싹을 틔우지 않는 감자의 문제

감자가 발아하지 않는 걸 보면 유전자 조작 제품일 수도 있지 않느냐는 질문의 답은 '아니오'다. 중국에서는 아직 유전자를 조작한 감자가 재배되지 않았다. 일반적으로 감자의 발아를 억제하기 위해서는 말레익 하이드라자이드maleic hydrazide나 클로로 아이피시CIPC 등의 농약을 사용한다. 이런 화학약품은 식물의 어린싹 세포가 체세포분열mitosis을 하지 못하게 하고 특히 감자 싹(꼭지눈)의 발육을 막는다. 약품의 안전성은 신뢰할 만하다. 실험용 쥐에게 먹였을 때 부작용을 일으키는 용량은 1킬로그램당 420밀리그램이었고, 집토끼에게는 1킬로그램당 500밀리그램을 피부에 투여했을 때 부작용 증상이 나타났다. 일반적으로 사용하는 농약의 양을 고려했을 때 감자에 배어드는 농약 성분은 1,000킬로그램당 980밀리그램 정도일 뿐이다. 설사 감자 1,000킬로그램을 먹는 기상천외한 일이 일어난다고 해도 약품의 섭취량은 고작 0.98그램에 불과하기 때문에 맹목적으로 다다익선을 고집하지 않는다면 안전상의 문제는 일어나지 않는다. 하지만 오랫동안 싹이 트지 않는 감자를 어딘가 이상하다고 생각하게 되는 건 어쩔 수 없다.

감자를 칼로 자른 뒤에도 갈변하지 않는다면 유전자 조작이 아닌 효소가 범인이다. 감자 속에 폴리페놀 산화효소가 부족한 탓이다. 감자의 색이 변하는 현상에는 바나나, 사과, 연근이 갈변하는 원리가 똑같이 작용한다. 즉, 폴리페놀류 물질이 폴리페놀 산화효소의 촉매작용을 받고 유색을 띠는 퀴논류 물질로 변한다. 만약 반응 과정에서 촉매작용을 하는 효소가 부족하면 퀴논류 물질이 생성되기는커녕 색깔도 당연히 달라지지 않는다. 채를 썬 감자를 물에 담가놓기만 해도 산화 과정을 차단해 본래의 감자는 색을 유지한다.

일주일 내내 감자만 먹는 고문에 시달렸던 기억마저 한순간에 잊을 만큼 감자는 내가 가장 좋아하는 식재료라는 왕좌에서 단 한 번도 내려오지 않았다. 나는 외식할 때 메뉴 선택권이 주어지면 빼놓지 않고 감자를 넣은 요리를 주문했다.

감자라는 한 가지 식재료를 사용해 다양한 맛의 요리를 만들어낼 수 있다는 사실만으로도 감자는 충분히 매력적인 식물이다. 감자는 훌륭한 맛까지 겸비한 이른바 식탁 위의 트랜스포머다.

사과로 감자에 싹이 나는 것을 막을 수 있을까?

사과는 에틸렌을 내뿜어 감자에 싹이 나는 속도를 어느 정도 늦춘다. 그러나 감자의 발아를 완전히 막는 것은 불가능하다. 더 안전하고 확실하게 발아를 막고 싶다면 감자를 신문지에 싸서 냉장고 냉장칸에 넣어두면 된다. 빛이 없는 저온의 환경을 조성해 감자가 솔라닌을 빠른 속도로 생성하지 못하게 함으로써 오랫동안 보관할 수 있다.

평범함 속에 감춰진 진국 같은 매력

어린 시절의 나에게 녹두를 먹는 일은 고역이었다. 어딘지 모를 쓴 맛과 떫은맛도 모자라 콩 비린내까지 나서 손이 가지 않았다. 어른들이 녹두탕을 큰 대접에 담아 마시는 모습을 보면 저렇게까지 자신을 학대하는 이유를 도무지 이해할 수 없었다. 어른이 되고 나서야 무더위 날씨에 먹는 녹두와 밀떡은 기가 막히게 잘 어울린다는 사실을 깨달았다. 녹두탕의 떫고 쓴맛이 돼지기름과 파를 썰어 넣고 부친 밀전병의 느끼함을 가라앉혔다. 텃밭에서 갓 딴 오이와 콩 소스를 한 수저 곁들이면 환상적인 맛을 선사하는 여름철 한 끼 점심 식사로 손색없었다. 쓰고 떫은 맛을 즐기는 경지에 다다르면 어른의 입맛으로 인정받을 만하다.

그러나 녹두를 통해 경험하는 쓰고 떫은 맛도 이제는 점점 누리기 힘들어졌다. 예전에는 솥에 녹두를 듬뿍듬뿍 마음껏 집어넣었다면 지금 녹두는 금싸라기만큼이나 귀한 몸이 되어버렸다. 방송에 보양식 요리사들이 출연해 녹두의 효능을 칭찬하면서부터 별 볼 일 없던 녹두의 몸값이 갑자기 천정부지로 치솟았지만 그들의 발언은 수많은 전문가로부터 비난의 표적이 되었다. 이 시점에서 녹두의 쓴맛이 몸에 좋은지, 과연 우리가 먹어도 되는지 일반 소비자들의 궁금증은 커질 수밖에 없다.

태생 자체가 평범한 존재

|

중국에서 녹두는 유구한 역사를 뽐낸다. 상주 시대의 선조부터 콩과 식물을 심어 길렀고 굴원屈原도 시 〈이소離騷〉에 녹두를 기록해두었다. 녹두는 콩과 마찬가지로 중국이 원산지인 작물이지만 콩에 비해 늘 비천한 신세였다. 콩은 쌀, 보리, 조, 기장과 함께 오곡으로 불리며 제단에 올랐지만 사람들은 녹두를 토란과 함께 잡곡으로 분류했다.

두 가지 곡물 사이에 차이가 생기는 이유를 짐작해볼 수 있다. 영양 성분을 보면 녹두는 지나칠 정도로 중용을 지켰다. 녹두 속의 탄수화물 비율은 61퍼센트로, 22퍼센트인 단백질보다 월등하게 높다. 반면에 콩의 단백질 함량은 40퍼센트에 달해 사람들은 아예 콩을 일컬어 '밭에서 나는 고기'라고 불렀다. 농경문화의 테두리 안에서 콩은 내내 중요한 단백질 공급자 역할을 자처했고 다른 농작물 가운데 어느 것도 콩을 대체할 수 없었다.

콩과 나란히 놓고 볼 때 녹두는 너무나 평범했다. 녹두는 단백질도 콩보다 적게 함유했고 탄수화물 함유량은 벼만도 못했으며 수확량으로 따지자면 밀에 한참 뒤처졌다. 녹두를 잡곡으로 분류하는 것도 나름대로 합리적인 선택이다.

상대적으로 녹두와 가까운 친척뻘인 줄콩이 녹두보다 훨씬 많이 쓰인다. 녹두를 가공하기 전의 모습은 본 적이 없더라도 콩꼬투리를 까고 나온 콩은 상상할 수 있다. 녹두의 콩꼬투리는 먹을 수 없고 줄콩의 콩알도 그다지 인기 있는 편은 아니다. 만약 두 곡물에 비슷한 맛이 있는지 알고 싶다면 녹두탕을 마시면서 동시에 줄콩을 먹어보는 수밖에 없다.

음식에 쓰일 때 돋보이고 싶어 안달 난 조연

언제나 조연 자리를 지키는 녹두라도 영향력만큼은 주연배우 못지않다. 녹두는 일 년 내내 부엌 한구석을 차지한 채 필요할 때마다 다양한 변신을 꾀한다. 녹두죽은 말할 것도 없고, 여름철 보양식인 녹두탕, 어린아이들도 즐기는 녹두 아이스바, 반찬으로 올라오는 숙주나물 녹두무침에 이르기까지 녹두의 기여도는 이미 상당하다.

녹말가루는 녹두를 더욱 특별하게 만들어주는 존재다. 중국의 특색 있는 식재료로 꼽히는 당면은 녹두로 만든 것의 품질이 가장 좋다. 유난히 부드럽고 매끄러운 녹두 전분은 당면에 필수적인 낮은 저항력을 갖추게 하고 당면 반죽이 충분히 뒤섞이도록 도와 투명하고 쫄깃한 당면을 만든다. 지금까지 이 정도로 뛰어난 수준의 전분을 공급할 만한 작물은 어디에도 없었으므로 일반적인 전분을 사용한 가짜 녹두 당면마저 버젓이 유통되고 있다.

한편, 탄수화물을 풍부하게 함유한 녹두를 사용한 레시피로는 녹두 아이스바가 대표적이다. 녹두의 부드럽고 매끄러운 녹말가루는 아이스바 특유의 식감을 살리기에 제격이다. 녹두탕 농축액를 얼린 아이스바의 씹는 맛은 나중에 등장한 녹두 아이스크림의 부드러움에 함부로 도전장을 내밀지 못하는 수준일지라도 그 시절에는 건강한 시원함을 선사했다. 물에 사카린을 탄 뒤 얼린 아이스바가 여름을 지배하던 때에 녹두 아이스바의 시원함은 격이 달랐다. 훗날 크림 아이스크림이 등장하기 전까지 녹두 아이스바는 기억 가장 깊숙한 곳에 각인된 어린 시절 추억이었다.

그런데 정말 녹두의 초록빛 색깔을 보고 떠올리는 것처럼 녹두를 먹으면 한여름 더위를 식힐 수 있을까?

뜨거운 태양에 맞서는 무기

'검은' 7월이라 부르는 대학 입시 시즌에 나는 다른 학생들과 교실에 앉아 각종 문제집이며 시험 문제와 씨름을 벌였다. 그때 마치 전선으로 달려 나가기 전에 사기를 북돋는 것과 같은 의식이 행해졌다. 쉬는 시간이면 담임교사의 진두지휘 아래 3학년 각 학급의 당번이 교실 입구마다 놓인 커다란 통에서 녹두탕을 퍼서 반 학생들의 물컵에 부어주었다. 녹두탕이 과연 더위를 식혀주는 식품이 맞는지는 중요한 문제가 아니었다.

칼륨, 나트륨, 칼슘 등 각종 무기질이 풍부한 녹두탕은 무더위를 극복하는 보양식으로 여겨졌다. 여름이 되면 땀이 많이 나면서 수분과 더불어 귀한 무기질이 몸 밖으로 빠져나간다. 그때마다 녹두탕을 마시면 빠져나간 수분과 무기질을 한 번에 보충할 수 있어 더위를 이길 수 있다. 열사병에 걸린 환자를 치료할 때 수분뿐인 정제수를 건네주면 상황을 더 악화시킨다는 사실과 맥락을 같이한다. 무기질이 풍부한 녹두는 열기를 식히는 데 없어서는 안 될 필수품이다. 여름에 녹두탕을 마시는 것은 격렬한 운동 끝에 염분이 든 음료를 들이켜는 것과 다름없다.

또한 녹두의 독특한 향기 성분 쿠마린은 녹두탕을 마실 때 상쾌한 기분을 느끼게 한다.

100가지 독을 풀어주는 명약의 전설

녹두가 유행의 한가운데에 우뚝 설 수 있었던 건 해독 작용의 후광에 힘입었기 때문이라고 해도 과언이 아니다. 절체절명의 순간마다 신농씨의 목숨을 구한 만능 해독제가 이번 생에는 녹두로 환생했다는 말까지 들린다. 고대에 쓰인 적지 않은 수의 의학 서적도 녹두의 해독 능력을 기록했다. 『개보본초開寶本草』는 "녹두가 부기를 빼고, 기를 가라앉히며, 열을 내리고 독을 풀어준다"라고 말하고,『본초강목』에는 "녹두는 금석, 비상(비소), 독성 초목의 모든 독을 해독한다"라고 쓰여 있다. 모두 검증된 사실이라면 녹두의 효능에 감탄을 금치 못할 텐데 실은 사실이 아니다. 녹두의 해독 능력을 맹신한다면 치료가 지연될 위험이 크다.

녹두에게 해독 능력이 아예 없지는 않다. 녹두는 금석을 해독하는 능력이 뛰어나다. 이 능력은 녹두의 단백질과 관련 있다. 소화관에 묻어 있는 중금속에 한해 수은, 납 등은 이 단백질과 침전물 형태로 결합해 체외로 배출된다. 그러나 중금속이 혈액에 섞이기 시작하면 제아무리 능력 있는 녹두라도 손쓸 방도가 없다. 더구나 녹두탕에 녹아 있는 단백질은 지극히 소량일 뿐이고 단백질이 풍부한 우유도 녹두와 비슷한 작용을 할 수 있다.

독초의 신경 독소는 녹두로는 절대 해독할 수 없다. 녹두가 백 가지 독을 해독할 수 있다는 전설이 실생활 속에서 실현된다는 상상은 결코 이루어지지 않는다.

녹두가 혈장의 지질 수치를 낮춘다고?

옛말로는 100가지 독을 해독한다는 녹두는 시대에 흐름에 맞게 혈장 지질의 수치를 낮추는 새로운 기능이 발견되면서 활용 영역을 무한대로 넓혔다. 토끼에게 실험해보니 녹두 성분이 70퍼센트 이상인 사료를 먹었을 때 고지혈증을 예방할 수 있었다. 그 많은 양의 녹두를 매일 씹어 삼켜야겠다고 마음먹는 사람이 실제로 존재한다고 하더라도 그런 식습관은 영양 상태의 균형을 흩트린다. 녹두에 포함된 지방, 비타민C 등 필수 영양 성분은 기대에 못 미치는 정도기 때문이다. 건강 보조제의 개념으로 녹두를 먹는다면 그럭 저럭 효능을 인정할 수 있어도 병을 고치는 만병통치약으로 여긴 다면 혹 떼려다 혹 붙이는 꼴로 또 다른 병을 얻게 될지도 모른다.

녹두를 둘러싼 소문은 한때 심혈관 질환에 좋다면서 레드 와인 을 떠받들던 일과 아주 흡사한 논리로 짜여졌다. 실험에서 레드 와 인의 성분 레스베라트롤resveratrol이 심혈관 질환에 긍정적인 영향 을 준다는 사실을 증명했지만, 적어도 하루에 와인 100잔을 마셔 야 그 효과를 기대할 만한 성분의 양을 채울 수 있다. 효과를 제대 로 실감하기도 전에 심혈관 질환 대신 알코올에 잡아먹힐 판이다. 레드 와인과 녹두에 한해서만 특정 성분의 이점이 강조되지는 않 는다. 소비자는 널리 쓰이는 이런 마케팅 전략을 이용해 알 권리를 충족하되 그 자체를 맹신해서는 안 된다. 아무리 좋은 음식으로 보 일지라도 병을 치료하는 약과 동일시하는 태도는 잘못되었다.

콩보다 비싼 녹두의 값에도 합당한 논리가 있다. 씨앗을 멀리 퍼 트리도록 특수한 구조를 지니는 녹두 껍질은 녹두가 완전히 익었 을 때 갈라져 안에 있던 씨앗을 튕겨낸다. 한 알 한 알을 밭에서 일 일이 줍기는 어렵고 다 익지도 않은 녹두를 너무 일찍 따기에는 녹 두에 필 곰팡이가 두렵다. 그래서 녹두가 익기 직전의 순간을 노리 며 기다리다가 수확해야 한다. 게다가 녹두 각각은 익는 시기가 달 라 정확한 시점에 녹두를 수확하는 것은 하늘의 별 따기다. 수확기 가 될 때까지 녹두에 쏟아부은 노고가 녹두 판매 소득과 정비례하 지 않는다는 사실이야말로 안타까운 현실이다.

‖‖

어떻게 해야 초록색을 띠는 녹두탕을 끓일 수 있을까?

녹두탕을 끓이면 붉은색이 우러난다. 녹두 속 폴리페놀류 물질이 산화하면서 붉은색 물질을 만들어내기 때문이다. 산화 현상은 물의 금속이온 농도나 관련 성분이 산소에 노출된 시간에 영향을 받는다. 그러므로 스테인리스 압력솥에 녹두와 정제수를 넣고 끓이면 원하는 색의 녹두탕을 쉽게 요리할 수 있다. 물론 탕도 공기와 접촉하면 붉은색으로 변하기 때문에 녹두탕이 다 끓고 나면 공기가 탕의 색깔을 먹어치우기 전에 우리가 먼저 먹어야 한다.

미식가를 위한 식물사전

음식계의 폭군

처음으로 대학 구내식당에서 밥을 먹을 때 같이 간 산시 출신의 친구는 울상을 지었다. 그릇마다 고추로 온통 범벅이 된 매운 닭고기 요리, 매운 버섯 요리 등이 담겼고, 어성초와 쇠고기로 요리한 음식의 밑바닥에는 고추기름이 잔뜩 깔렸다. 주방장에게 미리 귀띔해 놓지 않는다면 쌀국수를 끓이는 냄비에도 고추장 한 큰술이 자연스럽게 미끄러져 들어간다. 윈난 사람은 고추가 들어가지 않은 음식을 상상조차 할 수 없는 터라 윈난의 대학 구내식당의 음식도 고추 향으로 물들어갔다.

어릴 때부터 입맛을 윈난 음식으로 단련해온 나는 외할머니의 뛰어난 요리 솜씨 때문에 매운맛에 중독되었다. 그런데도 윈난의 고추는 나를 호되게 혼내주었다. 언젠가 기숙사 친구들과 훠궈 음식점에 외식을 하러 갔을 때였다. 매운맛을 내는 홍탕을 선택한 나는 백탕을 고른 친구에게 윈난 요리의 정수를 모른다며 잘난 체했다. 그러나 나는 윈난의 매운맛의 정수를 제대로 경험하고 말았다. 그날 이후 이틀 동안 위장이 불길에 휩싸여 타는 듯한 통증에 시달리며 온종일 변기를 끼고 살았다. 고추를 먹는 것은 일종의 자학이 아닌지 의심스럽기만 하다.

훠궈 사건을 겪으면서 "윈난 사람은 매운 것을 두려워하지 않고, 구이저우 사람은 매운맛도 걱정하지 않고, 후난 사람은 맵지 않을까 봐 걱정한다"라는 말의 진정한 의미를 이해했다. 우리는 대체 왜 자꾸 매운맛에 끌리는 걸까? 무엇이 고추의 매운맛을 결정 지을까? 가장 매운 고추는 어떤 품종일까?

신대륙의 '짝퉁 후추'

|

야외에서 조사 작업을 하는 동안 나는 구이저우의 피망, 쓰촨의 하늘고추朝天椒, 윈난의 주름고추皱皮辣椒 등 남서쪽 지역에서 다양하게 재배되는 고추를 경험했다. 고추를 들여온 지 겨우 300여 년이 지났다는 사실이 무색할 만큼 고추는 남서쪽 지방의 요리와 떼려야 뗄 수 없는 식재료다. 아메리카 인디언과 마야인이 사는 곳을 제외한 세계 곳곳에 이 식물이 알려졌던 것도 500년 전의 일이다.

누군가가 보물을 찾기 위해 야망 가득한 여정의 첫 발걸음을 내딛는 순간 고추의 세계 정복이 시작되었다. 야심 찬 첫 발자국의 주인공은 콜럼버스다. 농업이 발전하면서 사람들은 서서히 시고, 달고, 쓰고, 매운 기본적인 맛에 만족하지 못하게 되어 각종 향신료에 주목했다. 유럽인들에게 향신료는 동방의 신비로운 나라에서 먼 길을 건너 운반되는 진귀한 보물과도 같았다. 당시 보물 중의 보물은 단연 후추였다. 특별한 매운맛을 지니는 향신료는 음식의 향미를 돋우고 소화를 촉진해 더부룩한 속을 편안하게 하는 놀라운 효과를 보여준다. 유럽인들이 후추를 갈망하던 마음을 요즘 식으로 풀이하자면 한때 사람들이 샤넬 NO. 5 향수를 갖고자 열망하던 것과 같다. 유럽인들은 페르시아 상인으로부터 비싼 값에 후추를 구매했지만 양도 부족한 데다 공급마저 원활하지 않았다. 보다 못해 콜럼버스는 스페인 국왕의 후원을 받아 후추를 찾아 나서는 긴 여정의 닻을 올렸다.

콜럼버스가 이끄는 배들은 서쪽으로 항해한 끝에 마침내 낯선 땅 '서인도제도'에서 매운 향신료를 발견했다. 콜럼버스는 자신이 찾은 향신료를 후추라고 확신하며 '페퍼pepper'라는 이름을 붙였다. 얼마 후 이 향신료는 드디어 유럽 땅을 밟게 되었으나 진실은 오랜 시간이 흐른 뒤에야 밝혀졌다. 그가 발견한 땅은 인도가 아닌 아메리카 대륙이었고 그가 발견한 후추는 오늘날 우리에게 고추로 알려진 식물이었다. 그러나 그가 이름 붙인 서인도제도와 페퍼라는 명칭은 지금까지도 쓰인다. 영어로 페퍼는 가짓과 식물인 고추와 후추과 식물인 후추를 동시에 가리킨다. 하지만 백후추 혹은 흑후추만이 길다란 덩굴에서 자라는 진짜 후추다.

기원전 4000년부터 미국 원주민이 이미 재배하고 있던 가짓과 고추속의 이 고추라는 식물은 미국 음식 문화에서 중요한 자리를 차지한다. 전 세계적으로 고추속 식물은 20여 종이 존재하지만 사람이 재배하도록 변화한 품종은 고추 단 한 종이다. 모든 고추가 매운 것은 아니어서 고추의 원예 품종인 피망에서는 단맛이 난다.

물론 고추의 절대다수가 맵다는 사실은 부정할 수 없고 매운맛이 야말로 콜럼버스가 그토록 찾아 헤매던 것이기도 하다. 그런데 고추와 후추의 냄새는 흰색과 검정색처럼 전혀 다른데 어째서 둘은 구별되지 못했을까? 가장 유력한 근거 후보는 그 옛날 후추를 운반하는 머나먼 여정이 너무나 험난했다는 사실이다. 유럽인의 식탁에 오를 때쯤이면 후추의 향은 벌써 사라져 있었다. 또한 새로운 발견에 들떠 있던 콜럼버스는 흥분한 나머지 먹으면 땀까지 나는 고추를 아무런 의심 없이 후추로 이름 지었다.

그 후 탐험에 나선 포르투갈인에 의해 고추는 마침내 후추의 원산지였던 인도에서 뿌리를 내리고 싹을 틔웠다. 인도인조차 후추와 같은 가치를 지닌 향신료로 고추를 대우했다. 인도 고추는 처음 재배된 곳 인근의 지명에 따라 '고아Goa'라는 새로운 이름을 얻었다. 훗날 고추는 인도에서 승승장구하며 대체 불가한 향신료로 명성을 얻었다.

고추의 매운 정도는 어떻게 가늠할까?

|

고추는 다양한 품종으로 시장에 출시된다. 평범한 파란 피망과 달고 전혀 맵지 않은 색색의 피망과 파프리카, 눈물을 쏟아낼 정도로 매운 샤오미라고추 그리고 수안수안라涮涮辣 등 종류도 다양하다. 특히 시솽반나에서 재배하는 고추인 수안수안라는 냄비를 한차례 휘젓는 것만으로도 국이 매운 고추 맛으로 변하기로 유명하다. 가장 매운 고추의 맵기는 어느 정도일까?

고추의 매운맛 강도를 평가하기 위한 노력의 일환으로 1912년 최초로 미국 과학자 윌버 스코빌Wilbur L. Scoville이 기준을 세웠다. 매운맛이 느껴지지 않을 때까지 고추를 잘게 부수어 설탕물에 희석한 후 고춧가루를 완전히 녹일 수 있는 물의 비율을 측정하는데, 이 숫자가 고추의 매운 정도다. 스코빌의 업적을 기념하기 위해서 매운맛을 평가하는 단위를 스코빌지수Scoville Heat Unit, SHU라고 부른다. 지금은 계측기를 이용한 정량적 분석법으로 대체되었지만, 그가 만든 단위 체계는 명맥을 이어가고 있어 스코빌지수의 타당성은 아직 유효하다.

너무 매워 땀이 비 오듯 쏟아지는 하늘고추와 샤오미라고추는 다른 종에 비하면 모두 새 발의 피다. 이 고추의 스코빌지수는 수백에서 수천 단위에 불과하다. 한때 가장 매운 고추의 왕좌에는 인도에서 발견된 '고스트 페퍼(나가 졸로키아)'가 앉아 있었다. 스코빌지수가 무려 85만 5,000SHU에 달한다는 왕관을 쓴 채였다. 2009년 스코빌지수 159만 8,227SHU에 빛나는 도싯 나가Dorset Naga 라는 고추가 이 기록에 도전했다. 방글라데시 고추를 선별 재배한 최고급 품종이었다. 하지만 아무리 매운 고추라도 무려 1,600만 SHU의 수치를 자랑하는 순수 캡사이신 앞에서는 명함도 내밀지 못한다. 이만한 위력을 지닌 캡사이신이 단 한 방울이라도 사람의 혀에 닿는 순간 과연 어떤 반응을 일으킬지 상상조차 할 수 없다.

품종과 환경에 따라 다른 캡사이신의 매운맛

고추의 각 품종에 따라 매운맛에도 차이가 있다. 같은 품종이라도 부위별로 매운맛이 다르다. 어릴 때는 고추를 먹는 흉내만 내며 입에 대는 것에 그치지만 나이가 들면 그 맛을 즐길 수 있게 된다. 고추 씨앗이 가득 든 태좌 부분에서 캡사이신을 분비하면 태좌와 열매껍질 사이를 관통하는 하얀 심지, 즉 관다발이 이 물질을 고추 전체에 퍼뜨린다. 그래서 고추에서 가장 매운 부위는 태좌와 하얀 심지다. 매운맛이 빠진 상태의 고추가 낫다고 느껴진다면 이 부위를 무조건 피하는 것이 안전하다.

고추마다 달라지는 맛은 각 고추 품종의 유전적 요소가 매운 정도를 주로 결정하기 때문에 나타나는 차이다. 또한 건조한 곳에서 자라난 고추는 매운맛이 덜하고, 습윤 지역에서 나고 자란 고추는 훨씬 강한 매운맛을 낸다. 상식적인 통념과 다른 사실이지만 고추는 환경에 적응하면서 변화했다. 고추의 매운 물질인 캡사이신은 8-메틸-N-바닐릴-6-노네나마이드로도 불린다. 이 물질은 포유동물이 고추를 함부로 먹어치우는 불상사를 막아주고 진균의 감염을 방지한다. 습윤 지역에서 생활하는 고추는 기공氣孔을 항상 열어놓고 지내서 진균에 감염될 위험이 크다. 이들은 위험 상황을 대비해 캡사이신을 더 많이 준비해둔다. 이런 위험에서 벗어나 있는 건조한 지역의 고추는 적은 양의 캡사이신을 분비한다.

유전적 요인 외에 일조량과 토양의 영양 성분도 매운맛 결정권을 가진다. 우선 빛을 적절히 차단하면 고추는 캡사이신을 빠르게 축적한다. 캡사이신의 원료는 식물이 생산하는 플라본Flavone, 리그닌 등인데, 빛은 플라본과 같은 물질의 생산을 촉진하므로 빛의 양을 제한하면 캡사이신의 생산량 자체는 낮아지지만 캡사이신의 축적은 활발해진다. 그래서 십중팔구 집에서 화분에 심은 고추가 밭에서 키우는 고추보다 매울 것이다.

마찬가지로 질소 함량이 풍부한 토양에서도 캡사이신 원료의 생산이 촉진된다. 플라본, 탄닌과 같은 원료가 질소를 많이 사용하기 때문이다. 그래서 척박한 산지에서 자란 고추일수록 땅속 질소의 함량이 높아 매운맛이 상당히 강해진다.

매운맛을 위해 정말 탄산나트륨을 넣었을까?

오리날개구이가 불티나게 팔리던 시절, 호기심 많은 미식가에게 이 '지옥의 매운맛'은 한 번쯤 도전해보고 싶은 극한의 영역이었다. 막상 오리날개구이와 마주하면 고춧가루의 맛은 한풀 꺾여 초라해졌다. 양이 별로 많지 않아 코웃음을 칠지도 모르지만 방심하고 입에 대었다가는 큰코다치는 수가 있다. 요리의 위력은 눈물, 콧물을 쏙 빼놓을 만큼 엄청나다. 항간에서는 고춧가루에 탄산나트륨을 섞어 더욱 매워졌다는 소문이 나돌았다. 매운맛과 탄산나트륨은 정말 연관성이 있을까?

탄산나트륨과 고추 사이의 상관관계는 지금까지도 밝혀진 바가 없다. 하지만 소금이나 설탕, 글루탐산과 고추의 매운맛의 관계를 밝혀줄 구체적인 실험 결과는 이미 나와 있다. 결론적으로 소금과 글루탐산은 매운맛에 영향을 주지 않는다. 소금과 유사한 탄산나트륨도 매운맛을 높이지 않을 것이라고 유추해볼 수 있다.

반면에 설탕은 매운맛을 줄이는 데 도움이 된다. 지옥을 경험하게 하는 매운 닭날개구이를 먹을 때 콜라를 함께 마시는 것도 현명한 선택이다. 그러나 사탕수수로 만든 설탕의 효과는 식용유보다 한참 뒤떨어진다. 캡사이신이 지방에 잘 녹아 구강 점막에 주는 자극을 줄여주기 때문이다. 이런 이유로 충칭重慶 지역에서는 훠궈에 참기름을 한 종지 넣는 요리법이 발달했다. 그래서 매운맛을 참을 수 없을 때 물을 찾기보다 참기름을 작은 컵에 담아 마시는 편이 더 낫다. 얼린 요구르트도 효과가 있다.

고추의 스코빌지수 등급을 순식간에 끌어올리는 물질은 캡사이신이다. 이 무색의 결정체는 불을 뿜어내는 듯한 맛으로 유명한 고스트 페퍼보다 10배나 더 강력해서 고춧가루에 살짝 섞으면 얼굴이 눈물과 콧물로 뒤범벅되는 건 순식간이다.

고스트 페퍼를 먹으면 어떤 반응이 나타날까?

|

1단계 반응: 5분 동안 예리한 칼로 혀를 계속 자르는 듯하다.

2단계 반응: 입안에 불타는 느낌이 30분~1시간 정도 지속된다.

3단계 반응: 목구멍이 타는 듯한 느낌이 1시간 정도 계속된다.

4단계 반응: 위가 타는 듯한 느낌이 4~5시간 정도 지속된다.

5단계 반응: 장이 뒤틀리기 시작하면서 위와 장이 텅 빌 때까지 계속해서 화장실을 들락거린다.

고추를 먹으면 몸은 괴로워도 마음이 개운해지는 기분이 드는

데, 이것이야말로 우리가 매운맛을 계속 찾게 되는 캡사이신만의

매력이다.

매운 고추 고르는 비법

비슷비슷하게 생긴 고추 가운데 매운 고추를 고르고 싶다면 고추의 생김
새를 요령껏 관찰해야 한다. 표면이 주름지고 폭신해 보이면 비교적 매운
고추일 가능성이 크다. 열매를 단단하고 곧게 만들어주는 리그닌과 캡사
이신이 앙숙 관계이기 때문이다. 리그닌 함량이 높을 경우에는 고추의 불
같은 성질을 누그러뜨릴 수 있다. 물론 선택하기 전 품종을 먼저 고려해야
한다. 예를 들어, 모양이 곧고 단단한 샤오미고추는 일반 피망보다 맵다.

고추가 매울까 봐 겁이 나는데 어떡하죠?

고추의 태좌에서 합성한 캡사이신은 껍질로 옮겨지기 때문에 매울까 봐
두렵다면 씨가 잔뜩 자란 태좌를 떼어내면서 껍질에 붙은 '하얀 힘줄'을 제
거하는 방법을 시도할 수 있다. 그러면 매운맛이 훨씬 덜해진다. 파프리카
와 같은 품종은 껍질이 매울 수 있으므로 주의해야 한다.

버섯

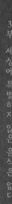

3부 세상에 특별하지 않은 음식은 없다

맛있는 식이섬유 덩어리

주말을 맞이하여 나는 스스로 윈난 사람의 피가 절반은 흐른다고 자부하며 자신 있게 동료들을 이끌고 윈난 식당으로 향했다. 외식하러 길을 나선 것은 오랜만이었다. 가는 내내 나는 윈난의 각종 야생 버섯을 추천하느라 신이 났다. 밥 위에 얹어 비벼 먹기 좋은 조린 계종버섯, 볶는 순간 향이 주변에 가득 퍼진다는 꽃송이버섯, 몸값이 하늘 끝까지 치솟는 송이버섯, 독 때문에 닿기만 해도 피부가 파래진다는 큰그물버섯 등 추천할 버섯의 종류도 다양했다. 그런데 식당에 도착해 메뉴판을 펼치는 순간 모두의 눈이 휘둥그레졌다. 메인 요리의 야생 버섯 가격이 전복이나 랍스타에 뒤지지 않을 만큼 비쌌다. 산에서 왔든 바다에서 왔든 보기 드문 식재료라면 가격은 모두 높다.

윈난 주민에게 버섯은 진귀한 먹거리라기보다 평소 일상적인 식탁에 자주 얼굴을 들이미는 식재료다. 재료를 공수하는 일이 쉽다 보니 식당 주방장들은 주머니 사정이 여의치 않은 학생도 부담 없이 주문할 수 있는 야생 버섯 요리를 다양하게 내놓는다. 그런 요리의 종류로는 피망을 넣고 볶은 꽃송이버섯, 조린 계종버섯 등이 있었다.

가장 기억에 남는 버섯은 윈난에서 먹은 것이었다. 대학 2학년 여름 방학 때 나는 식물을 조사하러 과 친구들과 리쟝麗江의 외진 시골 마을로 떠났다. 일을 모두 마무리 지은 후 우리는 현지에 사는 친구와 야외에서 바비큐 파티를 벌였다. 그날 나는 보름 동안 감자만 먹었던 과거의 한을 풀기라도 하듯 고기와 술로 배를 잔뜩

채웠다. 다들 취기가 올랐을 즈음이었다. 현지 친구가 집 앞의 가게에서 굵은 버섯 두 개를 사 오더니 흙을 털어내고 반으로 잘라 불에 구워 고운 소금과 함께 건넸다. 입에 넣고 씹자 즙이 흥건하게 배어 나왔다. 모두들 감탄하며 버섯의 이름을 물어보자 그 친구는 대수롭지 않게 '송이버섯'이라는 이름을 말했다. 친구들의 표정을 보아하니 그 맛을 좀 더 음미하지 못하고 대충 씹어 넘긴 것이 못내 아쉬운 눈치였다.

윈난을 떠나온 뒤로 야생 버섯을 접할 기회는 점점 줄어들어 아쉬운 대로 인공 재배한 버섯으로 위를 달랬다. 시중에 유통되는 버섯의 종류가 늘어나 머리가 둥근 양송이버섯부터 시작해 몸이 길쭉한 팽이버섯, 달걀처럼 둥글게 생긴 짚버섯, 가장 대중적인 느타리버섯까지 입맛대로 골라가며 맛볼 수 있다.

하지만 버섯도 종류에 따라 엄청난 가격 차이를 보인다. 야생 버섯은 건강을 지키는 만병통치약의 이미지로 둔갑했고 건조한 버섯의 가격은 이제 금값에 견줄 수 있다. 눈앞에 늘어선 이 많은 버섯과 영양 성분에 따라 달라지는 가격 앞에서 우리는 어떤 선택을 해야 할까?

버섯의 영양 가치

|

나는 송이버섯의 강력한 약효를 철석같이 믿는 이웃을 한 명 알고 있다. 또한 어떤 사람은 햇볕에 말린 송이버섯 조각을 작은 주머니에 넣고 비단 상자에 숨겨두었다가 식사 전에 한 번씩 꺼내 냄새를 맡는다는 이야기를 들은 적도 있다. 천 주머니 속에 든 송이버섯을 생각할 때마다 고사성어 '낭형영설囊螢映雪(여름에는 하얀 비단 주머니에 든 반딧불을, 겨울에는 흰 눈을 등불 삼아 공부한다_역자)'과 자린고비 이야기가 저절로 머릿속을 맴돈다. 자린고비는 천장에 매단 굴비로 눈요기하며 밥상에 간장만 놓아둔 채 밥을 먹었다는 우스갯소리 같은 설화다. 물론 다른 이들에게는 이런 행동이 부질없어 보이겠지만 작은 천 주머니에 든 송이버섯은 마음을 안정시키는 대상이었을 것이다.

야생 버섯을 광고할 때 단백질과 각종 아미노산을 풍부하게 함유한다는 문구는 빠지지 않는다. 지금은 면역력 증진 효과라는 구절을 새로 추가했다. 그렇다면 버섯의 영양 성분은 어떻게 구성되어 있을까?

버섯의 씹는 맛이 육류와 비슷해서인지 버섯을 단백질덩어리로 착각하는 이들도 많다. 하지만 야생종과 재배종을 구분 짓는 것

미식가를 위한 식물 사전

과 상관없이 생버섯의 단백질 함량은 5퍼센트를 넘지 않는다. 버섯 100그램을 기준으로 삼았을 때 새송이버섯에 포함된 단백질은 1.3그램이고, 표고버섯은 2.2그램, 계종버섯은 2.5그램이다. 생버섯의 수분은 80퍼센트 이상을 차지하는데, 이 비율은 종류와 무관하게 어느 정도 일정한 수치를 유지한다. 그러니 어떤 버섯의 영양가치가 더 높은지 따지는 것은 무의미하다. "버섯 100그램당 단백질 함량은 18그램으로 달걀보다 훨씬 높다"와 같은 과장 광고의 문구조차 건버섯을 기준으로 계산한 수치이므로 유혹에 넘어가서는 안 된다.

또한 버섯은 매우 적은 양의 지방을 함유하는 식물이다. 생버섯의 지방 함량은 1퍼센트 이하고 대부분의 경우 0.5퍼센트에도 못 미친다. 그래서 자칫 적은 양의 기름으로 버섯을 조리한다면 부드럽고 쫄깃한 씹는 맛을 살릴 수 없다. 다른 관점에서 저지방 식품인 버섯은 살을 빼고자 하는 사람들의 새로운 희망일 수도 있다.

주목할 가치가 있는 버섯의 영양 성분은 무기질이다. 상대적으로 높은 아연 함량을 자랑하는 표고버섯은 생버섯 100그램당 0.66밀리그램의 아연을 함유한다. 버섯은 무기질을 쉽게 보충할 수 있는 공급원이긴 하지만 단지 이런 이유만으로 큰맘 먹고 지갑을 열 필요는 없다. 일상에서 흔히 먹는 채소로도 우리 몸이 필요로 하는 무기질의 양을 충족할 수 있기 때문이다.

미묘한 버섯 맛의 원천

재료의 영양 성분도 중요하지만 사람들을 더 강하게 끌어들이는 힘은 맛에 있다. 청나라 학자이자 미식가 김성탄金聖嘆은 처형당하기 전 아들에게 유언을 했는데, "말린 두부와 땅콩을 함께 씹으면 훠투이火腿(소금에 절여 불에 그슬린 돼지 뒷다리_역자) 맛이 난다"라는 말을 마지막으로 남겼다. 나도 이 조합을 시도해봤지만 그런 오묘한 맛은 전혀 느껴지지 않았다. 말린 두부는 맛도 좋지만 씹히는 느낌만으로도 손이 자꾸 가는 매력이 있었다. 땅콩은 여기에 약간의 바삭한 식감을 더했다. 고기도 아닌 버섯이 다른 재료의 도움 없이 그 자체로 고기 맛을 낸다니, 버섯은 더할 나위 없이 훌륭한 식재료다.

초등학교에 입학하기 전까지만 해도 고기는 쉽게 구해 먹을 수 있는 식재료가 아니었다. 그래서 나는 여름이면 버섯을 먹기 위해 폭우가 쏟아지기만 손꼽아 기다렸다. 비가 오는 날에는 문 앞에 흐르는 작은 개울에 띄워놓은 종이배를 바라보며 놀았는데, 비가 그치면 외할아버지는 손에 항상 갓 딴 새하얀 버섯을 들고 오셨다. 그러고는 흙을 씻어낸 버섯에 마늘 두 쪽과 풋고추 몇 개를 넣고 센 불로 얼른 볶아내 여름철 별미 한 접시를 금방 완성하셨다. 버섯의 쫄깃한 식감과 감칠맛은 내 입안에 오래도록 감돌았다.

물론 맛과 영양 성분은 별개로 생각해야 할 문제다. 버섯의 감칠맛은 주로 글루탐산, 아스파르트산과 같은 향을 내는 아미노산과 주위에서도 흔히 볼 수 있는 이노신산inosinic acid, 구아닐산guanylic acid과 같은 뉴클레오타이드nucleotide때문인 것으로 밝혀졌다. 글루탐산은 평소에 먹는 음식에 들어가는 조미료를 구성하고 이노신산은 치킨 스톡과 같은 조미 식품에 쓰인다. 두 이름은 모두 조미료의 성분 표시에서 쉽게 찾을 수 있다.

버섯의 향을 내는 성분은 다양하다. 표고버섯에 함유된 황화합물인 렌티오닌lenthionine, 송이버섯의 짙은 살구 향을 담당하는 벤질알코올benzyl alcohol, 벤즈알데하이드benzaldehyde가 대표적이다. 지금까지의 연구에서는 향기 성분과 건강 사이에는 아무런 관련이 없다고 결론 내렸다. 어떤 버섯의 향미가 뛰어난지 물어본다면 무와 배추를 비교할 때처럼 재료 자체의 차이보다 개인의 취향으로 판가름 난다고 답할 수 있다. 나 역시 송이버섯을 먹어본 사람으로서 솔직하게 평가하자면 좀 더 보편적인 느타리버섯이 송이버섯의 고급스러운 맛에 뒤떨어진다고 생각하지 않는다.

소화되지 않는 섬유소, 키틴질

버섯 안에 가장 많이 함유된 물질은 섬유소다. 버섯의 섬유소는 채소가 함유하는 섬유소와는 달라서 게딱지, 새우 껍질을 형성하는 키틴질chitinous substance과 더 가깝다. 이 섬유소는 구조상 온전하게 들어가서 소화되지 않은 채 나온 뒤 "언젠가 다시 보자"라고 외치는 물질이다.

그렇다고 해서 버섯을 먹는 일이 전혀 쓸데없지는 않다. 소화할 수 없는 섬유소는 위장의 운동을 촉진한다. 하지만 표고버섯을 먹고 장폐색에 걸린 사례가 있기에 지나치게 많은 버섯을 꾸역꾸역

먹지는 말아야겠다.

버섯의 효능도 순수 추출물로만 측정한 결과이므로 이 진균류가 인체에 작용하는 구체적인 원리는 뚜렷하게 알기 어렵다. 이것은 마치 무작정 주목의 껍질을 씹어 먹으면서 암이 치료되기를 바라는 것과 다르지 않다. 주목의 껍질은 택솔을 함유하지만 체내에 충분한 양을 공급하기 힘들고 암세포 표적 치료도 불가능하며 심지어 주목의 독소로 인한 부작용이 인체를 위협한다. 같은 맥락에서 버섯을 섭취함으로써 병을 치료할 수 있다고 확신하기는 힘들다.

성장 시간에 따라 달라지는 몸값

인류가 버섯이 어떤 환경 조건에서 성장하는지 알아낸 뒤부터 버섯 재배는 한결 쉽고 간단해졌다. 버섯은 진귀한 나무나 원시림의 솔잎 따위를 필요로 하지 않는다. 톱밥이나 볏짚, 목화씨 껍질에 영양 물질을 섞어두는 것만으로 충분하다. 요컨대 버섯에게 필요한 것은 썩은 나무가 전부다. 그러나 생산 주기는 버섯의 종류마다 확연하게 다른데, 예를 들어 송이버섯은 300일 만에 한차례 수확하고 느타리버섯은 2개월의 재배 기간 동안 4~6회 정도 수확이 가능하다. 이런 생산 주기의 차이가 종류별 버섯 값의 간격을 벌린다.

이밖에도 버섯의 몸값은 재배 기술과 깊게 연관되어 있다. 느타리버섯처럼 오랜 기간 재배해온 역사가 있어 재배 기술이 발달한 버섯은 누구나 부담 없이 살 수 있는 가격대를 유지한다.

가시사마귀버섯속처럼 아직까지 재배 시설로 입성하지 못한 많은 버섯의 수요는 야외에서 채취하는 양에 의지하고 있다. 수많은 미식가의 수요를 충족하기 어려워진 버섯의 몸값은 당연히 천정부지로 뛸 수밖에 없다.

마지막으로 당부하고 싶은 말이 있다. 야생에서 자란 버섯은 함부로 먹을 수 있는 음식이 아니다. 버섯을 판단하는 기준들은 이치에 맞지 않는다. "독이 든 버섯은 하나같이 예쁘고 탐스럽고 검다"거나 "독버섯은 마늘과 은침을 검은색으로 변하게 만든다"라는 말이 그렇다. 그러므로 전문가를 대동하지 않고 자신을 실험하는 무모한 짓은 피하기를 바란다. 지역의 특산 버섯을 맛보고 싶다면 현지 식당에서만 호기심을 충족하도록 하자.

버섯은 그늘지고 서늘한 곳을 좋아한다

값싼 버섯이 보이면 지갑을 열고 싶은 마음이 들어도, 한 번에 다 먹지 못하고 남은 버섯을 처리해야 하니 곤란하다. 버섯은 더운 날에는 썩거나 나무처럼 딱딱하게 변하기 때문에 서늘한 곳에 보관해야 한다. 살짝 언 버섯을 해동한 후 조리해도 버섯의 맛을 온전히 살릴 수 있으므로 버섯이 얼더라도 상관없다.

버섯이 너무 많이 남았다면 기름에 튀겨서 말리는 방법이 있다. 냄비에 식물성 기름과 버섯을 넣고 기호에 따라 고추, 산초, 정염으로 맛을 내면서 약한 불에서 졸아들 때까지 끓이면 맛있는 버섯 기름이 완성된다. 이 기름은 밥, 국수, 냉채와 같은 요리에 다양하게 쓰인다.

버섯의 믹스 매치

여러 버섯을 섞어 먹는다고 해도 독소가 저절로 생기지 않는다. 버섯이 함유하는 진균 다당류, 단백질, 아미노산, 핵산류 물질, 당류와 무기질 성분은 모두 일치하기 때문이다. 단, 확인되지 않은 야생 버섯은 이런 규칙에 부합하지 않을 수 있다.

죽에 넣는 미끈거리는 노란 버섯은 무엇일까?

이 버섯은 맛버섯 혹은 맛비늘버섯이라고 불린다. 버섯갓은 노란색이고 표면은 끈적끈적한 물질로 뒤덮였다. 버섯 자체는 시고 떫은 맛을 내지 않

는데, 신선도 유지를 위해 사용하는 레몬산이 시큼하게 느껴진다. 레몬산

을 깨끗이 씻어내지 못하면 시큼하고 떫은 맛이 날 수밖에 없다.

표고버섯의 꼭지는 남겨야 할까? 버려야 할까?

만약 꼭지의 식감을 감당할 자신이 있다면 남겨두어도 무방하다.

버섯은 정말 삶아도 괜찮을까?

버섯을 끓였을 때 버섯에는 모든 성분이 파괴되지 않고 그대로 남아 있다.

오래 끓이면 맛을 내는 물질만 휘발되어 맛을 떨어뜨린다.

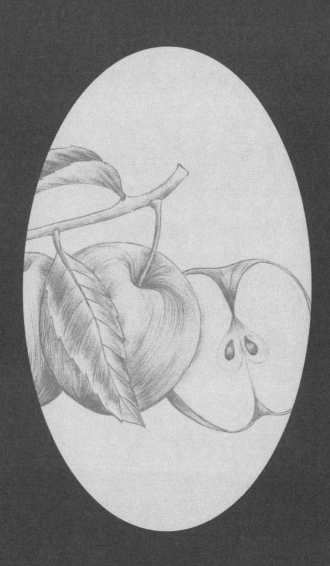

천부적인 재능의 소유자

크리스마스이브만 되면 어김없이 베이징 거리에 '평안을 주는 사과'를 파는 아이가 등장한다. 촌스러운 포장지 속 덜 익은 사과의 맛을 기대할 필요는 없다. 그 사과는 그저 '평안'을 기원하기만 하는 '평범한' 과일이다.

시간을 20년 전으로 되돌려보자. 그때는 크리스마스이브에 일부러 사과를 사러 집 밖을 나서지 않아도 되었다. 사과는 겨울철 장기간 보관할 수 있는 과일의 대표 주자였다. 크리스마스이브에 사람들의 평안을 빌게 될 사과의 앞날을 누가 상상이나 했을까? 애플apple이라는 단어 자체도 평안과 연관성이 하나도 없다. 외국의 광고에 등장하는 "하루 사과 한 알이면 의사가 필요 없다"라는 문구 정도는 연상해볼 수 있겠다.

사과는 여러 분야에서 상징적인 의미로 사용되며 다양한 이미지를 사람들의 머릿속에 각인시킨다. 욕망의 과일로 아담과 이브를 유혹했고, 뉴턴의 머리 위로 떨어져 중력을 상징하기도 했으며, 유행을 선도하는 기업의 로고로 스마트폰과 컴퓨터에 새겨졌다. 여러 분야를 아우르며 특별한 이미지를 남겨왔던 만큼 사과의 태생은 유별나다.

고효율 제당 능력자 '장미과' 과일

2010년 과학자들은 재배 사과*Malus domestica*의 전체 유전체를 본격적

으로 검사한 뒤 흥미로운 사실을 하나 알아냈다. 사과는 5,000만 년 전 공룡이 막 사라졌을 무렵 딸기, 복숭아, 앵두와 같은 장미과 형제자매로부터 독립했다. 가장 눈에 띄는 변화는 꽃잎을 한곳에 붙여두는 꽃받침과 꽃받침통에서 일어났다. 과실의 일부로 개조되어 씨방을 단단히 둘러싼 것이다. 이때부터 사과는 장미의 열매처럼 바싹 쪼그라들어 있지 않고 과육으로 속이 꽉 차게 되었다.

 사과 속에는 공장이 하나 있는데, 이곳은 사과를 식탁에 올려놓는 일에 가장 큰 공을 세웠다. 사과의 유전체 지도를 분석하면서 이 공장에서 강력한 단맛 물질을 가공한다는 사실이 알려졌다. 71개에 달하는 유전자로 이루어진 고효율 시스템이 소르비톨Sorbitol을 당분으로 바꾼다. 다른 장미과 식물도 잎이 합성한 탄수화물을 당류의 형태로 과실까지 운반하지만 이들은 이런 유전자를 백번 양보해도 최대 43개만 가진다. 사과는 식용 가능성이 대폭 높아져 보편적인 과일이 되었다. 또한 사과가 가진 또 다른 특별한 능력은 인류가 석기시대부터 일찍이 사과를 먹을 수 있도록 했다.

사과의 조상

|

누가 가장 먼저 사과를 먹었을까? 재배 사과의 고향을 둘러싼 논란은 끊이지 않고 있다. 최근 분류학적 증거에 따르면, 사과 가족(속)의 구성원은 38종에 불과해 큰 수고를 들이지 않고도 족보를 추적할 수 있다. 맛은 장담할 수 없겠으나, 그 종들은 하나같이 과일이라는 정체성을 여실히 인정받는 동시에 모두 지금의 사과와 공통점을 가진다. 그러므로 마트에서 파는 사과의 단맛은 사과속에 포함된 모든 종으로부터 비롯되었을 것이다.

재배 사과는 전부 말루스 시에베르시*Malus sieversii*, 즉 신장 야생 사과라는 뿌리에서 기원했다. 이 종은 중앙아시아의 산비탈이나 구릉지에서 서식한다. 이 세상에 있는 모든 사과의 조상을 찾아 거슬러 올라가면 결국 이 사과로 귀착된다.

세계 각지의 과수원에서는 대략 2,000년 전부터 이 종을 재배했다. 서한 시기에 신장에서 온 말루스 시에베르시는 중국에서 능금으로 불리기는 했으나 지금 유행하는 비슷한 이름의 사과와 다른 종이라서 저장 기간이 비교적 짧고 수분 함량도 낮은 편이다. 당시 '능금'을 판매하던 농가에서는 즙이 많고 아삭하며 달다는 장점을 내걸 수 없었다.

비슷한 시기에 말루스 시에베르시에 속한 또 다른 종은 유럽에 진출해 야생 사과 말루스 쉴베스트리스*Malus sylvestris*와 교잡했다. 이때 탄생한 사과가 오늘날 시장에 보이는 수많은 사과의 조상이다. 고고학적 증거에 따르면 사과는 기원후 1000년에 이스라엘에서 재배하기 시작했다. 뒤이어 수천 년에 걸쳐 말루스 시에베르시는 인간의 두 다리를 빌려 중앙아시아 고원에서 세계 각지로 퍼져 나갔다. 그곳에서 독특한 색과 맛을 각각 찾아낸 사과 품종들은 마침내 주류의 대열에 들어서며 재배 사과의 계보를 완성했다.

아메리카에서 한층 업그레이드된 사과

식료품점에서 가장 눈에 띄는 자리를 차지하는 과일은 미국에서 건너온 '레드 딜리셔스 애플Red Delicious Apple'이다. 중국에서는 '서궈蛇果'라고 불리는 이 사과가 고향에서도 귀한 대접을 받았는지 알 수 없는 일이지만 아주 오래전부터 음료로 쓰인 것은 분명하다.

달콤한 사과를 압착하고 발효시키는 간단한 과정만 거치면 알코올음료를 얻을 수 있다. 달고, 시고, 크고, 작은 모든 종류의 사과를 압착해 즙을 짜낸 뒤 발효 통에 넣으면 보름 후에는 알코올음료가 만들어진다. 영하 30도에서 탈수하거나 증류하면 사과술의 도수는 높아진다. 20세기 초 미국에 금주령이 내려지자 마시는 사과 대신 먹는 사과가 시중에 등장했다. 당시 사과 공급 업체들은 "하루 사과 한 개면 의사도 필요 없다"라는 광고 문구까지 지어내며 금주령 때문에 타격을 입은 사과 시장을 살려내기 위해 안간힘을 썼다. 그러나 사과는 단맛과 아삭한 식감을 제외하고는 다른 과일보다 독보적인 영양 성분을 갖추지 못한다.

단맛을 간절하게 갈망하는 인간의 욕구를 충족시키는 사과는 충분히 사랑받을 만한 과일이었다. 재배 사과는 모두 단맛을 강화하는 방향으로 개발되었고, 산업화 시대에 발맞춰 사과를 연상하면 떠오르는 단 하나의 대표적인 이미지가 필요했다. 그래서 미국의 '엉클 샘'들은 먹음직스러운 새빨간 색을 휘감은 레드 딜리셔스 애플을 만들어냈다.

이제 맛있는 사과를 먹을 수 있게 되었으니 100년 전 힘들여 사과 종자를 수집한 조니 애플시드(본명은 존 채프먼John Chapman이다)에게도 감사해야 한다. 19세기 초에 그는 오하이오 사과나무 종자를 수집하기 위해 미국 중부 구릉지 땅을 사들였다. 수집 과정은 아주 간단했다. 그는 사과술 압착기에서 모아둔 찌꺼기 더미를 뒤져 사과 종자를 찾아낸 다음 과수원 땅에 심었다. 찌꺼기에서 파낸 사과 종자는 화물선 몇 척을 가득 채울 양이어서 1930년대에 이르러 조니의 과수원은 사과나무로 빼곡해졌다. 그의 사과나무를 미국 사과의 원조 격으로 인정할 수 있으나, 이들은 같은 종이면서 크기, 맛, 향이 모두 달라 그저 혼합된 개체의 군락으로만 보였다.

품질을 유지하기 위한 유전학적 대가

외할머니 댁 마당에서 키우는 노란 사과나 고모네 과수원에서 자라는 주먹 크기의 국광國光 사과 품종이 이제는 좀처럼 보이지 않는다는 생각이 불현듯 떠올랐다. 향이 특별한 노란 사과와 독특한 신맛을 가진 국광 사과는 점점 만나기 힘들어졌다. 반면, 마트에 진열된 값비싼 레드 딜리셔스 애플과 더불어 아삭하고 달콤한 부사 품종은 가장 쉽게 접할 수 있는 사과가 되었다. 사과도 리치처럼 갈수록 개성을 잃어가고 있다. 이러다가는 사과를 단맛 나는 둥근 과일로만 인식하게 될지도 모른다.

사과는 전 세계를 통틀어 1,000여 가지가 넘는 품종을 거느리고 있어 여러 가지 생김새를 지닌다. 스스로 죽고 살도록 아무런 조치도 취하지 않고 내버려둔다면 어떤 사과나무 한 그루와 똑같은 개체는 영원히 찾아낼 수 없을 것이다. 언제나 두 그루의 사과나무가 사과 종자라는 결정체를 생성하기 때문에 사과는 자가불화합성self-incompatibility 규칙을 엄격하게 지키는 식물이다. 사과 꽃 한 송이가 정자와 난자를 동시에 지닐지라도 혼자서는 수정이 정상적으로 이루어지지 않는다. 야생 사과나무끼리 자주 교류하고 여러 번 조합한 끝에 이들은 서로 다른 크기와 맛을 가진 과실의 집합체로서 살아간다. 마치 인간 세상에서 완전히 똑같은 두 개의 개체를 찾아볼 수 없는 것과 다르지 않다. 그리고 식물계에서 쌍둥이는 극히 드물게 출현한다. 우리는 달콤하고 아삭한 부사부터 부드러운 식감의 노란 사과까지 다양한 사과를 먹는 축복을 경험하고 있지만 이런 발전이 골칫거리로 여겨지기도 한다. 종이 너무나 다양한 까닭에 사과 과수원에 심은 사과 종자가 어떤 맛일지 심은 과수원 주인마저 열매를 맺을 때까지 알 길이 없어진 것이다.

그나마 사과나무는 식탁을 위한 비상구 하나를 열어놓았다. 사과의 가지는 동류의 가지 위에서 자라는 것을 개의치 않는다는 사실을 이용해, 과수원 주인은 원하는 사과나무 종에 접목한 가지로 똑같은 맛의 사과를 수확한다. 사실상 싹이 난 가지를 다른 사과나무에 접목하면 사과는 비로소 뒷마당에서 키우는 원예작물 한 그루가 아니라 진정한 대량 생산이 가능한 작물로 거듭난다. 토종 사과나무 가지 위에 다른 품종의 싹을 '장착'하더라도 새싹은 달라진 장소와 환경에 훨씬 쉽게 적응하며 뿌리내린다. 맛이 뛰어난 최상 등급의 사과 품종에서 새순을 얻기만 하면 대량생산이 수월해지고 각 지역의 사과 농장에서 같은 품종을 키울 수 있게 된다. 우리가 즐겨먹는 부사, 탕신 사과sweet heart apple도 모두 하나의 사과나무 가지로부터 나왔다. 기술적인 문제를 고민하는 과수원 주인에게는 이렇게 조언할 수 있다. 다시 보니 사과는 공산품인 양 갈수록 단맛에만 집착할 뿐 서서히 개성을 잃어가는 듯하다.

처음에 사과가 장미과 대가족의 품에서 다르게 진화한 것은 상당히 결단력 있는 선택이었다. 대량으로 재배하려는 인간의 손이 닿기 전까지 이렇듯 사과는 독자적 행보를 걷고 있었다. 사과나무의 개성은 먼 훗날 다시 살아날지도 모른다. 우리가 점점 색을 잃어가는 사과 맛에 질려 다시 새로운 맛을 찾으려 다양한 사과 종자를 이용하는 순간이 올 것이다.

'서궈'와 뱀은 무슨 상관이 있을까?

사과 종을 일컫는 서궈라는 이름은 뱀 과일이라는 뜻이다. 하지만 사과는 뱀과 아무런 관련이 없다. 이 이름은 홍콩과 타이완에서 맛있다는 의미의 영어 딜리셔스delicious를 음역한 디리서地厘蛇로부터 유래했다. 훗날 그 말을 더 줄여 서궈로 불렀을 뿐이다.

사과씨는 위험해요!

언제부터인지 씨앗 예찬론이 고개를 내밀기 시작했다. 복숭아씨, 살구씨를 깨트려 먹는가 하면 포도씨, 사과씨까지 건강식품으로 떠받든다. 씨앗을 먹으면 건강이 위험해질 수 있어 특히 조심해야 한다. 사과 씨앗은 사이안화물을 다량 함유하고 있으므로 지나치게 섭취하면 호흡이 멎어 사망에 이른다. 사과 씨앗의 영양가를 예찬하는 소문은 절대 믿으면 안 된다.

복잡하지만 사랑으로 뭉친 대가족

어디서부터 이야기를 시작해야 할까. 이 과일은 복잡한 가족사를 가지고 있다.

레몬은 양쪽 끝이 뾰족한데 유자는 왜 몸통이 둥글둥글할까? 자몽은 왜 오렌지처럼 생겼을까? 오렌지는 왜 귤보다 껍질을 까기 힘들고, 오렌지 향은 왜 레몬 향과 비슷할까? 유자의 일종인 샤톈유沙田柚와 자몽은 친형제 사이일까? 당귤나무과 귤인 빙탕청冰糖橙과 사탕쥐砂糖橘(설탕귤)은 한 가족일까? "귤을 회남淮南 지방에 심으면 귤이 되고, 회북淮北 지방에 심으면 탱자가 된다"라는 말은 어디서 나왔을까? 감귤의 가족 관계를 정의하는 단 한마디 표현으로 '복잡하다'를 선택하지 않을 수 없다.

조급해하지 말고 먼 옛날로 돌아가 해답을 찾아보자.

감귤 가족에서 열외된 멤버, 탱자

『안자춘추晏子春秋』에 "귤이 회남에서 자라면 귤이 되고, 회북에서 자라면 탱자가 된다. 비슷하게 생겨서 맛에 차이가 나는 이유는 무엇인가? 물과 흙이 다르기 때문이다"라는 구절이 나온다.

환경은 생물의 성질을 바꿀 만큼 엄청난 영향을 미친다. 춘추시대 제나라의 명재상이었던 안자晏子가 자신을 조롱하던 초나라 왕에게 재치 넘치게 쏘아붙인 것에 불과한 이 말은 식물학의 모범적 명제로 자주 거론된다. 대학 시절에 어떤 교수님께서는 이 말을 두

고 환경이 식물에 영향을 미치는 전형적인 사례로 언급했고 심지어 이 원리는 생태학 시험에 출제되기도 했다. 처음에는 귤과 탱자가 본래 한 가족이었는데, 단지 물과 흙이 달라져 탱자의 맛이 시고 쓰게 변한 것으로만 보였다.

그런데 실제 상황은 그만큼 단순하지 않다. 문제는 탱자나무 *Poncirus trifoliata*와 감귤나무*Citrus reticulata*가 완전히 다른 종이라는 데 있다. 나무의 생김새만 살펴봐도 귤과 탱자는 칼로 무 자르듯 명확히 구분된다. 귤보다 크기가 더 작은 탱자는 겨울이면 꽃과 잎이 모두 바닥에 떨어진다. 반면에 귤은 겨울에도 여전히 푸른 잎들을 온몸에 두르고 있다. 탱자의 잎은 세 개의 작은 잎으로 구성된 '삼출 겹잎'인데 귤은 잎 두 개가 하나의 대에 이중으로 달린 '홑몸 겹잎'이다. 또한 더위에 강한 감귤나무와 달리 탱자나무는 추위에 강해서, 야생 탱자는 회남 이북 지역에서만 서식한다. 만약 탱자를 남쪽 지역으로 옮겨 심으면 간신히 버텨낼 뿐 달콤한 열매를 맺지 못한다. 그래서 학자들은 탱자나무는 운향과 탱자속으로 분류했고, 감귤나무는 운향과 감귤속에 속하도록 따로 분류해두었다.

만약 귤을 사람에 비유한다면 탱자는 침팬지다. 침팬지를 도시에 홀로 떨어뜨려놓고 옷을 제대로 갖춰 입혀도 그가 사람으로 변할 리는 없다. 요컨대, 탱자는 감귤의 먼 친척에 불과하며, 둘은 이제까지 한 지붕 아래서 살아본 적이 없다.

탱자의 열매는 식용할 수 없을지언정 감귤 열매가 열리는 데 손을 보탤 수 있다. 질병과 추위에 강하고 키도 크지 않다는 조건은 감귤에 탱자를 접붙이기에 딱 좋기 때문이다. 특히 나무의 키가 작다는 사실은 매우 중요하게 작용하는 이점이다. 가지를 남김없이

미식가를 위한 식물 사전

잘라내고 줄기만 남긴 탱자나무 묘목 위에 감귤나무의 싹을 접붙이면 병충해에 강한 맞춤형 귤나무가 탄생한다. 탱자는 단맛이 나는 열매를 만들지 못하는 대신 감귤나무에 충분한 영양을 공급할 수 있으니 자신의 열매가 아니더라도 달콤한 귤을 맺는 데 기여하는 셈이다.

껍질만 먹는 금귤

|

탱자와 감귤의 관계보다 금귤과 감귤 사이가 훨씬 더 가깝다. 유명한 어린이 동화책 『365개의 밤』에서 금귤에 관한 이야기를 읽은 기억이 난다. 알맹이가 아니라 껍질만 먹는다는 내용이 무척 인상 깊었다. 그때 나는 황투고원에서 10여 년을 살다가 난생처음으로 금귤을 접했던 터라 멋모르고 알맹이와 껍질을 모두 삼켜버렸다. 동화에서처럼 금귤의 과육은 시고 껍질은 달았다. 더구나 과육보다 껍질 속에 든 과즙이 훨씬 많았다. 이것 역시 금귤의 특징이다.

그 후로 시장에 금귤이 많이 등장했다. 어머니는 간혹 금귤을 사와 책상 위에 한 접시를 올려두고 나가실 때 꼭 한마디를 덧붙이셨다. "어제 또 안 먹었지? 금귤을 먹으면 인후염에 좋아." 나는 먹어야 할 금귤 개수를 기억했다가 주머니에 넣고 생각날 때 꺼내 먹었다. 이 과일이 정말 인후염에 효과가 있다는 사실은 나중에 알게되었다. 금귤에 관한 자료를 들춰 보다 발견한 정보였다. 금귤에 함유된 금귤 플라보노이드는 황색포도상구균, 대장균과 고초균을 억제하거나 박멸하는데, 특히 황색포도상구균에 대한 효과가 가장 두드러진다. 금귤이 인후염을 치료한다는 말에 어느 정도 신빙성이 생길 듯했지만 아무리 그래도 나는 음식 치료에 대해서는 줄곧 의심을 품었다. 그러나 어머니가 사 오신 금귤만큼은 정성스러운 마음을 헤아려 열심히 먹었다. 금귤에는 금귤 플라보노이드라는 성분만 들어 있을 뿐이지만 말이다.

겉모습만 보더라도 금귤과 탱자는 공통점이 더 많다. 일반적으로 두 나무의 크기는 분재로 키우기에 적합할 만큼 왜소한 편이라 거실 인테리어에 쓰인다. 특히 가시가 돋아나지 않는 금귤은 어린아이가 있는 가정에서 안전하게 기르기에 알맞다. 이로써 금귤과 탱자는 감귤계의 열외 멤버이긴 해도 특별한 공로를 세운다.

한마디 덧붙이자면 금귤의 떡잎(씨앗에서 움이 트면서 제일 먼저 나오는 잎—역자)과 배아는 모두 초록색이다. 어느 날 실수로 금귤의 종자를 씹었을 때 초록빛 무언가를 발견한다면 호르몬의 이상 작용이라며 당황하지 말고 금귤 자체가 본래 그렇다는 사실을 받아들이면 된다.

혼란기 이전 단계: 감귤 3대 원로의 이야기

|

한참 동안 감귤의 친척 이야기를 실컷 늘어놓았으니 이제는 진짜 감귤을 얼른 만나보자. 마트에는 감귤류가 과일 진열대의 절반을 차지한다. 크기와 모양, 맛이 종류별로 다르다 보니 그 과일의 계보를 써 내려가는 일은 사실상 불가능에 가깝다.

그러나 몇 세대에 걸쳐 식물학자들은 화분학, 형태학, 해부학, 유전학, 분자생물학 등 여러 분야를 아우르는 조사 작업에 매진했고, 마침내 감귤의 가계도 초안을 구성해냈다.

왜 초안이라고 할까? 감귤 집안의 역사가 정말이지 너무 복잡한 탓이다. 임의로 두 종을 한데 엮기만 해도 새로운 종인 '사랑의 결정체'가 태어난다. 그 종의 후손들도 다른 감귤속 식물과 재결합해 더 많은 변이를 일으키며 또 다른 새로운 종류를 만들어낸다. 게다가 인류는 그 가운데 가장 맛이 좋은 개체끼리 번식시켰고, 심지어 바다 건너까지 과일을 전파하며 진기한 변이 현상을 재촉했다. 결국 감귤 가족의 가계도는 도저히 정리할 수 없을 지경으로 복잡하게 뒤엉켜버렸다.

그러나 식물학자들이 이의를 제기하지 않는 단 한 가지 사실이 있다. 바로 시트론*Citrus medica*, 포멜로*Citrus maxima*, 탄제린*Citrus reticulata*이 감귤 가족의 진정한 3대 원로라는 것이다. 세 과일은 모양, 향, 맛 그리고 껍질의 두께가 다를 뿐더러 각각의 개성이 두드러지게 차이난다.

시트론은 3대 원로 중 가장 연장자다. 일반적으로 껍질이 과실 전체의 절반을 넘는 두께라 식용 부위가 너무 적기 때문에 흔히 과일의 범주 밖에 둔다. 이러니 절대 대중적인 인기를 끌 수 없다. 푸짐하고 먹음직스럽게 담긴 과일 바구니에는 작은 손 모양처럼 생긴 변종 레몬 '불수귤'도 간혹 등장한다. 그러나 시트론은 맛좋은 과일을 원하는 사람들의 눈에 띌 만한 특징을 가지지 못한다.

그래서 시트론은 멀리 타향으로 자신의 추종자들을 찾아 모험을 떠났다. 그 결과 변종 시트론은 서방 문화에 막대한 영향을 미쳤다. 특히 유대교에서 시트론은 종교적으로 중요한 의미를 지닌다. 유대인의 조상은 이집트에서 빈손으로 도망쳐 나와 대추야자 잎사귀, 도금양나무와 버드나무의 가지 그리고 시트론 과실로 초막집을 짓고 끈질기게 살아남았다. 네 가지 식물은 초막절(추수절 혹은 주님의 축제_역자)의 성스러움을 상징해서 초막절이 돌아올 때마다 품질 좋은 시트론종은 꽤나 높은 가격에 팔린다. 동서고금을 막론하고 시트론의 관상 가치가 식용 가치보다 훨씬 높은 듯하다.

한편 포멜로는 본디부터 식용으로 쓰였다. 포멜로 껍질을 냉장고 속에 두고 냄새를 제거한들, 심지어 폼알데하이드를 흡수하는 '신비한 식물'로 여겨진들 과일로서의 격에는 미세한 흠집도 나지 않는다. 넘쳐나는 수분과 오랫동안 저장해도 끄떡없는 신선도만 봐도 이것이 얼마나 완벽한 과일인지 알 수 있다. 과육은 맛있는데 껍질을 벗기기 힘들었기에 첫인상은 엇갈렸다. 보관이 쉽고 껍질을 까기 힘들다는 점을 들어 어떤 사람은 포멜로를 천연 통조림이라고 일컫는다. 포멜로는 특유의 쓴맛이 난다는 특징도 지니는데, 이는 리모닌limonin이라는 물질 때문이다. 실제로 감귤류 과일의 맛을 꼼꼼히 분석해보면 하나도 빠짐없이 쓴맛을 지니고, 그 강도에만 차이가 있을 뿐이다.

포멜로와 달리 탄제린의 껍질은 잘 벗겨진다. 유자와 귤, 즉 탄제린은 중국에서는 아주 오래전부터 재배해온 식물이다. 고서 『여씨춘추呂氏春秋』에서도 "장강長江 강가의 귤, 운몽택雲夢澤의 유자"라는 구절이 나왔고 고고학적 발견을 근거로 귤과 유자의 최초 재배 시기를 기원전 2000년경까지 거슬러 올라가 추측하기도 한다. 탄제린은 시트론이나 유자처럼 개성이 돋보이지 않고 아주 평범해 보인다. 하지만 난펑南豊 감귤과 같이 오랫동안 재배된 탄제린은 몇 대째 중국인의 미각을 주도하고 있다. 20년 전에 시장에서 곧잘 살 수 있었던 탄제린은 이 품종이었다. 심지어 이 과일은 당시 백화점에서 파는 농축액에도 첨가되었다.

요컨대 3대 원로의 차이는 껍질과 향미에서 드러난다. 껍질의 두께가 어느 정도인지, 껍질을 제거하는 것이 얼마나 어려운지, 쓴맛과 향의 강도에 어떤 차이가 있는지 살펴보면 금방 알 수 있다. 나는 원로들에게는 별로 정이 가지 않는다. 차라리 교잡의 결과로 태어난 후손인 귤과 레몬에게 더 마음이 가는 편이다.

3대 원로의 교잡을 통해 탄생한 과일을 이야기하기에 앞서 알아두어야 할 연구 결과가 있다. 쓰촨 농업과학원 연구진은 감귤 교잡에서 나타나는 돌연변이가 몇 가지 규칙을 따른다는 사실을 밝혀냈다. 첫째, 후손의 크기는 상대적으로 작은 크기의 모계 쪽에 치우쳐 닮는 경향이 있다. 둘째, 과실의 모양은 모계와 부계의 중간값을 닮아 양친 모두에게 영향을 받는다. 셋째, 당 함량은 모계와 부계의 중간 수치를 따른다. 넷째, 우리가 원하는 바와 어긋나지만 산성도는 더 신 쪽의 수치를 물려받는다. 그래서 단 귤과 레몬을 교잡해 레몬의 신맛을 약하게 만들고자 하는 마음은 미리 접어두는 게 낫다. 규칙을 이해하기만 하면 우리는 복잡한 감귤 가계도를 쉽게 알아볼 수 있다.

첫 번째 대혼란의 파도: 스위트오렌지와 비터오렌지

내가 난생처음 맛본 귤은 광귤이었다. 아주 오랜 시간이 흐른 뒤에야 이 종이 귤의 피는 한 방울도 섞이지 않은 오렌지의 일종이라는 사실을 알았다. 오렌지는 포멜로, 탄제린의 특징을 조합한 과일로, 교잡 규칙에 따른 특징을 지닌다. 크기는 귤과 비슷하고, 그 맛이 확연히 다른 두 가지 재배종 스위트오렌지(당귤 *Citrus sinensis*)와 비터오렌지(광귤 *Citrus x aurantium*)가 있다.

오렌지의 특징 하나를 꼽으라면 단연 그 껍질이라 할 수 있다. 오렌지 껍질은 탄제린처럼 얇지 않아 탄제린 껍질을 벗겨내듯 손쉽게 손질할 수 없지만, 포멜로만큼 두껍지도 않아 포멜로처럼 힘겹게 애를 써야 하는 정도는 아니다. 사람들이 의도적으로 두 종을 교배시켜 오렌지를 만들어낸 것이 아닌지 종종 의심하지만 사실 포멜로와 탄제린은 자연적으로 결합했다. 오렌지는 인류가 육종 기술을 발견하기 이전부터 언덕 위에서 사람들을 굽어보며 자신의 열매를 보란 듯이 과시해온 천연 교잡종이다.

기원전 2500년에 중국에서는 벌써부터 오렌지를 재배하기 시작했다는 증거가 고고학 사료에서 발견되었다. 서양인들에게 오렌지가 알려진 시점은 그보다 한참 뒤였다. 무려 14세기에 이르러서야 포르투갈인에 의해 유럽 지중해 해안에 심겼고 1493년이 되어 콜럼버스가 두 번째로 아메리카 대륙을 방문했을 때 그곳에 상륙해 뿌리를 내렸다. 오렌지는 그곳에서 진정한 낙원을 찾은 듯하다. 시장의 가판대에 놓인 수많은 스위트오렌지의 원산지가 미국인 것은 사실이지만 그런 광경이 오렌지의 고향마저 아메리카 대륙임을 의미하지 않는다. 참다래가 뉴질랜드로 건너가 자라면서 키위로 변신해 몸값을 한껏 불린 스토리와 매우 흡사하다. 첫 번째 혼란으로 명명하는 이 사태는 현재 세계에서 가장 사랑받는 감귤류 과일 '오렌지'를 탄생시켰다.

　동시에 시트론에게는 또 다른 후손 '라임'이 생겼다. 라임은 언뜻 보면 레몬과 비슷해 보이나, 잎과 꽃의 크기가 좀 더 작다. 원래 알려진 라임의 부계는 포멜로였지만 지금 와서 라임의 가계도를 보니 시트론과 포멜로만 결합한 결과로 태어난 것은 아닌 모양이다. 모계가 복잡한데, 이미 확인된 시트론 외에도 포멜로, 탄제린, 파페다*Citrus micrantha*가 모두 '라임 만들기'에 동참했을 가능성이 크다.

　이때부터 감귤 집안에는 본격적으로 혼란의 피바람이 불기 시작했다. 첫 번째 사태에 그치지 않고 오렌지가 아시아를 넘어 세계로 뻗어 나가기도 전에 두 번째 혼란이 다시 시작된 것이다.

두 번째 대혼란 이후: 귤, 레몬, 자몽

첫 번째 대혼란 이후 스위트오렌지와 비터오렌지의 중간 품종이 생겨났고, 감귤 가족은 순항의 바람을 타고 계속해서 확장했다. 예를 들어 비터오렌지와 시트론을 교잡하면 우리에게 익숙한 레몬*Citrus limon*이 탄생한다. 어딘가에서는 레몬도 시트론과 포멜로의 교잡종일지 모른다는 목소리가 나오고 있지만 비터오렌지가 레몬의 유전자를 형성하는 데 확실히 기여했다는 증거도 속속 발견되고 있다. 본래 사람의 이를 삭혀버릴 수 있을 만큼 신 시트론과 비터오렌지는 힘을 합쳐 산성도를 극대화한 품종 '레몬'을 만들어냈다.

　이에 질세라 스위트오렌지도 현실에 안주하지 않았다. 이들은 포멜로와 함께 자몽*Citrus paradisi*을 탄생시켰다. 자몽의 학명에 시트러스Citrus라는 글자가 보이더라도 자몽은 원로급의 시트론과 아주 다르다. 식물학적 분류를 보면 포멜로가 아메리카 대륙에 유입된 후 변이를 거쳐 만들어진 신품종이 바로 자몽이다. 그러나 최근 발견된 분자생물학적 증거는 자몽 뒤에 더 복잡한 가계도가 숨겨져 있다는 사실을 암시한다.

자몽 하나를 자세히 살펴보면 어떤 느낌이 들까? 달콤한 오렌지의 가죽을 뒤집어쓴 포멜로처럼 느껴진다. 보이는 대로 진실을 받아들이면 된다. 분석 결과 포멜로와 스위트오렌지는 자몽의 친부모이자 조상이다. 다시 말해서 자몽은 포멜로와 탄제린의 후손인 스위트오렌지가 포멜로를 부계로 삼아 또다시 교잡한 결과 한 단계 진화한 버전으로 태어난 과일이다. 결정적인 교잡은 인도 북부 산간지역에서 발생했다.

자몽은 영어로 '그레이프푸르트grapefruit'라고 불린다지만 그렇더라도 포도와는 어떤 관련성도 가지지 않는다. 자몽의 과실이 가지에서 지나치게 촘촘하게 자라난 모습이 마치 주렁주렁 열린 포도와 같았기 때문에 그런 이름이 붙었을 뿐이다.

자몽은 단맛, 신맛, 쓴맛은 물론 향까지 완벽하게 한데 모인 집합체다. 솔직히 말하자면, 나는 자몽을 별로 좋아하지 않고 오렌지의 순수한 단맛이나 유자의 깨끗한 신맛을 선호한다. 이런 개인적 취향 하나하나를 차치하더라도 유자는 이미 과일계의 떠오르는 샛별이다. 한편, 상업적인 목적으로 자몽을 재배한 시간은 겨우 100여년에 지나지 않는다. 1750년 웨인즈 출신 그리피스 휴즈Griffith Hughes가 바베이도스에서 자몽을 처음 발견한 뒤 그곳 자몽이 1823년 미국 플로리다주로 유입되자마자 자몽의 발아래에 탄탄대로가 펼쳐졌다. 2007년에는 전 세계 자몽 생산량이 500만 톤을 넘어갔다.

스위트오렌지가 포멜로와 결합한 결과 자몽이 만들어졌다면, 스위트오렌지와 탄제린도 새로운 후손 '홍귤나무'를 탄생시켰다. 그러나 이 만다린 종이 스위트오렌지와 탄제린의 후손이라고 단언하기는 아직 이르다. 이제까지 홍귤나무와 탄제린의 경계선은 흐릿했고 홍귤나무 열매에는 테두리가 엄격하게 그어져 있지 않았기 때문이다. 이 만다린종은 혼잡한 대가족 집단을 구성했는데, 이 안에는 탄제린과 관련 있는 종이 여럿 포함되어 있다. 공감貢柑, 노감盧柑은 스위트오렌지와 탄제린의 교잡으로 탄생한 종이고, 온주밀감Citrus unshiu은 탄제린이 변화하면서 만들어진 핏줄이다. 이 계보는 아무 관계 없을 만큼 먼 사돈의 팔촌뻘로 금귤까지 포함한다.

세 번째 대혼란이 또 올까?

지나고 나서 보니 첫 번째 대혼란과 두 번째 대혼란은 감귤 가족 가계도의 초석을 닦아놓았다. 현재 우리는 시트론, 포멜로, 탄제린이라는 세 가지 기본 종과 중요한 교잡종을 알고 있다. 이들 스위트오렌지, 비터오렌지, 자몽, 라임, 레몬과 홍귤나무 열매는 대자연의 진두지휘 아래 혼란한 사태가 벌어지는 바람에 만들어진 종이다. 인간은 엄청난 혼란을 그저 상상만 해볼 뿐이다.

그러나 원예가들은 자연의 힘에만 의존하지 않는다. 그들은 새로운 조합을 선택해 교잡을 시도하거나 세포 융합 기술을 직접 이용해 이제껏 보지 못했던 품종을 지속적으로 만들어낼 수 있다. 이런 기술은 여러 가지 문제를 간편하게 해결하고 사람들의 수요에 부합하는 제품을 생산한다. 씨앗이 없는 오렌지, 쓴맛은 일절 없는 오렌지 주스, 더 크고 속이 꽉 찬 감귤이 출시된 것은 말할 필요도 없다. 심지어 금귤과 귤의 특징을 결합한 껍질째 먹는 고급 과일 품종도 구매할 수 있다. 보아하니 감귤 가족은 앞으로도 계속 혼란스러운 가계도를 이어갈 예정이다. 감귤 가족 가계도의 개정증보판 이야기는 다음 장을 참고하길 바란다.

감귤류 과일은 종류에 따라 영양의 차이가 있을까?

감귤의 종류가 너무나 많다 보니 그들의 영양 성분이 궁금해지는 것은 인지상정이다. 사실 맛과 달리 영양의 차이는 그리 크지 않다. 슈가오렌지 sugar tangerine, 네이블오렌지 navel orange, 감귤의 영양 성분을 분석한 실험에서 당 함량만 차이가 났다. 슈가오렌지가 다른 두 종류보다 월등히 높은 당을 함유했고 비타민, 무기질 함량은 비등했다. 과일을 주식으로 먹는 경우를 제외하면 굳이 그 차이를 감내해야 할 필요는 없을 듯하다.

귤의 명의를 사칭하는 식물들

이름에 감귤 식물을 의미하는 '유柚'나 '귤橘'이라는 글자를 포함하더라도 감귤류와 전혀 상관없는 식물들도 꽤 많다.

티크teak, 즉 유목나무柚木는 마편초과 티크속 식물이다. 이 식물은 물에 쉽게 썩지 않고 웬만하면 불에도 강해 목재로 쓰인다. 또한 햇빛이 강하게 내리쬐고 습도가 심하게 변해도 균열을 찾아내기 힘들어 고급 판재로 사용하기에 적합하다. 실리콘 함량이 높은 편이라 가공할 때 손이 많이 간다는 단점이 보이지 않을 만큼 티크는 세계적으로 공인된 명품 수종이다. 도라지는 초롱꽃과 도라지속 식물인데, 한자 이름은 귤의 한자 이름을 간단하게 만든 '길'을 포함한 길경桔梗이다. 이 식물의 이름 안에 쓰인 '길'은 중국어로 'jie'라고 발음해 귤의 발음 'ju'와 다르다. 또한 '귤橘'을 길경의 '길桔'로 줄여 쓰는 것은 규범에 맞지 않기에 도라지와 귤은 전혀 접점이 없다.

미식가를 위한 식물 사전

우리가 먹는 귤은 정말 귤이 맞을까?

신뢰할 수 있는 감귤 집안의 가계도를 만드는 것은 과학자들의 해묵은 소원이었다. 단지 뛰어난 맛이나 세계 과일 무역의 큰 축으로 기능하는 귤의 역할 때문만은 아니다. 과학자에게는 감귤 집안의 친척 이야기가 북유럽신화에 견줄 만큼 흥미진진하기 때문이다. 가계도가 복잡하게 얽히고설켜 다른 어떤 과일의 역사보다 더 스펙터클하다.

미국 에너지부서DOE 산하 유전체 연구소의 과학자는 귤, 오렌지, 유자의 DNA를 분석한 후 마침내 감귤 집안의 가계도를 완성했고, 『네이처Nature』 학술지에 20페이지에 달하는 논문을 발표했다.

논문은 세 가지 사실을 종합해 정리했다. 첫째, 우리가 먹는 유자, 시트론, 오렌지는 각각 보이는 대로 정체성을 유지한다. 유자는 유자고, 시트론은 시트론이고, 오렌지는 오렌지다. 하지만 귤은 반드시 귤이라고 단언할 수 없다.

둘째, 세상의 모든 감귤류는 서로 사랑하는 가족 공동체를 이룬다. 시트론과 유자는 각각 부친과 모친의 역할만 할 수 있는 반면에 귤은 양친의 역할을 모두 맡는다.

셋째, 감귤 일가는 모두 히말라야 출신이었고, 800만 년 전에 산 아래로 뿔뿔이 흩어진 후 동쪽의 타이완으로 갈지, 남쪽의 오스트레일리아로 갈지 모든 것을 운명에 맡겼다.

그런데 이 논문의 행간에는 이런 감귤 가족의 관계를 밝혀내기가 너무나도 어렵다는 저자의 원망이 감춰져 있다. 감귤 가족의 관계는 앞으로도 더 복잡하게 뒤엉킬 듯하다.

감귤 집안 가계도를 조사하는 일의 어려움

|

감귤 집안의 가계도를 파헤칠수록 미궁에 빠지는 기분일 것이다. 가족 관계가 정말이지 너무 복잡하게 얽혀 있기 때문이다. 감귤은 원래 종과 변종 사이, 교잡종 사이, 교잡종과 원종과 변종 사이에서 모든 조합으로 교잡이 이루어진다. 과장이 너무 심하지 않느냐며 반박하는 소리가 들리더라도 어쩔 수 없는 이유가 있다. 일반적으로 자연계에서는 종의 변이를 막기 위해 한 개체군이 동종의 다른 개체군과 교배하지 않도록 하는 장벽이 존재한다. 이른바 생식적 격리reproductive isolation다. 예를 들면 고양이와 호랑이는 둘 사이에서 새끼를 낳을 수 없다.

　감귤처럼 꽃가루를 전파하는 방법으로 자손을 퍼뜨리는 식물의 경우 생식적 격리의 방식은 보통 두 가지다. 첫째, 실수로라도 자신의 꽃가루가 다른 식물 종의 암술에 떨어지는 것을 피한다. 수많은 난초가 이 방법에 능통하다. 난초는 꽃가루를 전달하는 특정한 동물의 신체(이마, 입가 혹은 엉덩이)에 꽃가루를 묻혀두어 정확한 목적지로 전달하도록 유도한다. 둘째, 외부에서 들어온 정체불명의 꽃가루가 자신의 암술 위에 내려앉는 일을 막는다. 조금 늦어 이상한 꽃가루의 정자와 암술의 난자가 결합하더라도 그 결합체는 금세 죽어버린다. 이 방법은 밀, 벼처럼 바람에 의지해 수정하는 볏과 식물이 자주 활용한다. 그런데 감귤 집안에는 두 가지 방식의 생식적 격리가 통하지 않는다. 심지어 임의로 두 개의 종을 선별해 교잡시킨 새로운 종마저 다른 종과 정상적으로 결합할 조건을 갖춘다. 감귤 집안 가계도가 복잡한 이유가 바로 여기에 있다. 이 와중에 인간도 대혼란 사태에 한몫을 보탰다. 과일을 재배할 때 흔히 사용하는 접붙이기 기술과 변이 싹의 선별 과정이야말로 초특급 골칫거리를 만드는 요소다. 기록조차 남아 있지 않은 수많은 재배 감귤과 원종의 관계는 도무지 알아낼 방도가 없다.

연구진은 DNA 표기 위치를 찾아내 정밀 분석을 진행했고, 대혼란 사태가 복잡한 만큼 엄청난 노력과 시간을 들였다. 다행히 노력은 헛되지 않았다. 야생 감귤류와 재배 감귤류 30개의 유전체를 측정한 다음 연구진은 이미 알려진 다른 종 30개의 유전체 데이터를 한꺼번에 분석했다. 마침내 실제에 가까운 감귤의 가계도를 얻어낸 것이다.

히말라야에서 온 감귤 집안 큰어른

|

감귤 집안의 모든 가족 구성원은 히말라야 지역에서 기원했다. 그중 중국 윈난의 남서부, 인도의 아삼Assam 및 그 인접 지역은 한때 감귤 가족의 집성촌이었다. 전 세계에 퍼진 모든 감귤류 과일의 조상의 뿌리는 이 유명한 산맥 아래 묻혔던 적이 있다.

800만 년 전 중생대 말기에 지구의 기후는 한차례 극심한 변화를 겪었다. 해양에서 불어오던 계절풍이 갑자기 뚝 그치고 대륙 전체가 건조해졌다. 감귤류 나무도 환경에 적응하기 위한 나름의 채비로 작고 두툼한 잎을 촘촘한 흰색 표피로 뒤덮었다. 나무는 열대우림에서 생활하는 식물과 극과 극으로 다른 행보를 보이며 건조한 기후에서 살아남으려고 소리 없이 몸부림쳤다.

감귤의 선조는 히말라야 산길을 내려온 후 서쪽, 동쪽, 남쪽으로 흩어져 이동했고, 가장 먼저 떨어져 나온 종은 망산귤莽山野橘과 의창귤昌橙이다. 이 두 가지 식물은 공통 선조를 가지지만 귤이나 오렌지와 단 하나의 연결고리도 없는 먼 친척에 불과하다는 사실을 짚고 넘어가야 한다.

지금으로부터 시간을 거슬러 600만 년 전 서쪽으로 향하던 감귤 가족 행렬에서 3대 원로인 시트론이 탄생했다. 남쪽 진영에서는 포멜로가 태어났고 동쪽 진영에서는 파페다와 금귤이 출현했다.

남쪽으로 향하던 감귤들은 가는 내내 필사적으로 살아남아 오스트레일리아에 도착했고, 400만 년 전부터 그곳에서 뿌리를 내려 여러 라임류를 파생시켰다. 손가락 모양의 가늘고 긴 오스트레일리아 핑거라임*Citrus australasica*(과육이 날치알처럼 특이한 감귤 품종)과 표면이 둥글고 쭈글쭈글한 오스트레일리아 라운드라임_{Citrus australis}, 그리고 오스트레일리아 데저트라임_{Citrus glauca}종이 갈라져 나왔다.

감귤 집안의 대들보와 같은 탄제린종은 200만 년 전 탄생했다. 별 힘을 들이지 않고도 껍질을 벗길 수 있는 종이었다. 훗날 감귤 가족의 핵심이 된 감귤 품종과 탄제린은 좋든 싫든 서로 밀접한 관련이 있다. 포멜로나 시트론은 상관없는 일이다. 건조한 기후에 가뭄이 지속되면서 해수면이 낮아지자 타이완해협은 바닥을 드러냈다. 탄제린의 동생 타치바나오렌지_{Citrus tachibana}는 쩍쩍 갈라진 타이완해협을 무사히 건너 타이완으로 진입했다.

이렇게 감귤 자생종은 지구상에서 대략적으로 가족 확장 프로젝트를 완성했다.

그 후에 망산귤과 의창지는 깊은 산속에서 숨어 살았다. 오스트레일리아의 감귤 가족은 호주에서 즐거운 시간을 보내고 있다. 금귤은 가끔 형제자매들과 연락하는 정도다. 진정한 주인공은 여전히 감귤 가문의 3대 원로인 시트론, 포멜로, 탄제린뿐이다.

유자나 오렌지와 달리 귤류가 아닌 귤

|

유자를 다르게 보려 해도 유자는 그저 유자일 뿐 다른 종일 수는 없다. 각종 조사와 분석을 마친 결과 유자의 혈통은 이미 밝혀졌다. 전체 감귤 가족 중에서 유자의 서열은 노조모 격이다. 유자는 자손의 크기에 엄청난 영향력을 미치는데, 유자의 유전자를 많이 포함할수록 몸집이 커진다는 사실이 밝혀졌다. 귤, 스위트오렌지, 자몽,

유자를 비교하면 이 규칙을 그대로 적용할 수 있다.

오렌지는 딱히 명확한 정체성을 띠지 않는다. 오렌지는 스위트 오렌지과 비터오렌지로 나뉘는데, 이전의 분류 시스템에서는 스위트오렌지를 비터오렌지의 집에 밀어넣어 하나의 종으로 함부로 통합했던 슬픈 과거도 있었다. 이런 통합은 인위적인 왜곡 행위다. 최근 연구에서는 두 종이 전혀 다른 집안에 속하는 종이라는 사실을 밝혀냈다.

비터오렌지는 유자와 탄제린의 직계 후손이어서 유자와 탄제린을 각각 모계와 부계로 두고 있다. 스위트오렌지로 말하자면 모계가 유자로 밝혀졌을 뿐 부계는 복잡하게 얽혀 있다. 그러나 연구 과정에서 초기 교잡 감귤로 정의된 것이 유자와 귤 사이에서 나온 품종이라는 사실만은 확실하다.

보통 오렌지와 시트론이 결합해 레몬이 만들어졌다고 알려져 있다. 정확히 짚어내자면 흔히 보는 스위트오렌지는 시트론과 일면식도 없다. 사실 비터오렌지가 시트론과 관련이 있어서, 두 종은 랑푸르와 러프 레몬*Citrus jambhiri* 등 한 무리의 자손을 만들어냈다. 레몬과 유사한 이 두 종은 세상의 밝은 빛을 보지 못했을 뿐이다.

비터오렌지가 다양한 자손을 퍼트린 이후 스위트오렌지도 유자와 교잡한 결과 자몽이 등장했다. 유자의 유전자를 더 많이 물려받은 자몽은 오렌지보다 훨씬 크다. 마지막으로 무더기로 쌓여 있는 감귤의 가계도를 요약해보자. 귤 더미 속에는 가짜 귤, 즉 '교잡 귤'도 섞여 있다. 진짜 귤은 순수한 탄제린의 혈통을 유지하는 귤이다. 예를 들어, 중국에서 널리 재배되는 난평南豊 밀감이 바로 탄제린의 순수 혈통이다. 탄제린과 유자의 후손인 폰칸PonKan은 초기 교잡종이었고, 미국 전역을 한때 휩쓸었던 클레멘타인*Citrus clementaina*은 탄제린과 스위트오렌지의 교잡종이다.

한편, 중국에서 유행하기 시작한 칭젠青見 오렌지 품종 역시 스위트오렌지의 대를 잇는다. 탄제린과 스위트오렌지 사이에는 설명할 수 없을 만큼 많은 일이 있었고, 인류 역시 실생묘(두 종자가 발아하여 생장한 묘목으로 영양 번식된 삽목묘_역자)에서 우수종을 선별하면서 감귤 가족사를 더 꼬이게 하는 데 일조했다.

이름을 날리지 못했지만 금귤도 탄제린과 교잡해 칼라만시를 만들어냈다. 칼라만시는 뜨거운 열기에도 살아남아 동남아시아에서 자란다. 멕시코라임은 시트론과 무명의 오렌지에 의해 등장하게 되었다. 무명이었지만 꽃이 작고 날개 모양의 잎을 가진 오렌지였다. 새로운 조합이 계속 나타나면서 감귤 가계도는 극에 달할 지경으로 혼란스러워졌다.

인간의 입장에서는 감귤 집안의 복잡한 가족사에 감사해야 한다. 그 덕에 한여름에도 시원한 레몬을 즐기고, 한겨울이면 난로 옆에 둘러앉아 귤을 까먹고, 천연 과일 통조림으로 불리는 유자를 한 손에 들고 멀리 여행을 떠날 수 있다.

복잡한 출생과 불투명한 미래

미식가를 위한 식물 사전

복잡한 출생과 불투명한 미래

1990년대 이전까지 바나나는 사치스러운 과일이었다. 그 당시 집에 바나나가 있다고 자랑하면 친구들이 부러운 시선으로 쳐다볼 만큼 귀했다. 아버지는 누구라도 남쪽 지역을 방문하는 사람에게 바나나를 사다달라고 여기저기 부탁했다. 그때 받은 바나나는 대부분 청록색을 띠었다. 이런 바나나는 입안에 떫은맛이 오래도록 남는다. 어머니는 바나나 상자 안에 생석회를 넣고 밀봉한 후 사흘 동안 열면 안 된다고 신신당부하셨다. 하지만 나는 호기심을 억누르지 못한 채 기회가 될 때마다 몰래 상자를 열어보며 바나나가 어서 노랗게 익기를 기다렸다. 사흘이 지나 바나나가 노래지자 어머니는 먼저 고사 지내듯 절을 올리고 나서 내게 하나를 건네주셨다. 바나나를 한입 베어 물고 입안에 부드러운 맛이 가득 퍼지면 과연 바나나보다 더 맛있는 과일이 있을까 싶을 정도로 감탄이 나왔다. 그때는 바나나의 향과 맛이 부족한 듯해도 용서가 되었다.

진정한 바나나는 20년이 지나 쿤밍에서 공부할 때 맛보았다. 20년 전만 해도 귀한 대접을 받던 바나나는 어느새 노점에서 흔히 볼 수 있는 과일로 변했다. 나는 다둥大董이라는 친구와 함께 한 근에 1위안씩 하는 바나나를 10위안어치 사서 기숙사로 돌아가 원 없이 먹었다. 물론 가끔 남부 지역 출신 친구들로부터 바나나를 처음 먹어보냐는 둥 놀림을 당하기는 했다. 이곳에 와서야 나는 바나나가 다발 모양으로 자란다는 사실을 알았고 바나나의 향과 맛에 새롭게 눈떴다.

나중에 바나나가 보급되는 양이 점점 많아지면서 맛과 향도 세세하게 나뉘었다. 불만스러운 말들도 종종 들려왔다. "바나나를 산다고 하더니 그 돈 주고 파초*Musa basjoo*를 사왔네. 파초는 맛도 없고 떫어서 차라리 안 먹는 편이 나아"라고 불평하는 소리를 들을 때마다 나는 파초와 바나나의 차이가 대체 얼마나 큰지, 생김새는 어디가 어떻게 다른지 궁금했다.

바나나든 파초든 모두 야생종 무사 아쿠미나타*Musa acuminata*(줄여서 A)와 무사 발비시아나*Musa balbisiana*(줄여서 B)의 후손이며, 둘 다 아시아에 분포하는 파초과 파초속 식물이다. 두 종 모두의 과육 속에 들어 있는 씨앗의 밀도가 높아 용과의 씨앗보다 훨씬 더 단단하고 크다. 바나나 한 다발을 먹고 난 뒤 150그램이나 되는 씨를 뱉어내야 하는 느낌을 한번 상상해보자. 씨앗이 모든 바나나에 깃들어 있었다면 바나나는 세계인의 사랑을 받지 못했을 것이다.

놀랍게도 무사 아쿠미나타와 무사 발비시아나는 우리에게는 다행스러운 일을 해냈다. 두 종은 자연 조건 속에서 자가 수정이나 교잡을 통해 종자를 지니지 않는 개체를 스스로 만들어냈다. 사람들이 이 식물을 발견하고 재배하기 시작하면서부터 방대한 식용 바나나 가족이 형성되었다.

첫 번째로 소개할 바나나는 꽤나 오래전에 조합된 AA의 2배체 그룹이다. 무사 아쿠미나타가 거느린 서로 다른 아종 사이에서 교잡이 일어나 만들어진 그룹이다. 재배종의 유전자와 이 그룹 야생 바나나의 2배체 유전자는 일치하지만 야생종은 가격이 만만치 않아 쉽게 구할 수 없다. 마트에 적은 양으로나마 진열된 '황제 바나나'가 바로 이 가족의 구성원이다.

두 번째 바나나는 인도에서만 자라는 AB 그룹인데, 진귀하고 아름다운 꽃을 피우지만 재배지가 한정되어 주목을 덜 받고 있다.

세 번째 바나나는 평소에 쉽게 먹을 수 있는 과일인 AAA 3배체 그룹이다. 상품 가치를 지닌 거의 모든 바나나가 이 가족 그룹에 속하는데, 그중 하나인 '캐번디시Dwarf Cavendish' 품종은 대중적인 인기를 끌고 있다.

네 번째 바나나는 AAB 3배체 그룹이다. 이 조합은 인도 남부에서 발전했다. 서양인들은 과실을 발견하고 수분 함량이 낮은 편인 이 바나나에 '플랜틴plantain'이라는 별명을 따로 붙였다.

다섯 번째 바나나는 인도, 필리핀, 뉴기니에서 기원한 ABB 3배체 그룹이다. 지금도 동남아시아와 아프리카 일부 지역 주민들이 주식으로 삼는 식물이다. 이들은 '삶아서 먹기'라는 바나나 조리법을 찾아냈다. 이 바나나는 파초에 훨씬 가까운 유전자를 갖지만 여전히 '바나나'로 불린다. 특히 AAB와 ABB 그룹은 '대초大蕉'라는 이름으로 바나나에서 떨어져 나와 다시 분류된다는 점을 유의해야 한다.

여섯 번째 바나나는 BBB 3배체 그룹이다. 이 바나나는 중국 윈난과 베트남 등지에서 보편적으로 재배한다. 광둥에서 자라는 대초도 구성원으로 포함된다. 이 그룹은 중국에서는 예전부터 파초로 일컬어지는 바나나인데, 나중에 식물학자들은 이 조합도 대초로 다시 분류했다.

이밖에도 4배체 AAAA, ABBB 그룹이 존재하지만 흔하게 볼 수 있는 바나나는 아니다.

그래서 간단한 유전학적 결론을 내리자면, 예부터 바나나로 불리던 정통 과일은 AAA 그룹이다. 정통 바나나를 제외한 바나나종이 모두 파초라면 AAB, ABB, BBB는 파초권에 속한다. 현재 중국에서 재배되는 바나나는 거의 AAA 그룹이다.

파초는 『중국 식물지』에 학명이 기재되어 있다. 이 가운데 80퍼센트는 파초 부채를 만들 때 쓰는 식물이지만 이것은 일반적으로 알려진 파초가 아니다. 이 식물은 불규칙적으로 돌출된 씨앗을 가지고 있는데, 씨앗 크기는 6~8밀리미터에 달한다. 그러나 평소에 식용 파초를 씹다가 쌀알만 한 크기의 씨앗을 발견하는 일은 일어나지 않는다.

한편, 영어 단어 바나나banana는 바나나와 파초japanese banana를 모두 아우르는 과일 이름으로 쓰인다.

파초와 바나나의 구분

|

많은 사람이 굳이 헷갈려 하지 않아도 되는 파초와 바나나의 복잡다단한 뒷이야기 때문에 혼란스러워한다. 하지만 이제라도 파초와 바나나를 구분해야 한다.

둘의 조상이 살았을 무렵으로 돌아가 우선 겉모습부터 살펴보자. 무사 아쿠미나타의 열매꼭지는 짧고 무사 발비시아나는 기다란 열매꼭지를 지닌다. 다양한 후손 집단의 열매꼭지도 조금씩 들쭉날쭉하게 되었다.『중국 식물지』에서는 바나나와 파초를 열매꼭지로 구분한다는 명확한 경계선을 제시하지 않았다. 바나나의 열매꼭지는 약간 짧고 우리가 보통 파초로 알고 있는 대초의 열매꼭지는 상대적으로 길다고만 기록되어 있다. ABB, AAB와 같은 과도기 유형이 존재하므로 열매꼭지가 어느 정도 길이가 될 때 파초 더미에 던져버릴 수 있는지 구별하기 어렵다. 실제로 AAA와 BBB처럼 전혀 다른 집단을 나란히 비교하면 구분이 가능하지만 어느 집단의 구성원들을 임의로 따로 떼어내 정체를 알아내는 일은 결코 쉽지 않다.

열매꼭지 다음으로 주목할 만한 외형은 마주나기로 난 작은 잎이다. 『중국 식물지』는 바나나의 잎에 관해 기록하고 있다. 무사 발비시아나의 작은 잎은 마주나기로 나 있고 개수는 5개다. AAA 그룹 바나나의 마주나기 잎 개수는 4~5개다. 하지만 무사 아쿠미나타, 대초, 기타 다른 식용 바나나의 마주나기 잎은 제외한 내용이고, 다른 문헌에서도 잎차례를 객관적 분류 기준으로 명시하지 않았다. 현재 바나나 집안의 가장조차 분별하지 못하는 기준이 과연 후세를 판별할 수 있을지 의문이다.

정녕 바나나와 파초는 구분할 수 없는 식물일까? 과실의 향미에서 분명히 다른 점이 존재한다. B 가족의 유전자가 섞인 그룹은 순수 혈통 바나나인 AAA 그룹의 향과 맛을 따라갈 수 없다. 진한 향을 지닌 AAA 바나나는 맛도 달콤한 반면에, AAB, ABB, BBB 그룹은 대초와 파초를 가리지 않고 향을 미약하게 풍기는 데 그칠뿐더러 신맛밖에 나지 않는다. 물론 잘 익은 식용 열매에 한해서 이러한 기준을 적용할 수 있을 뿐이다. 식용 가능한 대부분의 바나나는 익기 전에 따서 운송하는 도중이나 목적지에 도착한 뒤에야 비로소 강제적으로 숙성 단계에 돌입한다. 숙성 조건이 충족되지 않으면 신맛과 단맛으로 판단하는 기준은 영 쓸모없어진다. 열매의 성숙도에 차이가 생겨 맛에 영향을 미치기 때문이다. 한편 과실의 향기 성분은 자연적으로 열매가 익을 때 서서히 축적되기에, 유서 깊은 AAA 바나나라도 익기 전에 채취하면 향이 크게 손상된다. 향기로 바나나의 종류를 판단하는 일마저 쉽지 않다.

멋모르고 속아서 이상한 바나나를 구입했거나, AAA 그룹에 속하지 않는 바나나를 먹었다면 영양 섭취는커녕 위장만 상하는 것은 아닐까?

우선 바나나와 대초는 영양 성분 면에서 크게 차이가 나지 않는다는 점을 알아두어야 한다. 조금의 차이가 날 수 있을지언정 탄수화물, 당, 각종 무기질을 막론하고 의미 있는 값을 보이지 않는다. AAB 그룹의 비타민A, 비타민C와 칼륨, 칼슘, 마그네슘의 수치는 AAA 그룹보다 앞서고 AAA 그룹이 내세울 만한 것은 수분 함량이 높다는 점뿐이다. 하지만 이 차이는 크지 않다.

영양 성분 면에서 차별성이 뚜렷이 드러나지 않는다는 이유로 장 건강에 좋은 식이섬유와 같은 기능성 성분에 기대를 걸 필요는 없다. 바나나가 함유하는 식이섬유의 비율은 1.2퍼센트로 배, 밀감 등의 과일 및 수많은 곡물, 채소류보다도 낮은 수치이기에, 바나나는 장 기능을 활성화하는 데 소극적이다. 역학조사에서도 마찬가지로 바나나의 섭취 여부 및 섭취량은 변비에 별다른 영향을 미치지 않았다.

파초 지사제 역시 그 효능을 뒷받침할 증거가 부족하다. 식용 바나나의 모든 성분 중에 지사 기능은 탄닌과 관련되어 있다. 탄닌과 위산은 서로 결합해 위석을 만드는데, 공복에 감과 산사나무 열매를 먹으면 나타나는 증상이다. 그러나 지금까지 바나나와 파초를 먹고 위석이 생기거나 소화기 장애가 발생한 사례는 없었다. 한편 연구를 통해 탄닌이 장운동을 촉진한다는 사실이 밝혀지면서 파초가 지사제로 작용한다는 설은 설득력을 잃게 되었다.

바나나 악취는 약품 때문일까?

영양 성분과 기능에 관해 논란이 들끓긴 해도 바나나의 맛에 대한 기대치가 높아지는 현상을 막을 수는 없었다. 하지만 사람들은 바나나 껍질에서 나는 약간의 냄새도 의심하기 시작했다. 이상한 냄새의 정체는 숙성을 촉진하는 식물호르몬 에틸렌ethylene이라는 해석이 인터넷에 마구 쏟아졌다. 하지만 에틸렌이 정말 그 기능을 수행하는 토마토에서는 왜 이런 냄새가 나지 않는 것일까?

무색무취한 기체의 형태로 존재하는 에틸렌은 아주 적은 양으로도 과일을 숙성시킨다. 공기 중의 에틸렌 농도가 100피피엠에 다다르면 바나나는 이틀 안에 초록색에서 노란색으로 모습을 바꾼다. 또한 에틸렌이 분해되면서 생기는 인산도 냄새를 풍기지 않았다. 그렇다면 바나나 자체의 구성 성분이 냄새를 만들어냈을 확률이 높다.

범인은 바나나 껍질 속에 있다. 운송 과정에서 바나나 껍질에 포함된 물질이 산패하면서 냄새 분자를 생성해내기 때문이다. 바나나 껍질은 지방과 단백질이 풍부하고, 특히 불포화지방산을 많이 함유한다. 프라이팬 표면에서 기름기 혼합 물질이 비슷한 냄새를 유발하는 것도 바나나 껍질과 유사한 성분을 지닌 탓이다.

우리가 적도 위쪽 지역에 살면서 싸고 품질 좋은 바나나를 먹을 수 있는 것은 모두 에틸렌 관련 식물생장조절제 덕분이다. 운송업자들은 초록빛이 도는 열매를 따자마자 북쪽의 목적지로 이송한 뒤 푸른 바나나에 식물생장조절제를 분사해 천천히 익어가도록 내버려둔다. 완전히 익은 바나나를 채취해 다른 지역으로 운반한다면 아마 트럭에서 바나나 잼이 나올지도 모른다. 운송업자들은 바나나가 가능한 한 느린 속도로 숙성되기를 바랄 수밖에 없었다. 소비자의 니즈에 맞추어 에틸렌 작용을 억누르는 보존제도 자연스럽게 발명되었다. 바나나 과육 안의 에틸렌 수용체 단백질과 보존제는 만나면 함께 결합하는 성질이 있으므로 바나나는 잠시 익기를 멈춘다. 보존제 중 1-메틸사이클로프로펜1-MCP으로 처리하면 바나나 껍질에서 초록색이 빠지는 시간을 벌고 과육의 탄수화물이 분해되는 과정도 늦출 수 있다. 이 보존제 덕택으로 바나나는 비로소 먼 곳까지 발을 디뎌볼 기회를 얻는다.

소비자의 작은 의구심은 바나나가 직면하고 있는 골치 아픈 상황에 비하면 아무것도 아니다. 바나나는 꺾꽂이(식물의 가지를 잘라 흙에 꽂아서 뿌리를 내리게 하는 방식_역자) 방식으로 번식하는데, 이 방법에만 의존하기 때문에 농장에 심은 바나나나무 한 그루의 복제품으로 그 농장을 가득 채울 수도 있다. 그러나 한 가지 질병만 급속도로 퍼져도 모든 바나나가 똑같은 약점을 지니기 때문에 화를 피할 수 없다. 예정된 비극은 1950년대에 한번 일어난 적이 있다. 당시 최고의 주력 품종이었던 그로 미셸Gros Michel이 파나마병으로 지구상에서 완전히 멸종했다. 이 병은 일명 바나나 황엽병으로 불리는데, 토양으로 전파되어 바나나를 시들어 죽게 하는 전염병이다. 우리가 현재 먹고 있는 캐번디시는 파나마병에 대항할 수 있는 유일한 대용품이다. 지금은 바나나 블랙 시게토카Black Sigetoka의 검은 그림자가 캐번디시를 향해 몰려오고 있다. 캐번디시가 다음 번 바나나 전염병에서 운 좋게 살아남을 거라고 감히 장담할 수 있을까?

그러니 지금 눈앞의 맛있는 바나나를 먹는 일에도 감사할 줄 알아야 한다. 오래지 않아 그 바나나들도 역사의 무대 뒤편으로 사라진 채 문헌상 글자로만 존재할지 모른다.

집에서 바나나를 빨리 숙성시키는 비결

바나나 농장에서 집까지 먼 길을 이동할 기회가 있다면, 바나나가 익는 것을 재촉하는 방법을 직접 실험해보는 것도 좋다. 자연친화적이기도 한 이 방법은 의외로 간단하다. 밀폐된 공간에 바나나를 두는 것이 먼저다. 바나나 자체에서 다량의 에틸렌을 방출하기 때문에 과일이 자연스럽게 익는다. 사과 몇 개를 옆에 함께 두면 사과도 에틸렌을 방출해 숙성 시간을 단축시킨다. 이 방법은 바나나가 숙성하는 속도를 높인다. 이밖에도 바나나가 호흡할 수 있도록 통풍에 유의해야 한다. 이산화탄소 농도가 너무 높으면 과육이 딱딱해질 수 있다.

이런 방식으로 바나나를 숙성하면 사흘 뒤에는 노란빛의 바나나를 먹을 수 있다.

얼룩은 좋은 바나나의 징표일까?

껍질의 얼룩은 좋은 바나나의 징표라고들 한다. 바나나 속 성분은 익을 때 폴리페놀류와 결합해 퀴논 물질로 변해서 색을 띤다. 바나나의 설탕과 아미노산이 반응해 색소가 생성되는 경우도 많다. 대부분 숙성의 절정기에 발생하는 현상이다. 이때 바나나는 설탕 함량이 절정에 달하는데, 설탕은 가용성이라 계속 보관하면 물렁물렁해진다. 그러니 되도록이면 빨리 먹어 치우자. 물론 진균에 감염되어도 검은 반점이 생길 수 있다. 바나나가 청록색일 때 검은 반점이 생겼다면 균에 감염된 결과이므로 버려야 한다.

미식가를 위한 식물 사전

나눌 수는 없지만 열릴 수는 있다

라이양莱陽에서 답사를 마치고 베이징으로 돌아갈 때 친구가 라이양 배 상자 두 개를 선물로 주었다. 배가 어찌나 큰지 감탄사가 절로 나올 지경이었다. 어느 날 저녁 식사를 마친 뒤 아내가 커다란 배를 하나 깎아서 내게 건넸다.

"배가 너무 크네. 아무래도 한 번 더 갈라야…"

말이 다 끝나기도 전에 아내의 손바닥이 이미 내 등짝에 사정없이 내리꽂혔다.

"뭐라고? 지금 나랑 이혼하고 싶다는 거야? 무슨 사고를 친 건지 빨리 이실직고해!"

전쟁의 서막이 오르려는 기미가 보이자 나는 사태를 얼른 무마하기 위해 배가 터지기 일보 직전이었는데도 그 큰 배를 혼자 다 먹어버렸다.

장담하건대, 중국인의 대다수가 배를 이용한 말장난을 핑계로 상대방에게 귀여운 협박을 해봤을 것이다. 사과[píng guǒ]를 나눠 먹는 일은 평안[píng'ān]을 함께 누리는 것이고, 야리[yā li](중국배의 일종_역자)를 갈라 먹으면 이별[lí bié]을 재촉하는 것으로 여겨진다. 사과와 배는 같은 과일일 뿐이지만 글자는 달라도 발음이 유사하기 때문에 말장난을 칠 수 있다. 이런 논리라면 식사량이 적어 배 하나를 여럿이 나누어 먹어야 하는 사람은 배를 보는 순간 오해를 받을세라 지레 겁먹고 얼른 몸을 사려야 한다.

요즘 마트에서는 둘로 '가를' 필요도 없을 만큼 작은 배 쿠얼러庫爾勒가 출시되고 있다. 이 배를 사려면 일반 배보다 비싼 값을 치

러야 하지만 불필요한 장난과 갈등은 피할 수 있다. 다양한 종류의 배를 구경하다 보면 크기, 색깔, 모양, 촉감 등 개성이 각양각색이라는 사실을 한눈에 알 수 있다. 사과인지 배인지 쉽게 알아볼 수 없는 신 품종 사과배까지 등장했다. 다들 배 가족의 일원일 텐데 어째서 이토록 다를까?

방대한 배 가족 가계도

|

전 세계 과일 가게에 다소곳이 앉아 있는 사과는 모두 한 가지 종

이다. 하지만 배는 셀 수 없을 정도로 종류가 많다. 심지어 '동양배와 서양배' 두 개의 진영으로 나뉜다. 식물 분류학의 창시자 칼 폰 린네Carl von Linné마저 배나무속으로 분류했던 사과가 사과나무속으로 제자리를 찾게 된 것은 나중 일이었다. 사과와 배를 반으로 쪼개면 과육과 씨의 기본 구조가 서로 쌍둥이처럼 닮아 있다는 사실을 알 수 있다. 우리가 즐겨 먹는 사과와 배의 과육은 꽃받침에서 발육한 것이다. 씨방의 바깥벽인 자방벽이 바로 과육으로 변하는 부분인데, 종자를 감싸는 과일의 알맹이가 된다. 그래서 식물학에서는 사과나 배와 같은 과실을 헛열매라고 이름 붙였고, 복숭아와 같은 과실은 참열매로 불러 두 종류를 서로 구분 지었다.

사과와 배는 공통점이 많다. 둘은 장미과 사과나무아과에 속하고 과실의 구조도 비슷하다. 하지만 배의 가족사는 사과보다 훨씬 복잡하다. 세계적으로 배나무속이 거느린 종은 변종까지 포함하면 900여 종이 넘는다고 보고된 적도 있다. 식물학자들은 잽싸게 손을 써 그 종류가 30여 종으로 축소되도록 분류했다. 야생 배나무속 식물의 세력은 대륙을 가리지 않고 위세를 떨친다. 배나무속 식물의 영역은 유라시아 대륙을 통과해 동아시아에서 중앙아시아를 거쳐 유럽에서 북아프리카까지 이어진다. 베이징 외곽에서 자라는 두리杜梨, *Pyrus betulifolia*가 바로 전형적인 야생 배나무속 식물이다.

넓게 분포해 자라는 배 가족은 종류도 속속들이 얽혀 있어 더욱 다채롭고 풍성한 가계도를 자랑한다. 세계의 모든 재배 사과는 한 가지 종이지만, 재배종 배가 마트에 진열된 광경을 자세히 들여다보면 그곳에는 적어도 네 가족이 모여 있다. 백리白梨, *Pyrus bretschneideri*, 산돌배*Pyrus ussuriensis*, 돌배나무*Pyrus pyrifolia*, 신장배Xinjiang pear, *Pyrus sinkiangensis*

가 저마다의 모습을 뽐낸다. 4,000여 년에 걸친 배의 역사를 톺아보면 재배종 배의 대가족 전체 상황은 크게 달라지지 않았다. 배 가족의 관계가 워낙 복잡하게 얽혀 있기 때문이다. 모든 배속의 배꽃은 새하얗더라도 서로의 개성만큼은 어느 하나 같은 것 없이 엄청나게 다르다.

산돌배는 얼려야 제맛

|

이 가운데 배를 널리 보급하는 데 가장 큰 공을 세운 배 가족은 산돌배다. 서늘한 곳을 선호하는 산돌배는 추위에 강하기 때문에 드넓은 북방 지역에서도 스스로 꽃을 피우고 열매를 맺는다. 그러나 식용 과실로서는 자격 미달이다. 나무에 매달린 산돌배는 달콤함과는 거리가 멀어 그 자리에서 바로 따서 먹을 만큼 완벽하지 않기 때문이다. 수확한 배는 아무런 가공을 거치지 않은 상태인데, 타고난 맛이 별 볼 일 없기에 후숙 과정이 필요하다. 감을 후숙해 떫은맛을 내는 탄닌 함량을 줄이는 것처럼 배가 아니더라도 많은 과일이 후숙 과정을 거친다. 산돌배의 떫은맛도 이런 식으로 제거한다.

가장 간단하게 과실을 익히는 방법은 일정 기간 동안 용기에 보관했다가 꺼내 먹는 것이다. 중국 동부 지역 사람들은 배를 익히기 위해 특별한 비책을 고안했다. 바로 배를 얼리는 방법이다. 금방 나무에서 딴 참이라 아직 초록빛인 산돌배가 거무스름하게 얼 때까지 영하 30도의 환경에 둔다. 얼린 배를 끓이다가 한순간 찬물에 담그면 배가 물의 열량을 흡수해 그릇 속에는 얼음과 물이 혼재한다. 이때 표면에 붙은 얼음을 떼어내고 껍질을 벗기면 달콤하고 시원한 과즙이 흘러나온다. 이제 배는 다 익었다.

배 껍질 위 청백 전쟁

|

산돌배는 가공 과정을 거친 뒤에야 먹을 수 있어서 신선한 과일을 향한 욕망을 만족시키지 못한다. 그래서 후계자 격인 백리가 집안을 대표하게 되었다. 이 배는 상상을 초월할 만큼 넓은 지역에 분포해 베이징의 '바이리(백리)'부터 허베이의 '야리鴨梨', 라이양의 '츠리茌梨', 탕산陽山의 '쑤리酥梨', 자오저우趙州의 '쉬에화리雪花梨' 등의 구성원을 포함한다. 이들은 하나같이 나무에서 딴 직후 겉을 닦아내고 바로 먹을 수 있어 신선 식품으로서 나무랄 데 없다. 또한 보기 좋은 외관까지 갖추어 하우스종이 되기도 했다.

이 품종들의 겉모습은 중국 사람이 예로부터 선망해온 미학적 관점에 특히 더 부합한다. 마치 초등학교에 다니던 시절 미술 시간마다 듣던 말처럼 말이다. 선생님은 답이 정해져 있기라도 한 듯 배는 노란색, 사과는 붉은색, 잎은 초록색으로 칠해야 한다고 입이 닳도록 강조하셨다. 우리에게는 선생님을 만족시킬 만한 '어린아이다운' 색감으로 그림을 완성하는 것이 당연했다. 그래서 배를 초록색으로 칠한 아이는 매번 꾸지람을 들었다.

세월이 지난 뒤에야 과일의 색깔이 샛노랗더라도 전부 배로 몰아붙일 수는 없으며 모든 배가 노란빛을 띠지 않을 수도 있다는 사실을 알게 되었다. 예를 들면 돌배나무 가족은 초록색으로, 아주 많이 못생겼다. 거칠게 씹히는 돌배나무 가족과 연한 식감을 지닌 백리 가족은 선명한 대비를 이룬다. 처음 초록색 배를 본 곳은 윈난이었다. 나는 익지도 않은 배를 어떻게 먹는다는 것인지 의아했다. 걱정도 잠시, 한입 베어 먹는 순간 의심은 송두리째 눈 녹듯 사라졌다. 이 배의 맛은 노란색 야리와 견줄 만하다.

보이는 대로만 사람을 판단하는 일을 지양해야 한다는 법칙은 과일에도 마찬가지로 적용된다. 윈난의 바오주리寶珠梨는 외관상 별다른 특징이 없는데, 일본에서 온 펑수이리豊水梨는 이 배와 비교해도 볼품없다. 그러나 녹갈색 껍질을 깎아내면 즙이 풍부한 달콤한 속살을 드러낸다. 최근 연구에 따르면 돌배나무도 중국백배의 종을 형성하는 데 힘을 보탰다. 그래서 백리의 노란색 껍질에는 보이는 것과 달리 녹갈색을 내는 유전자가 숨어 있을 수도 있다.

이국적인 느낌의 신장배

네 개의 배 가문 중 세 종류의 배는 중국 전통 재배종이거나 적어도 한 지역에서 유구한 역사를 지니는 반면, 신장배는 최근 몇 년 사이에 대중에게 알려졌다. 현재 분자생물학자들은 신장배의 복잡한 출생의 비밀을 파헤쳤다. 백리, 돌배나무가 함께 신장배종을 형성하는 데 뛰어들었고, 신장배의 유전체에서는 서양배와 살구배杏葉梨의 유전자도 나왔다. 짐작하건대 신장배는 자연적인 교잡으로 형성된 특별한 배일 가능성이 크다.

껍질이 얇은 데다 수분을 많이 함유하는 신장배의 인기는 출시되자마자 고공 행진을 했다. 한 가지 꼭 짚고 넘어가야 할 점은 표면의 촉감이다. 신장배의 껍질은 야리처럼 보송하지 않고 밀랍을 한 겹 바른 듯 느껴져서, 한때 신선도를 유지하기 위해 배에 왁스를 칠했다는 소문이 돌았다. 실제로 모든 배의 표면은 미끌거린다. 이 막의 주요 성분은 과실에서 분비되는 펙틴과 같은 다당류 물질이므로 행여나 건강에 악영향을 미칠까 노심초사하지 않아도 된다. 그래도 불안하다면 껍질을 완전히 제거하고 섭취하면 문제될 일은 없다.

신장배에 관해 이야기할 때 이 종으로부터 이역만리 떨어진 조상 서양배나무*Pyrus communis*를 빠뜨리고 넘어가면 서운하다. 내 인생에서 가장 깊은 인상으로 남은 배는 허베이의 야리나 라이양의 츠리, 탕산의 쑤리도 아닌 어릴 때 한 번 먹어본 부드러운 배다. 생각할수록 그 배는 서양배 품종인 바리巴梨인 듯하다. 여러 해 전에 고향에서 이 부드러운 배가 유행했다. 야리처럼 아삭한 맛은 아니었고 얼린 배처럼 과즙이 넘치는 것은 더더욱 아니었지만 바나나처럼 부드럽고 찰기가 있는 배였다. 서양배는 처음 재배될 때부터 동양배와 다른 길을 걸었다.

서양배는 20세기 초반에 중국 산둥 사람들이 재배하기 시작했다. 식감은 특이했으나 이미 4,000년 넘게 아삭한 맛의 다른 배가 길들여놓은 입맛을 다시 사로잡기에는 역부족이었다. 지금까지도 중국에서는 바리의 재배지가 보하이渤海 주변에 한정되어 있다. 이토록 희귀한 품종이 어째서 어린 시절의 기억 속에 남아 있는지는 지금도 의문이다.

사과배는 사과일까? 배일까?

|

언젠가 아버지의 친구 분이 이상한 과일을 선물로 사 들고 방문하신 적이 있다. 사과처럼 초록색이 감도는 붉은빛을 띠었고, 깨 모양 점이 나 있는 모습은 배를 닮은 과일이었다. 배의 과육처럼 거친 식감이었지만 사과 향이 섞여 있었다. 선물을 사 온 장본인은 그 과일을 가리켜 사과배苹果梨로 소개했다. 자신이 넘치는 그의 말에 따르면 사과배는 배나무 가지를 사과나무에 접붙인 결과 나온 열매인 까닭에 두 가지 과일의 외형과 풍미를 섞어 가졌다.

하지만 한참 지나서 사실을 확인해보니 사과배에 접붙이기라는 말을 갖다 대는 것은 어불성설이었다. 사과나무에 야리의 가지를 접붙이는 것은 불가능에 가까운 일이어서, 사과배가 접붙이기로 생긴 열매라는 말은 그저 와전된 소문이었던 것이다. 애초에 사과를 배나무속으로부터 분리시킨 것도 두 가지를 접붙이기할 수 없었기 때문이다. 어렵사리 접붙이기에 성공했을망정 야리의 가지에 열린 열매는 여전히 배일 뿐 사과의 맛을 낼 수 없었다. 간단한 접붙이기 기술은 배 가지의 유전자 구성에 영향을 미칠 수 없었다. 배 가지에 핀 것은 배꽃이었고 달린 열매 역시 배였다. 귤나무에 접붙인 유자 가지에서 계속해서 유자가 열렸던 것과 다르지 않으니 새삼스러운 일은 아니다.

사실 사과배는 일종의 배다. DNA를 분석한 결과 산돌배와 친족 관계라는 사실이 이미 확인되었다. 백리나 돌배나무와 달리 사과배는 자신만의 독특한 유전자자리genetic locus를 가져 유전자를 대대손손 안정적으로 전달할 수 있었다. 기이한 맛이 나는 사과배는 자수성가했다고 인정하는 편이 합리적이다.

하지만 사과배는 과육의 질감이 너무 거칠어서 따자마자 바로 먹기에 적합하지 않다.

배의 과육 속 작은 알갱이

|

사과배 과육의 거친 식감을 이야기할 때 씹을수록 존재감이 느껴지는 작은 알갱이를 빼놓고 말할 수 없다. 이 알갱이는 과육을 특이한 구조로 구성하는 돌세포stone cell다. 이 세포들은 과실을 차츰 형성하면서 세포벽에 섬유를 지속적으로 축적한다. 세포벽은 자연히 두꺼워지는 동시에 세포의 내부 공간도 점점 압축되어 작은 돌멩이로 보일 지경이 된다. 돌이라는 단어를 덧붙인 이름이 전혀 어색하지 않을 만큼 단단해지는 것이다.

돌세포는 배의 식감에 아주 큰 영향을 미친다. 돌세포가 많이 분포한 배는 '모래를 씹는 듯하다'라는 불만을 불러일으킨다. 하지만 우리의 감각은 돌세포의 수가 아닌 크기에 민감하게 반응한다. 테스트 결과, 돌세포의 크기가 적어도 250미크론micron은 넘어야 식감에 영향을 줄 수 있었다. 세포의 크기가 작으면 수가 아무리 많아도 배의 맛에 중대한 변화를 일으키지 못한다. 그래서 돌세포의 총량을 측정하는 방법은 배의 품질을 판별하는 문제의 해결책으로는 설득력을 잃게 되었다. 그렇다면 크기가 큰 돌세포를 줄여 뛰어난 식감을 유지하는 방법은 없을까?

물론 안 될 것은 없다. 돌세포는 발생 과정도 특이한 데다 유별나게 특징적인 분포도를 보인다. 배의 생장 초기에 돌세포의 수는 점점 많아지다가 성숙하는 단계에 접어들면 줄어든다. 배를 미리 몰래 서리하는 것을 참고 숙성될 때까지 기다려야 하는데, 만약 그러지 못하면 배의 맛은 시고 떫어질뿐더러 돌세포가 너무 많아지기 때문에 고통스러워진다. 과실의 부위별로 돌세포의 함량이 달라지기도 한다. 돌세포를 가장 많이 함유한 곳은 과실 중심이고, 그다음은 껍질이다. 과실의 중심과 껍질 사이 부분은 돌세포 함량이 가장 적은 부위다. 나와 같은 미식가는 과실의 중심부와 껍질 부근의 중간층만 파먹고 싶은 심정이다. 어디 그런 방법은 없을까?

평범한 소비자가 돌세포를 아예 피하지 못하란 법은 없다. 배의 종류마다 돌세포는 조금씩 다른데, 중국에서 재배되는 네 종류의 배 가문 가운데 중국백배의 돌세포 크기와 함량이 가장 적다. 이 배를 선택한다면 부드럽고 매끄러운 맛을 느낄 수 있고 돌배의 열매와 신장배를 먹는 것으로도 대충은 만족할 수 있다. 하지만 산돌배와 사과배는 차라리 얼린 배즙으로나 먹는 편이 낫다.

배숙의 진짜 효능은 무엇일까?

배를 씻어 그대로 베어 물기도 하지만 배는 익혀 먹는 조리법으로도 또 다른 효능을 얻을 수 있다. 호흡기가 약하던 어린 시절 걸핏하면 기관지염에 걸렸는데, 그럴 때마다 어머니는 엄마손표 특제약을 대령했다. 먼저 꼭지 부위를 잘라낸 커다란 배에서 씨앗을 파냈다. 그 자리에 얼음 설탕과 꿀을 채워 넣은 다음 뚜껑을 닫고 불에 올려 찌셨다. 어머니는 옆에서 마지막 국물 한 방울까지 입에 탈탈 털어 넣는 나를 흐뭇하게 지켜보셨다. 어른이 되고 나서 그렇게까지 맛있는 배숙을 먹어본 일은 아직까지 없다. 배숙이 기침을 멎게 했는지까지는 기억하지 못한다.

어머니는 찬바람이 불면 어김없이 온 가족을 위해 배숙을 끓였고 식구들은 너 나 할 것 없이 각자의 임무를 완수하듯 그것을 마셨다. "날씨가 건조할수록 배숙을 먹어야 폐의 기운이 좋아져"로 시작되는 어머니의 잔소리에 시달리지 않으려면 응당 해야 하는 일이었다. 배숙 한 사발을 비우면 수분을 보충한 듯한 기분이 들었지만, 배숙 하나로 폐의 운동이 원활해지고 기침이 멈춘다는 말은 거듭 곱씹어봐도 믿을 수 없다.

벌써부터 여기저기서 반박하는 말들이 들려오는 듯하지만, 배 성분을 분석한 모든 문헌을 뒤져도 기침을 멎게 하는 성분을 연구한 보고서는 단 한 건도 없었다. 물론 인터넷에서는 배 속의 글리코시드가 기침을 멎게 한다는 주장이 나돈다. 배당체로도 불리는 글리코시드는 물에 녹아 당으로 분해된다. 배당체는 식물체에 폭넓게 분포하는 물질이라 사람의 위장에 들어가더라도 특별한 작용을 하지 않는다.

라이양배 기침약은 기침을 멎게 하는 뛰어난 효과로 유명하다. 이 약을 주로 구성하는 성분은 에페드린ephedrine이었다. 설명서를 자세히 읽어본 다음에야 발견한 사실이었다. 이런 알칼로이드 성분은 확실히 기침을 진정시키지만 라이양배의 성분은 대부분 맛을 위해 쓰였다.

이로부터 두 가지 사실이 밝혀진 셈이다. 첫째, 커다란 배를 먹으면 몸의 수분을 보충할 수 있다. 둘째, 기침이 나기 쉬운 건조한 날씨에 어느 정도 대항할 수 있다. 특히 인후염 증상이 있다면 배 두 개를 먹는 것만으로도 확실한 효과가 기대된다. 하지만 기침 증상이 나아지기를 바란다면 조금이라도 더 검증된 약물을 찾는 것이 빠를 듯하다.

"배가 기침을 멈추게 할 수 있다"라는 말의 진위 여부와 상관없이 나는 여전히 어린 시절 어머니가 만들어주신 탄 배숙을 그리워한다. 배숙 안에 스며든 것은 약효를 지니는 배의 화학 성분만이 아니었다. 배숙 그릇 안에는 그 맛에 대한 나의 들뜬 마음이 배어 들어 있지 않았을까?

♙♙♙

좀 더 오래 보관할 수 있는 배의 종류는?

배는 가을부터 겨울까지 상비약과 같은 과일이다. 그러므로 무엇보다 중요한 것은 저장성이다. 야리, 츠리를 포함하는 백리 가족이 오래 보관하기에 알맞다. 산돌배 가족도 얼린 배를 만들기에 적합해 오랜 시간이 지나도 끄떡없는 배의 상징처럼 여겨진다. 반면 돌배나무 가족을 긴 시간 동안 보관하기에는 역부족이다. 껍질이 비교적 얇기 때문이다. 또한 품질 좋은 바오주리와 펑수이리를 샀을 때는 가능한 한 빨리 먹어치우는 것이 이득이다. 바리도 마찬가지로 외부의 충격에 약해 신선할 때 먹어야 그 진가를 놓치지 않을 수 있다.

미식가를 위한 식물 사전

달고 붉은 과육의 씨 없는 수박

한여름 무더위를 이겨내는 데는 수박만 한 과일이 없다. 잘 익어 속이 꽉 찬 수박을 쪼개 한 입 먹는 것만으로도 간단히 더위를 잊어버릴 수 있다.

그런데 수박의 신세는 예전과는 딴판으로 달라졌다. 수박의 성장을 촉진하고 단맛을 최대한으로 끌어올리기 위해 약물을 주입한다는 뜬소문에 논란이 일기 시작하면서부터다. 소문은 꼬리에 꼬리를 물고 걷잡을 수 없이 번져 갔다. 재배 기간을 줄였다는 것은 물론이고 더 커다란 수박을 수확하기 위해 약물을 주입하거나 더 달콤한 맛을 내려는 욕심에 글리세린과 색소를 첨가했다는 이야기가 돌았다. 소문에 따르면 수박 껍질의 노란색 띠는 주사를 놓은 흔적이었고, 껍질이 얇은 수박은 유전자 조작을 거친 품종이었다. 사람들은 지난 1,000년 동안 이어져온 수박과의 우정에 등을 돌린 채 이 과일을 점점 멀리했다.

주사를 맞은 수박이 달콤해질 가능성

수박에 주사를 놓는다는 이상한 설은 20여 년 전부터 싹텄다. 주사액의 정체는 내가 초등학생일 무렵만 해도 사카린이었다가, 지금에 와서는 글리세린과 붉은 색소 등 다양한 종류로 둔갑했다. 최근에는 주사를 맞은 수박에 노란색 섬유가 자란다는 설이 새로 등장했다. 과연 사실일까?

주사 착색제설의 많은 부분이 논리에 어긋난다. 우선 첫 번째로 의문점이 드는 사항은 바로 색에 관한 것이다. 노란색 띠가 주사를 맞은 흔적이라면 왜 원래 과육의 색인 붉은색으로 착색되지 않았을까? 또한 하얀색 씨앗은 어째서 붉은색으로 염색되지 않은 걸까?

한편, 수박의 모양은 구형이기 때문에 주사액은 중심부까지 침투하는 데 성공해야 과육 안에서 효과적으로 퍼질 수 있다. 여기서 두 번째 의문이 생긴다. 과연 그것이 가능할 정도로 기다란 바늘 끝을 미세하게 제어하는 일이 쉬울까? 뿐만 아니라 주사를 놓는 도중에 흘러나오는 주사액의 양도 조절해야 한다. 수박은 스펀지처럼 용액을 빨아들이지 못하므로 지나치게 많은 양을 주입하면 수박 껍질이 터져 나간다. 또한 바늘구멍을 통해 들어온 세균과 진균에 감염되는 현상을 막는 것도 난제다. 무균 상태에서 주사를 놓더라도 그 주사 한 방을 위해 치러야 할 대가가 너무 크다.

그렇다면 수박 속에 보이는 딱딱한 노란빛 조직은 무엇일까? 몇 십 년 동안, 혹은 단 몇 번이라도 수박을 먹어봤던 사람이라면 누구나 이 조직을 발견한 적이 있을 것이다. 자세히 보면 알 수 있듯이, 노란 띠는 언제나 규칙적으로 배열되어 있다. 이 띠는 수박씨가 달라붙어 자라는 조직이기 때문에 규칙적일 수밖에 없다. 이 중요한 조직의 이름은 '태좌'다. 우리는 멜론이나 동과를 먹을 때 씨가 매달려 있는 하얀 속 부분을 버리는데, 바로 그 부분이 태좌다. 이들과 함께 박과에 속하는 수박의 태좌도 비슷하긴 하지만, 단지 조금 부풀어 올라 열매의 내부 공간을 차지하고 있을 뿐이다. 덕분에 수박 속은 맛이 더 좋아졌다.

태좌는 종자에 영양을 공급하는 역할을 맡고 있는 터라 그 안에는 영양분의 통로가 있다. 이른바 관다발이다. 수박이 익어가면서 관다발은 점차 분해되므로 우리가 수박을 먹을 때쯤이면 흔적을 찾아볼 수 없게 된다. 그러나 노란 띠는 수박의 품종부터 수박에 투입되는 비료까지 영향을 받는다. 이들 요인이 어떤 변수로 작용하느냐에 따라 관다발이 분해되지 않거나 심지어 목질화木質化를 일으켜 노란색 띠로 남는다. 이런 수박을 '노란 띠 수박'이라고 부른다.

노란 띠는 크게 네 가지 원인에 의해 형성된다는 사실이 명확하게 밝혀졌다. 첫째, 과실 속에 칼슘이 부족하기 때문이다. 수박의 성숙 과정이 끝나갈 무렵 칼슘이 결핍된 상태에서 노란 띠의 섬유 물질은 분해되지 않는다. 둘째, 질소 비료를 과도하게 사용했기 때문이다. 식물체는 영양분을 과실로 운반하면서 맹렬한 기세로 성장하는데, 질소 비료가 이 과정을 방해한다. 결과적으로 과실이 정상적으로 성숙해지는 시기에 맞춰 사라져야 할 관다발과 섬유가 그대로 남는다. 셋째, 식물의 성장은 주변의 환경적 요소에 커다란 영향을 받기 때문이다. 과실의 발육기 초반에 식물체의 성장세는 지나치게 왕성하기 마련이다. 그런데 발육기 이후 저온의 날씨가 계속되거나 식물체가 빛에 정상적으로 노출되지 않을 경우 식물체는 자신의 성장 속도를 지키지 못하고 영양을 흡수하는 기능도 방해받는다. 넷째, 과실이 필수 영양 성분을 공급받지 못했기 때문이다. 이 현상은 몇 가지 호박종에서 나타나기 쉽다. 다섯째, 선별해 심은 수박의 품종에 따라 노란 띠가 생겨난다. 속 조직이 치밀하고 과육이 비교적 딱딱한 품종일수록 자라는 과정에서 흰색이나 노란색 섬유는 스스로 제거되기 어렵다. 하나의 원인이라도 해당되거나 몇 가지 원인이 겹친다면 수박에 노란 띠가 생기게 된다.

붉거나 노란 과육 색은 유전자 조작과 상관없다

우리가 기억하는 전형적인 수박의 모습은 붉은 과육에 검은 씨앗이 박힌 것이다. 하지만 30년 전 산시 고향 집 일대에서 파는 수박 가운데 노란색 과육의 수박이 상당한 비율을 차지했던 터라 수박을 가를 때가 되어서야 과육의 색을 알 수 있었다.

그 시절 어른들은 붉은색 과육을 선호한 나머지 모든 수박의 속이 하나도 빠짐없이 붉었다. 수박의 색깔이 한쪽에 치우치게 된 과정은 당근이 대표적으로 주황색을 지니게 된 사연과 유사하다. 그나마 농가에서 수박을 기르다가 남은 종자에 의지하던 시절이었기에 노란 수박 종자가 종종 수박 더미에 섞여 들어갈 수 있었다. 하지만 세월이 흘러 종자 회사의 수박씨가 보편화되자 노란 수박은 어느새 자취를 감추었다. 그 와중에 진샤오펑金小鳳과 같은 특이한 수박이 다시 등장했다. 이 품종의 인기는 가히 폭발적이다.

실제로 수박의 과육을 결정하는 유전자는 하나가 아니다. 현재까지 밝혀진 유전자만 해도 세 개나 되고 각 유전자자리마다 두세 개의 대립유전자가 위치한다. 이들 덕분에 수박 속은 다채로워진다. 야생 수박과 재배 수박은 하얀색, 담황색, 밝은 노란색부터 분홍색, 주황색, 빨간색에 이르기까지 색깔의 선택지가 다양하므로 구태여 유전자 조작 기술을 활용해 과육의 색을 조작할 필요는 전혀 없다.

당도는 붉은 수박을 따라올 수박이 없다. 붉은 수박 중심부의 당도는 노란 수박보다 높다. 당분을 얼마나 함유하는지 비교하자면 하얀 수박의 당 함량은 5퍼센트, 노란 수박은 8.5퍼센트, 붉은 수박은 10퍼센트 정도다. 붉은 수박이 하얀 수박보다 눈에 띄게 높은 당분 함량을 자랑한다. 오랜 기간 이어진 유전적 선택의 당연한 결과일지도 모른다. 하얀 수박은 주로 종자를 얻기 위해 재배되는 반면 붉은 수박이야말로 과육용 수박으로 길러지기 때문이다.

씨 없는 수박의 출현

|

그러나 수박의 색깔은 그다지 중요하지 않다. 씨앗용 수박인 하얀 수박이라도 단맛을 지닌다면 거부감을 얼마든지 버리겠지만 수박 속이 온통 씨로 가득 차 있다면 말이 달라진다. 사람들은 그 수박의 맛이 어떻든 찾지 않을 것이다. '수박을 먹을 때 씨를 뱉지 않기'를 바라는 소비자의 욕구를 만족시키는 것은 바로 씨 없는 수박이다. 씨 없는 수박을 만들어내는 기술은 여러 가지다. 첫 번째 방식

은 수분을 거치지 않고 수박의 씨방을 부풀리는 것이다. 식물생장 조절제로 암술머리를 직접 자극하면 씨앗을 만들지 않고도 수박 열매가 자란다. 이 열매는 당연히 씨 없는 수박이다. 그러나 이 방식에는 단연 눈에 띄는 결함 두 가지가 있다. 꽃에 다가가 암술 하나하나에 조절제를 묻혀야 하기에 일의 효율이 떨어지고 확실한 효과를 보장할 수 없다. 껍질이 두꺼워지거나, 기형인 열매가 열리거나, 맛의 품질이 떨어지는 등의 문제가 뒤따르기 때문이다.

실용성과 거리가 먼 첫 번째 방식보다 훨씬 더 많이 통용되는 두 번째 기술은 3배체 수박을 재배하는 것이다. 일반적인 수박은 인류와 마찬가지로 모두 2배체인 염색체를 가진다. 모든 개체가 정상적인 염색체를 두 세트씩 지니는 것이다. 번식의 계절이 시작될 즈음 수꽃과 암꽃에서 각각 꽃가루와 밑씨(암술에서 수정을 거쳐 씨가 되는 기관_역자)를 만들어낸다. 이들 특수한 생식 세포의 염색체는 각각 한 세트다. 꽃가루와 밑씨가 결합해 종자를 만들면 두 개의 염색체는 거울을 댄 듯 완벽한 2배체 쌍을 이루고, 종자는 이때부터 성장하기 시작한다.

이런 정상적인 생식 과정의 공식을 깨뜨려야 씨 없는 수박을 맛볼 수 있다. 이 과정은 먼저 염색체의 수량을 조절하는 것부터 시작된다. 우선 2배체 수박에 콜히친colchicine 성분을 주입한다. 세포 속 염색체를 배로 증가시켜 네 쌍의 염색체를 가진 수박을 만들기 위해서다. 4배체 수박의 밑씨는 모두 두 세트의 염색체를 포함한다. 그 후 2배체 수박의 꽃가루(한 세트의 염색체를 포함)와 4배체 수박(두 세트의 염색체를 포함)을 결합하면 세 세트의 염색체를 포함한 수박 종자가 만들어진다. 이 3배체 종자는 그들의 부모처럼 무사히 뿌리를 내리지만, 꽃이 필 때쯤 문제를 일으킨다. 세 세트의 염색체는 감수분열 과정에서 균형을 유지하지 못하고 정상적인 꽃가루와 밑씨를 만들어낼 능력도 부족하다. 그러나 하늘이 무너져도 솟아날 구멍이 있듯이, 식용 가능한 달고 맛있는 수박을 만들 방법이 있다. 이 시점에서 정상적인 2배체 수박의 꽃가루로 3배체 수박의 꽃을 자극하는 것이다. 그러면 씨방이 부풀어 올라 수박 과실이 되고, 그 안의 종자는 우리 눈에 보이는 하얀색 잔재들이다.

유전자 조작 기술 역시 이론적으로 실현 가능하다. 식물생장조절제를 사용해 수박이 단성(암수 어느 한쪽의 생식기관만을 가지고 있는 것_역자) 열매를 맺도록 촉진하면 된다. 암술에 식물생장조절제를 발라 자극을 주는 것과 유사한 원리로, 수박 안에서 식물호르몬을 직접 분비하게끔 유전자를 심어두는 방식이다. 씨앗에 영향을 주는 유전자를 이용해 종자의 발육이 무조건 실패로 돌아가도록 만들어 수박에서 씨앗을 제거한다. 그러나 이 기술은 실험실 안에서만 활용할 뿐이라 아직은 상용화될 정도로 발달하지 않았다. 수박의 생장과 발육은 복잡한 네트워크 공정과도 같다. 별 것 아닌 듯한 작은 변형과 개조가 연쇄반응을 일으켜 수박의 품질에 영향을 미칠 수 있다. 실제로 유전자 조작으로 씨 없는 수박을 만들 수 있을지는 여전히 미지수다.

호박 줄기에 수박 접붙이기

이런 접목 기술은 실제 농가에서 쓰인다. 기증자와 수용자의 혈액

형이 서로를 받아들일 수 있어야 장기이식이 가능하듯, 같은 박과 식물인 수박과 호박은 비슷한 관다발 조직을 가지고 있기에 수박의 싹도 호박의 뿌리 위에서 자라난다. 박과에 속하는 조롱박, 호리병박, 동과는 모두 수박을 접붙일 수 있는 대목이 된다.

대목의 뿌리는 수박보다 발달한 상태고 가뭄 등 열악한 조건에도 강하기 때문에, 수박을 접붙이면 생산량을 어느 정도 늘릴 수 있다.

한편 접붙이기 기술을 이용하면 같은 땅에 수박을 연달아 재배할 수 있다. 진균이 일으키는 병해인 수박 덩굴마름병이 돌면 수박 생산량을 30퍼센트까지 떨어뜨린다. 생산량을 유지하려면 병균에 강한 뿌리를 찾아야 하고, 이런 필요성 때문에 접붙이기 기술을 사용한다. 그러나 작업자의 손이 많이 가는 까다로운 기술인지라, 우리가 먹는 대부분의 수박은 여전히 수박 뿌리에서 얌전히 자란다.

차게 보관한 수박은 영양 가치가 없을까?

수박 100그램 당 식용 가능한 부분의 영양 성분 함량을 분석해보자.

- 수분 93.3g: 냉장고에 넣어두면 수분이 줄어들지만 늙은 호박처럼 변하지는 않는다.

- 단백질 0.6g: 수박은 고기가 아니다.

- 지방 0.1g: 우리 집 참기름 병 입구에 묻어 있는 기름의 양도 이것보다 많을 것 같다.

- 식이섬유 0.3g: 저온에서 섬유소를 분해할 만한 강력한 미생물이 있을까? 만약 존재한다면 바이오 에너지 전문가가 쾌재를 불렀을 일이다.

- 당류 5.5g: 적은 양이지만 빵에 당류가 부족한 것이 아닌 이상 문제가 되지 않는다.

- 칼슘 8mg, 인 9mg, 철 0.3mg, 아연 0.1mg: 저온에서 수박은 무기질을 배출할 수 있을까? 수박은 이런 특별한 기능을 가지고 있지 않다.

- 카로틴 0.45mg, 비타민B1 0.02mg, 비타민B2 0.03mg, 니코틴산 0.2mg, 비타민C 6mg 등: 성분 분해가 가능하다 한들 3시간 만에 모두 분해될지 의문이다.

수박을 먹는 것은 단물을 마시는 것과 똑같다. 영양 성분의 변화는 있어도 눈에 띄는 차이는 없고, 얼음을 채워 차게 해도 마찬가지 다.

아몬드

미 식 가 를 위 한 식 물 사 전

위험하지만 멈출 수 없는 맛

뉴스에서 많은 양의 살구씨를 먹고 죽는 자살 사건이 일어났다는 소식을 가끔 접한다. 도대체 살구씨에 얼마나 많은 독이 들어 있어 죽음에까지 이르는 걸까? 우리는 평소 그런 위험을 감수하면서 아몬드를 먹는 것일까? 독성은 살구씨 품종에 따라 달라질까?

20년 전까지만 해도 살구를 먹고 난 후 심심풀이처럼 그 씨를 먹었다. 쓴맛이 나는 살구씨는 바로 뱉어버렸고, 단맛이 나면 아작아작 씹어 삼켰다. 그런데 각종 씨앗은 마트에만 가도 만날 수 있다. 신선식품 코너에는 소금물에 담겨 있는 껍질 벗긴 살구씨가 있고, 견과류 코너에 가면 아몬드로 불리는 커다란 미국산 살구씨가 있다. 이것 말고도 차, 과자, 초콜릿 코너는 물론 음료 코너에도 살구씨 제품이 버젓이 비집고 들어앉아 있다. 살구씨의 인기가 너무 높다 보니 문제가 수면 위로 떠오르기 시작했다.

이름만 같은 살구씨

시장에서 아무렇지 않게 살 수 있는 살구씨는 크기나 모양이 꽤 다양하다. 주의 깊게 살펴보면 이름은 같지만 출신 성분은 제각각이다. 살구씨는 모두 살구나무속에서 왔다. 이 범주는 산살구山杏, 시베리아살구*Prunus sibirica*, 개살구나무*Prunus mandshurica*, 재배종 살구를 포함한다.

현재 재배종 단살구나무가 공급하는 상품을 제외하면 대부분의

살구는 야생 살구나무에서 수확한다. 야생종 살구씨는 단맛을 내는 것과 쓴맛을 내는 것으로 나뉘는데, 쓴맛이 나는 살구씨를 '북쪽 살구北杏'라 부르고, 단맛이 나는 살구씨를 '남쪽 살구南杏'라고 부른다. 수많은 광둥 탕 요리에 사용되는 조미료 '남북행'은 바로 아몬드다.

　사람들의 사랑을 한 몸에 받고 있는 미국산 왕아몬드는 살구나무 열매에서 나온 씨앗이 아니다. 아몬드는 감복숭아, 즉 편도의 씨앗이라서 복사나무아속으로 분류된다. 미국산 살구씨라는 이름보다 미국산 복숭아씨 혹은 아몬드라고 부르는 편이 정확하다. 두 식물종의 가장 두드러진 차이는 과실이 익을 때 드러난다. 편도는 익을 때 과육이 반으로 갈라지고, 살구는 처음부터 끝까지 종자를 단단히 감싼 채 절대 벌어지지 않는다.

단맛 살구씨와 쓴맛 살구씨

미국산 아몬드의 인기는 최근 들어 새롭게 솟아오른 것이 아니다. 인류는 아주 오래전부터 아몬드를 채취해 먹기 시작했다. 고고학자들은 요르단강 유역의 1만 2,000년 전 유적지에서 야생 완두콩과 야생 아몬드가 저장된 흔적을 발굴했다.

그러나 야생 살구씨와 감복숭아씨는 모두 마음 놓고 식용할 만한 식품이 아니다. 쓴맛 살구씨의 독성은 아미그달린amygdalin이 가수분해될 때 방출하는 사이안화수소산으로부터 나온다. 세포의 호흡 연쇄 반응을 차단하는 사이안화수소산은 에너지대사를 방해해 그 산물인 ATP(아데노신 3인산) 생산량을 낮춘다. 쓴맛 살구씨 100그램에 함유된 아미그달린은 사이안화수소산 100~250밀리그램을 낱낱이 분해한다. 이 물질은 60밀리그램에 불과한 양으로도 사람을 충분히 사지로 몰아넣을 수 있어서 동물로부터 살구 종자를 보호하는 수단이 된다. 가공하지 않은 살구씨, 특히 쓴맛 살구씨를 먹으면 이 성분의 독성에 중독될 위험이 크다. 과거에도 어린아이가 호기심에 못 이겨 쓴맛 살구씨를 계속 먹다가 사망한 가슴 아픈 사건이 있었다. 하지만 간단한 과정만 거치면 안전하게 즐길 수 있다.

섭씨 60도의 물에 10분간 씨앗을 담갔다가 건져낸 뒤 껍질을 벗겨 말리면 사이안화수소산 함량이 0.00667퍼센트로 떨어진다.

야생 아몬드는 쓴맛이 강하고, 재배 아몬드는 대부분 단맛을 낸다는 사실은 흥미롭다. 연구진은 유전자가 조작되는 바람에 일부 살구나무에서 아미그달린과 같은 방어 물질이 사라졌다고 보고, 단맛 살구나무의 사이안화수소산 함량이 쓴맛 살구나무의 3분의 1 내외로 줄어들었을 가능성을 제시했다. 일찍이 농부들이 특별한 살구씨의 단맛에 주목하고 끊임없이 종자를 개량한 성과일 것이다. 어떤 과학자는 오랜 세월 종자 개량을 거치며 살아남은 살구나무의 비결은 씨앗의 엄청난 매력이라고 보았다. 이집트 파라오 투탕카멘의 무덤에서도 재배종 아몬드가 발견되었는데, 살구나무가 청동기시대부터 이미 과수원에 상주했다는 의미다.

18세기에 바담badam이라는 살구는 스페인 식민 통치자들의 손을 거쳐 미국 땅을 밟았다. 캘리포니아의 습하고 선선한 기후는 살구가 살아남기에 더할 나위 없이 좋은 환경이었다. 미국에 순조롭게 정착한 바담은 캘리포니아 지역을 주요 생산지 삼아 재배되었다. 빌 클린턴 전 대통령의 두 차례 대통령 취임식에서 후식으로 바담 아몬드가 등장하기도 했다. 바담 아몬드의 이름을 미국 아몬드로 붙이는 편이 더 그럴듯할 뻔했다.

살구씨들의 영양 성분은 도토리 키재기

|

그렇다면 감복숭아씨앗은 살구씨의 이름을 도용했을까? 이제껏

우리는 많은 돈을 들여가며 영양이 비교적 떨어지는 씨를 사지는 않았을까? 결론을 내리기 전에 이 두 가지의 영양 성분을 한번 비교해보자.

살구씨가 아몬드보다 단백질을 약간 더 많이 함유하고, 비타민 B1과 칼슘 함량은 적다는 사실 외에 두 씨앗의 영양 성분에는 거의 차이가 없다. 아몬드의 불포화지방산은 총 지방산의 92.5퍼센트이고, 살구씨는 95퍼센트로 크게 다르지 않다. 우리가 아몬드를 한 번에 100그램씩이나 먹는 장면을 상상해보자. 이들을 주식으로 삼지 않는 한 차이가 나지 않는 것이나 마찬가지다.

성분	미국 아몬드	살구씨
당류	21.7g	23.9g
지방	49.4g	45.4g
단백질	21.22g	22.5g
수분	4.7g	5.6g
비타민B1	0.211mg	0.08mg
비타민B2	1.014mg	0.56mg
비타민E	26.2mg	18.5mg
칼슘	264mg	97mg
철	3.72mg	2.2mg
아연	3.08mg	4.3mg

(❖ 100g당 함유량 기준)

약용 성분은 차이가 있을까?

유행을 타는 건강식품과 같이 살구씨에도 항암, 항노화, 면역력 강화와 같은 꼬리표가 달렸지만, 실험을 통해 객관적으로 검증되지 않은 사실이 아직 너무나 많다. 직접 추출하기보다 순수한 성분으로 실험해 얻은 약간의 증거만 남아 있을 뿐이며, 더군다나 이 증거의 출처는 동물실험이나 시험관 실험이었다.

살구씨는 기침을 멎게 하는 아미그달린 성분을 확실히 포함한다. 이 물질은 체내에서 가수분해되면 사이안화물을 만들어내고 호흡중추의 활동을 억제해 기침이 멈추도록 한다. 쓴맛 살구씨에서 나는 쓴맛의 범인은 아미그달린인데, 아미그달린의 독성은 ATP의 발생을 억누르는 데 그치지만 살구씨 자체는 죽음에 이를 만큼 치명적인 독성을 지니기에 신중하게 사용하지 않으면 아무도 책임져주지 않는다.

또한 쓴맛 살구씨든 재배 아몬드든 모두 일정량의 아미그달린을 함유하고 있다. 식용 살구씨와 아몬드를 선별 재배하는 과정에서도 아미그달린의 함량을 낮추는 것이 관건이다. 그러므로 안전을 위해서 아미그달린을 줄인 단맛 살구씨(아몬드)를 선택하는 것이 건강에 가장 유익하다.

매일 먹어도 될까? 아니면 가끔 먹어야 할까?

우리가 먹는 아몬드는 이미 오랜 기간에 걸쳐 선별해온 품종을 재배한 결과물이다. 그러므로 독성이 극히 적다고 봐도 무방하다. 또한 아몬드는 단백질과 지방의 공급원으로 손색이 없는데, 지방과 단백질을 과다하게 섭취할 경우 주의해야 한다. 현대인의 문제는 영양 부족이 아니라 영양 과잉이다. 살구씨와 아몬드 가운데 어느 것을 먹든 자신의 취향에 따라 선택할 일이며, 영양 성분은 달라지지 않는다.

그러나 살구씨를 재배한 역사는 그리 길지 않고, 심지어 아직 본격적으로 재배하기 시작한 것도 아니다. 게다가 산살구와 같은 식물의 종자도 식용 살구씨에 포함되므로 커다란 위험을 감내해야 한다. 아미그달린을 제대로 제거하지 않으면 중독을 일으킬 가능성이 커지기 대문이다. 살구씨는 아몬드보다 좀 더 위험한 종자다.

사실 우리는 살구씨나 미국산 아몬드를 주식으로 먹기보다 간식으로 가볍게 먹는다. 미국산 레드 딜리셔스 애플을 먹는 것이나 아무 사과나 먹는 것이나 크게 다르지 않은 것처럼 살구씨와 아몬드를 맛으로 구별할 방법은 없다.

두부라기보다 푸딩에 가까운 행인두부

|

살구나무는 중국이 원산지인 식물로, 처음 등장했을 때는 과일나무의 신분이었다. 그래서 중국에서 살구씨는 대부분 살구 과육을 먹을 때 마지막으로 남는 부산물로 취급되었다. 쓴맛 살구씨도 기침을 가라앉히는 약재로 사용되어 시장보다 약방에 더 많이 모습을 드러냈다.

살구씨의 쓴맛이 썩 기분 좋게 느껴지지 않지만 이 쓴맛은 단 음식의 '물리는' 느낌을 완충한다. 그래서 살구씨로 만든 그 유명한 살구씨차와 '행인두부'는 디저트계에서 극진한 대우를 받았다.

행인두부에는 콩의 성분이 전혀 들어가지 않는다. 단맛 살구씨를 갈아서 끓인 물에 우유, 설탕과 함께 한천이나 젤라틴을 넣고 굳힌 요리인데, 완성된 모습이 우연찮게 두부와 비슷해 이름을 '행인(살구씨)두부'로 붙였다. 무더운 여름날 시원한 행인두부 한 접시를 먹는 것만으로도 입이 행복해지고 더위를 날릴 수 있으니, 행인은 여름철 별미로 손색이 없다.

살구씨차는 살구씨를 갈아 끓인 후 우유, 설탕을 넣어 맛을 내는 음료다. 만드는 방법은 두유와 별반 다를 바 없다. 베이징의 오래된 명물인 살구씨차는 정제한 살구씨 가루를 주재료로 삼아 땅콩, 깨, 장미, 계수나무꽃, 건포도, 구기자, 앵두, 백설탕 등 10여 종의 부재료와 함께 주전자에 넣어 물을 붓고 끓여 마신다. 살구씨차의 맛은 동백차油茶의 단맛과 비슷하다.

살구씨는 절대 생으로 먹지 마세요!

웬만하면 산간 지역에서 자라는 살구나무의 씨앗을 많이 접하게 된다. 호기심에 이끌려 가공하지 않은 채 섭취했다가 중독되지 않도록 주의해야 한다. 독을 제거하는 방법은 분명 존재한다. 가장 일반적인 방법은 살구씨를 물에 넣고 끓인 후 맑은 물에 24시간 담가두었다가 물을 갈아준 다음 다시 한번 담그는 것이다. 그러면 사이안화물이 제거된다.

살구씨의 종류와 손질법에 따라 사이안화물의 함량이 달라지므로 야생 상태의 씨앗보다 이미 처리를 끝낸 완제품을 추천한다.

3부 세상에 특별하지 않은 음식은 없다

413

홍대추, 흑대추, 인도대추, 대추야자

대추의 열렬한 팬을 소개한다. 바로 나의 어머니다. 대학 시절 개강 시즌 즈음 어머니는 늘 가방에 대추가 잔뜩 든 비닐봉지를 억지로 넣어주셨다.

"대추를 먹으면 새로운 피가 돌고 심신이 안정되니까 까먹지 말고 잘 챙겨먹어야 한다."

나의 고향인 황투고원은 대추 특산지이기에 최상의 품질을 자랑하는 대추를 얼마든지 손쉽게 구할 수 있었다. 나에게 대추는 만만한 상대가 아니어서 쉽게 적응할 수 없었다. 단맛이 없었으면 매력이라고는 눈 씻고 찾아볼 수 없었고, 씹을 때마다 잇새에 껍질이 끼는 것도 영 마음에 들지 않았다. 그런데 대추에 빠진 나의 룸메이트들은 대추가 테이블 위에 놓이기가 무섭게 금세 먹어치웠다. 나는 대추를 향해 눈을 번득이며 폭주하는 친구들을 막아보려고 이런저런 핑계를 댔지만 말짱 헛수고였다.

건강 문제를 영순위에 두는 시대인 만큼 이미 오래전에 대추도 보양식의 대열에 합류했다. 가장 눈에 띄는 광고에서는 아름다운 여성이 미국 영화배우 마릴린 먼로 분장을 한 채 대추 농축액을 안고 있었다. 대추는 이상한 맛을 내니 정작 마릴린 먼로는 좋아하지 않을 듯싶다. 대추를 기르거나 먹어본 서양인은 거의 없을 것이 분명하기 때문이다. 마릴린 먼로는 이라크 대추야자라면 좋아했을지도 모르겠다.

조미료에 불과했던 대추

|

지금은 대추*Ziziphus jujuba* var.*inermis* 외에도 묏대추*Ziziphus jujuba* Mill., 흑대추黑
枣, 인도대추靑枣부터 대추야자*phoenix dactylifera*에 이르기까지 모두 건강
식품의 반열에 올랐다. 그러나 갈매나무과 대추나무속 식물 하나
만 순수한 대추의 혈통을 가진다. 대추나무속 전체 구성원은 170여
종으로, 적은 수는 아니지만 많다고는 하지 못할 규모다. 이 가족은
아시아 남부 지역에 집중적으로 분포하기 때문에, 제아무리 달콤
한 대추라도 서양인들과는 단절되어 있었다. 식용식물에 관한 서
양의 저서 중 케임브리지 출판사의 『케임브리지 세계 음식의 역사
The Cambridge World History of Food』와 옥스퍼드 출판사의 『식용식물*Food Plants*』
을 훑어봐도 대추라는 식물을 언급한 부분은 찾을 수 없다.

　단맛이 식탁 위의 상석을 차지한 기간은 짧은 편이다. 사탕수수

416

는 18세기가 되어서야 대중적인 소비재가 되었다. 단맛은 있어도 그만 없어도 그만인 조미료로 대접받았고 오랜 세월 동안 단맛 과일은 식탁을 보충하는 사치품일 뿐이었다. 유럽인들은 겨우 이런 정도의 과일을 시간과 돈을 들여 모셔오지는 않았다. 유럽산 사과, 체리, 꿀만으로도 이미 단맛에 대한 수요를 충족시킬 수 있었다. 대추와 관련된 연구 프로젝트를 진행하는 나라는 중국, 인도, 일본에 치중되어 있었다. 대추는 영락없는 동양의 과실이다.

중국에서 대추의 재배 역사는 무려 7,000년이 넘는다. 문자로 기록된 시점을 따지면 대추를 재배한 후 적어도 3,000년 이상의 시간이 흘렀다. 고고학자들은 산둥, 광둥, 간쑤, 신장의 고분에서 대추씨와 말린 대추의 흔적을 연이어 발견했다. 대추 농사는 한나라 시대에도 보편적으로 성행했다. 대추는 풍부한 당분 때문에 일찍부터 사람들에게 주목받았다. 『예기』를 보면 "대추, 밤, 엿과 꿀로 음식을 달게 한다"라는 대목이 나온다. 대추는 음식에 단맛을 내는 조미료로 쓰였다. 초기 농업 사회에서 대추가 보기에 좋은지는 고려 대상이 아니었다.

그들은 대추만으로도 거뜬히 배를 채울 수 있다는 사실에 더 주목했다. 대추는 당류를 많이 함유하기에 그럴 만도 했다. 특히 『전국책戰國策』에서 소진蘇秦이 연문후燕文侯를 설득하는 대목은 여러 곳에 인용되어 대추의 가치를 입증한다. 소진이 "북쪽 지역에서는 대추와 밤을 재배해 이롭게 활용합니다. 백성이 밭을 갈지 않아도 그들을 먹여 살릴 만큼의 대추와 밤을 충분히 거둘 수 있습니다"라고 말하는 대목이 바로 그렇다. 하지만 이 말은 사실 아첨에 불과하다. 재배와 교잡 기술이 발전한 오늘날에도 대추의 30평당 생산량은

1,000킬로그램에 겨우 미치는 수준이다. 생대추는 수분이 70퍼센트 이상을 차지하고, 당류는 20퍼센트에 불과하다. 1,000킬로그램의 대추를 모두 합쳐도 당류는 200킬로그램밖에 제공하지 못한다는 말이다. 대추는 식량 작물이 되기에는 부적합한 식물이다. 대신 기근에 대처하기 위해 급하게 심을 만한 작물로는 이용할 수 있다.

대추에서 얻을 수 있는 가장 중요한 영양 성분은 바로 비타민이다. 대추 100그램당 비타민C 함량은 500밀리그램에 달한다. 하지만 대추를 건조할 경우 비타민C는 100그램당 12밀리그램으로 줄어들기 때문에, 비타민C를 보충하려고 말린 대추를 먹는 것은 헛일이다.

실은 오랜 세월 동안 대추는 신경안정제라는 이름으로 약재상의 선반에 놓여 있었다. 오늘날 대추를 분석하고 실험한 결과 대추 속 특수한 알칼로이드가 실제로 진정 작용을 한다는 사실이 밝혀졌다. 대추는 날카로워진 신경을 누그러뜨리는 데 충분히 도움이 될 것이다. 그러나 불면증을 치료한다는 말은 믿을 수 없다.

가장 널리 알려진 대추의 효능은 혈액을 새롭게 만들어낸다는 것이다. 하지만 많은 적혈구를 생산하는 데 필요한 철분의 함량은 대추 100그램당 평균 2밀리그램에 그친다. 돼지 간에 든 철분 함량은 100그램당 25밀리그램 이상이고, 하다못해 청경채도 3밀리그램은 된다. 대추가 보혈 작용을 할 것이라는 믿음은 단지 대추의 붉은색에서 연상된 결과인 듯싶다. 붉은 대추의 다당류가 비장脾臟의 발육을 자극한다고들 하는데, 이 기능으로 혈액량을 늘려 빈혈환자를 치료할 수 있을지 아직까지도 미지수다.

대추의 효험을 완전히 포기해야 할까? 극단적으로 생각할 필요는 없다. 미식가들은 대추가 지닌 특별한 풍미와 단맛으로 음식의 맛을 조절한다. 대추의 효능이 진짜인지 여부를 떠나서 대추를 넣은 흰목이버섯죽은 내가 가장 좋아하는 음식이다.

대추를 수확하기 위해 필요한 기술

|

홍대추는 과실 중에서도 상등품에 속하지만 그것과 관련된 성어는 '홀륜탄조囫圇吞棗', '왜가렬조歪瓜裂棗'처럼 하나같이 나쁜 의미를 담고 있다. 홀륜탄조는 대추를 통째로 삼키듯 생각 없이 받아들인다는 의미고, 왜가렬조는 찌그러진 수박과 갈라진 대추처럼 못생겨도 성격은 좋다는 뜻이다. 흔히들 못생긴 과일이 더 달고 맛있다고 말하지만 갈라진 대추의 모양은 당 함량과 무관하다. 대추의 표면은 그저 과육이 빠른 속도로 성장하기 때문에 갈라진 것이다. 표면의 주름들은 여러 가지 요소가 복합적으로 작용한 결과물이다. 표피 각질의 두께와 과육의 탄성과 같은 열매 자체의 특성과 수분 공급 및 날씨와 같은 환경적 요소가 영향을 미친다. 이로 인해 각질층이 단단하지 못하게 되면 수분을 많이 흡수한 세포에 밀려 쉽게 파열된다.

"대추가 있든 없든 대추나무를 대나무 장대로 세 번 친다"라는 속담이 있다. 아무 잘못도 없는 나무를 장대로 몇 번 쳐야 한다고 말하는 데는 다 이유가 있다. 대추나무의 꽃은 풍성하기로 유명한데, 직경 6미터인 수관(잎이나 가지가 무성한 부분_역자)에는 꽃 60만~80만 송이가 피어난다. 이렇듯 개화기마다 대추나무는 벌에게 중요한 꿀 공급원이 된다. 그러나 보통 단 1퍼센트의 꽃송이에서만 대추를 수확한다. 꽃송이와 어린 과실은 한정된 자원을 두고 경쟁하느라 전체의 99퍼센트는 채 다 자라기도 전에 땅에 떨어진다. 최근 꽃과 어린 과실 일부분을 제거해 조금이라도 많은 열매를 맺도록 유도하는 방법이 개발되었다. 옛 선조들의 지혜는 참으로 대단하다. 그 옛날 『제민요술齊民要術』에는 "막대기로 가지 사이를 쳐서 제멋대로 핀 꽃을 떨어뜨려라. 이렇게 치지 않으면 꽃이 너무 무성해져 열매를 맺을 수 없다"라고 기록되어 있다. 꽃과 과실을 솎아내기만 하면 대추나무의 대추 생산량은 3배까지 높아진다. 옛말처럼 장대로 나무를 치는 것이야말로 대추를 열리게 하는 좋은 방법임이 틀림없다.

대추나무를 쳐서 꽃과 열매를 떨어뜨리는 것도 요령과 기술이 필요하다. 이와 달리 묏대추를 따는 일은 상대적으로 진입장벽이 낮지만 산과 들에 가득한 묏대추의 가시가 복병이었다. 한순간만 방심해도 옷에 가시가 박히거나 걸리기 일쑤였고, 옷에 구멍이 난 일도 있었다. 무엇보다 고생 끝에 손에 넣은 묏대추는 너무나 평범했다. 얇은 두께의 과육과 시큼한 맛에는 특별한 구석이 없었다. 나는 친구들이 학교 앞에서 작은 그릇 속 주전부리 대추에 굳이 값을 치르는 것이 이해되지 않았다. 나는 묏대추의 신맛을 떠올릴 때마다 입안에 침이 고여 저절로 목을 축였다. 묏대추 덕에 "매화나무를 보며 갈증을 풀었다"라는 뜻의 사자성어 '망매지갈望梅止渴'의 의미를 몸소 체험한 셈이다.

맛이 뛰어나지 않다고 해서 묏대추가 대추의 조상으로서 기여한 공로마저 간과할 수 없다. 묏대추와 대추의 꽃가루 형태, 염색체,

DNA를 대조했더니 오랫동안 묏대추가 변해 대추가 되었다는 사실이 밝혀졌다. 다디단 대추가 신맛이 나는 조상의 뿌리를 지닐 것이라고 누가 예상이나 했을까.

바다를 건너온 외래종 인도대추

대추는 중국 남쪽과 북쪽 지역에서 두루 사랑받는 식물이었다. 신장, 미윈密雲, 산시 등지에서 모양과 맛이 다채로운 붉은 대추 품종들이 생겨났고 지금도 신품종이 계속 쏟아져 나온다. 특히 인도대추라는 이름의 새로운 품종은 갈수록 인기가 치솟고 있다.

말린 홍대추가 과일 흉내만 낸다면 인도대추는 과일의 조건을 제대로 충족한다. 인도대추가 청사과와 닮은 초록빛이라 단맛이 덜할 거라는 오해는 금물이다. 사실 인도대추는 수분과 단맛 어느 것 하나 부족함이 없는 식물이다. 대부분의 사람들에게 익숙한 붉은 대추는 인도대추와 외형에서부터 큰 차이를 보인다. 둘 다 대추나무속 구성원이지만 인도대추는 완전히 다른 종이어서, 평소 알고 있던 대추와 아무런 접점이 없다. 과일이 드물 때인 매년 1~3월에 수확하므로 인도대추를 찾는 사람들은 더 많아진다.

마트에서 인도대추는 보통 타이완으로 원산지가 표시되어 있지만, 사실 이 식물은 인도에서 나고 자란 종이다. 인도야말로 중점적으로 대추나무속 식물이 퍼진 곳이다. 인도-말레이시아 식물 소구역subregion에는 세계 대추 종류 가운데 47퍼센트 정도를 차지하는 81종의 대추나무속 식물이 분포되어 있다. 이 많은 식물 중에서 식용 가능한 대추는 얼마든지 찾을 수 있다.

인도대추의 영양 성분은 일반 홍대추와 유사해 특기할 만한 사항이 없다. 높은 비타민C 함량으로 내로라하는 홍대추와 직접 비교했을 때도 인도대추는 100그램당 75~150밀리그램을 함유해 약간 낮은 정도다.

흑대추와 감의 친밀한 관계

초겨울 어느 날 동료가 봉투 하나를 품에 안고 사무실로 들어와 나눠먹자고 했다. 봉투에는 흑대추가 가득 들어 있었다. 그런데 이 대추는 정말 특이했다. 껍질은 까맣고 과육 속에는 씨앗이 없어서 절대 대추 가족의 일원으로는 보이지 않았다. 흑대추는 대추와 관련 없는 식물이다. 흑대추는 감나무과 감속 식물인 고욤나무의 과실이라서 고욤이나 군천자君遷子라고도 불린다. 게다가 싱싱한 고욤의 모습은 대추라기보다 작은 감에 더 가깝고 말리는 과정에서 그 모양만 대추의 형태로 점점 변해간다.

초등학생 시절에 고욤나무가 등장하는 동화를 읽은 적이 있다. 숲속에 원숭이 형제가 살았는데 우직한 형은 부지런했고 욕심이 많은 아우는 매사에 잔머리를 굴렸다. 숲속 가을 운동회가 열리던 날, 두 형제는 힘을 합쳐 우승을 거머쥐어 탐스러운 감이 주렁주렁 열린 감나무를 상으로 받았다. 아우는 얼른 톱을 가져와 나무를 반으로 자르더니 아래쪽에 있는 절반을 먼저 차지하고, 위쪽 절반을 형에게 건넸다. 아우는 뿌리가 달린 반쪽짜리 '감나무'를 심어 해마다 감 열매를 수확할 속셈이었다. 아우의 생각으로는 형이 가져간 줄기 쪽 부분은 감을 한 번 따먹고 나면 아무짝에도 쓸모없어질 것처럼 보였다. 일 년이 지나고 열매를 수확할 때가 오자 동생이 정성껏 키운 감나무에 검은 대추가 열렸고, 형네 감나무에는 가지가 휘어지게 감이 열렸다.

어째서 이런 기이한 일이 벌어졌을까? 대부분의 감나무는 접붙이기할 때 고욤나무를 대목으로 쓴다. 상으로 받은 나무는 접붙이기한 감나무였기에 동생이 약삭빠르게 가로챈 밑동은 고욤나무였다. 고욤나무를 감나무로 생각한 아우가 쾌재를 부를 때 형은 다른 고욤나무 한 그루를 가져와 자신이 가진 감나무 줄기를 접붙였다. 형은 감나무에서 해마다 감을 딸 수 있었다. 이 이야기는 꾀를 부리다가 오히려 일을 그르치는 어리석은 사람에게 경종을 울릴 뿐 아니라, 식물학적 지식이 얼마나 중요한지 일깨워준다.

고욤나무는 뿌리가 발달해 척박한 땅이나 산지에서도 얼마든지 적응해 살아나고, 접붙이기한 뒤에도 빠른 속도로 생장한다. 또한 예로부터 고욤나무는 감나무의 대목 역할을 해왔고, 심지어 감나무 숲 전체가 감을 접붙인 고욤나무 숲이라는 말도 과언이 아니다.

이제 감에 물린 사람들은 고욤에 관심을 돌리기 시작했고, 이렇게 대추인 듯 보이지만 대추라고 할 수 없는 '흑대추'가 사람들의 구미를 당겼다. 중요한 사실은 고욤이 감보다 자연 그대로의 상태에 더 가깝고 훨씬 영양가가 있어 보인다는 것이다. 하지만 고욤이 감 일가의 구성원인 이상 감과 유사한 성분으로 구성될 수밖에 없다. 고욤도 많은 양의 탄닌을 함유하고 있다. 공복에 너무 많은 고욤을 먹으면 탄닌이 위액과 결합해 단단한 덩어리 형태의 '위석'을 만들어내 병원 신세를 지게 한다.

장점은 다 갖춘 대추야자

|

나는 물질적으로 빈곤한 시대를 살았던 세대는 아니다. 어려웠던
시절, 대추야자(혹은 꿀대추)는 말할 수 없이 귀하고 값비싼 과일이
었다고 한다. 하지만 건강을 위해 당을 낮춘 음식이 추앙받는 시대
가 도래했다. 어른들의 입으로 전해 듣기만 했던 대추야자의 전설
적인 이야기는 옛말이 되었다. 이제 정통 대추야자도 아닌 이라크
대추야자에 관심을 둘 사람은 거의 없을 것이다.

'이라크 대추야자'라는 이름은 진실과 거짓의 의미를 함께 내포
한다. 이 열매는 대추야자의 최대 생산국이자 수출국인 이라크와
관련 있다. 그러나 이 열매는 대추에 속하는 식물도 아니고, 한자
이름처럼 '꿀'을 첨가해 가공을 거친 것도 아니다. 이라크 대추야자
는 종려과 식물에 속하는 대추야자를 건조한 열매다. 열매가 열리
는 대추나무가 야자나무와 닮아서 대추야자라는 이름이 붙었다.

대추야자는 처음 들어왔을 때부터 지금까지도 식탁에서 조연 자
리를 지켜왔다. 하지만 이라크에서만큼은 독보적 지위에 올라 있
다. 대추야자나무는 이라크 겨울의 춥고 습한 날씨와 여름의 덥고
건조한 날씨에 특히 잘 적응한 식물이다. 이 식물은 자신이 꿈꿔왔
던 이상적인 땅인 중동 지역에 뿌리를 내려 아랍 문화와 자연스럽
게 융합했다. 모든 조건이 맞아떨어지는 환경을 만난 덕에 대추야
자의 생산량은 매우 높았다. 매년 한 그루에서 20~100킬로그램을

수확할 수 있어 30평당 생산량은 홍대추를 따라잡기까지 했다. 게다가 대추야자는 당을 매우 많이 함유하고 있어 건조할 경우 80퍼센트까지 당 함량이 올라간다. 당의 절반은 과당과 포도당이고, 나머지 절반은 자당이다. 꿀물에 담갔다 뺀 것은 아닌지 착각할 정도로 당 함량이 높기 때문에 스스로 미생물의 침입을 예방하고 오래 보존될 수 있다.

이처럼 대추야자는 생산량이 많고, 열량도 높으며, 장기적으로 보관하는 것도 가능하다. 다양한 장점을 무기로 아랍 세계에서 자신의 입지를 다져온 대추야자는 아랍 문화 속에 깊이 스며들었다. 『함무라비 법전』에 따르면 대추야자나무 한 그루를 베는 사람은 은화 반 푼의 벌금을 물어야 한다고 규정한다. 사우디아라비아 국장에 등장하는 그 큰 나무가 바로 대추야자나무고, 사찰이나 황궁 등 주요 건축물에도 대추나무 장식이 빠지지 않는다. 심지어 아랍 지역에서는 키 크고, 잘생기고, 돈 많은 남자를 대추야자나무에 비유하기도 한다.

사실 대추야자나무는 광둥, 광시 등 남부 지역에서도 심었지만 그곳 환경이 지독하게 습한 탓에 열매를 제대로 열지 못했다. 대추야자는 아랍 지역과는 달리 중국에서는 곧 관상용으로 전락했다.

홍대추, 고욤, 인도대추, 대추야자를 막론하고 대추로 불리는 모든 식물은 그것을 재배하는 사람과 환경을 닮는다. "그 지역의 풍토가 그 지역 사람을 만든다"라는 말처럼 장소가 변하면 자라는 식물의 성질도 달라진다. 이렇듯 대추는 한정된 지역에서 자라는 고유한 특성 때문에 사과나 바나나와 같은 세계적인 과일이 될 수 없다. 그러나 글로벌 시대인 요즘, 보기 드물게 지역적 개성을 드러내는 존재감 하나로도 대추는 충분히 가치 있는 식물이다. 홍대추를 씹으면서 아시아를 떠올리고, 대추야자를 깨물면서 아랍의 맛을 느낄 수 있다면 세계적으로 인기를 끌지는 못하더라도 대추 자신의 존재 가치를 입증하기에 모자람이 없어 보인다.

홍대추 껍질은 어떻게 벗길까?

먼저 말린 대추를 물에 3시간 동안 담근다. 그다음 냄비에 대추를 넣고 끓이다가 완전히 불 때까지 기다린다. 이제 대추를 물에서 건져 껍질을 벗겨내면 된다.

대추는 밀봉해서 보관하세요!

대추는 당 함량이 높으므로 벌레가 많이 꼬인다. 한 번에 다 먹을 수 없는 양을 구매했더라도 페트병에 담아 냉장고에 넣어두면 한 달 동안 신선한 상태를 유지할 수 있다.

3부 세상에 특별하지 않은 음식은 없다

427

4부

식물학자만 알고 있는 알짜배기 식물들

순수한 기름과 자연스러운 기름 사이에서

엉뚱하게도 아내는 마트에 진열된 요리용 기름의 값에 신경을 곤두세웠다. 노르스름한 빛깔의 기름이 진열된 곳을 지나칠 때마다 아내는 한숨을 내쉬었다.

"언젠가 휘발유 값이 이 가격으로 내려가 없어서 못 팔 지경이 되는 날이 오면 다들 운전할 필요도 없어지겠지."

자기 합리화와 정신 승리의 끝판왕 '아큐(소설 『아큐정전』 속 주인공 이름_역자)'도 저리 가라 할 정도의 대단한 생각이 아닐까? 나는 속으로 코웃음을 치며 아무 내색도 하지 않았지만, 식용유의 포장은 정말이지 갈수록 화려해졌고 제품의 질도 충분히 좋아졌다. 나는 마트에 들를 때마다 식용유가 소비 욕구를 자극하는 만큼 가격은 나날이 비싸지는 현상을 체감하는 중이었다.

어린 시절에 식용유를 사러 갔던 기억이 어렴풋이 떠오른다. 아버지를 따라 쌀과 기름을 파는 가게에 가곤 했는데 그때의 장면이 지금도 생각난다. 가게 주인은 창고에서부터 커다란 드럼통을 굴려 왔다. 그런 다음 드라이버로 뚜껑을 밀어 올리듯 열고 펌프를 집어넣어 기름을 뽑아냈다. 주전자에 기름이 가득 차면 나는 아버지와 함께 그것을 들고 집으로 돌아갔다. 기름은 드럼통 안을 채우던 딱 한 종류뿐이었다.

그 시절 나는 친할머니보다 외할머니가 차려주신 음식을 더 좋아했다. 친할머니는 아버지와 내가 사 온 기름으로 요리를 하셨던 반면에 외할머니는 늘 돼지기름을 사용하셨다. 나중에 알게 되었는데 드럼통에 든 기름은 식물유였다. 그 당시 돼지기름을 사려면

식품 회사에 다니는 지인에게 부탁해 뒷돈을 주고 거래해야 했지만, 식물유는 기름 가게에 가서 줄만 서면 얼마든지 살 수 있었다. 통에서 뽑아 온 식물유를 무쇠 웍에 두르면 검은 연기가 피어올랐다. 식물유의 맛은 형편없었고 이상한 냄새까지 섞여 있었다.

　지금 식물유는 환골탈태해 우리 앞에 모습을 드러내고 있다. 식물유 진열대 위에는 전통적인 땅콩기름, 카놀라유를 포함해 새롭게 등장한 올리브유, 옥수수기름, 콩기름도 늘어서 있다. 이제 식용유 코너는 채소 코너의 뒤를 이어 다양한 제품으로 채워진 공간이 되었다.

첫 스타트를 끊은 식용유, 참기름

가장 먼저 사용된 식물유는 콩기름이나 카놀라유가 아닌 참기름이었다. 인류가 최초로 기름을 만들기 위해 재배한 참깨는 참깨과 참깨속의 식물이다. 기원전 2000년경 인도와 파키스탄 일대에 살던 사람들이 재배하기 시작했는데, 초반에 참깨 씨앗은 주로 식용으로 쓰였다. 시간이 흐르면서 참깨는 기름을 짜는 방식으로 활용되는 일이 점차 많아졌다. 참깨를 중국으로 들여온 시기는 동한東漢 시대로 거슬러 올라간다. 본격적으로 참깨를 들여오기 전에 요리사들은 '지脂'와 '고膏'라는 요리유밖에 사용할 수 없다는 한계에 부딪혔다. 지는 돼지처럼 머리에 뿔이 없는 동물에게서 추출한 기름이었고, 고는 소처럼 머리에 긴 뿔이 나 있는 동물에게서 얻었다. 이때 마침 등장한 참기름으로 요리사들은 부침과 같은 새로운 요리법을 개발해 요리의 폭을 넓혔다. 북위北魏 시대부터 수당隋唐 시대에 이르는 각종 문헌에도 청유菁油, 대마 등의 식물을 이용해 기름을 짜낸 기록이 남아 있기는 하지만 어떤 방식으로 식물유를 생산했는지는 확실히 알 수 없다. 심괄沈括의 『몽계필담夢溪筆談』에는 "지금의 북방인은 참기름으로 부침 요리를 하는 것을 좋아하고, 어떤 식재료든 기름을 사용해 부친다"는 기록이 있다. 참기름은 가장 먼저 요리에 활용된 식물유였다.

참기름을 광범위하게 요리에 사용했다면, 만두도 참기름으로 튀겨냈을 텐데 여러분은 아무리 생각해도 만두에서 어떤 맛이 났을지 가늠할 수 없을 것이다. 나는 참기름으로 식재료를 요리해본 경험이 있다. 대학 시절 주말을 맞아 친구들과 기숙사에서 닭튀김을 해 먹기로 한 날이었다. 있을 만한 곳을 모두 뒤져봐도 기름을 찾지 못하자 친구가 참기름을 한 통 사들고 왔다. 작은 용량의 용기에 담긴 기름이 그것밖에 없었을 테니 이해는 갔지만 카놀라유 대신 참기름으로 닭을 튀겨내야 했다. 걱정했던 것만큼 이상한 맛은 아니어서 다행이었다. 그러나 기숙사 안에 짙게 밴 참기름 냄새는 이틀이 지나도록 빠지지 않아 곤욕을 치렀다.

참기름의 향은 피라진pyrazine 계통의 물질과 다이푸르푸릴 다이설파이드difurfuryl disulfide가 구성한다. 특히 다이푸르푸릴 다이설파이드는 열을 가하면 쉽게 휘발된다. 북송 시대 요리사들이 참기름으로 무언가를 부치는 등의 요리법을 썼다면 참기름 향을 살리지 못한 채 열기에 날려 보냈을 것이다. 그들은 함부로 참기름의 정수를 낭비했음을 미루어 짐작할 수 있다. 다행히 얼마 지나지 않아 기름솥 안에서 괴로워하던 참깨를 구해준 식물이 출현했으니, 바로 카놀라유의 유채다.

미 식 가 를 위 한 식 물 사 전

남다른 유채꽃, 카놀라유가 되다

|

여름 막바지 무렵, 유채꽃이 장관을 이룬다는 허베이댐으로 친구들과 여행을 떠났다. 하지만 허베이댐의 유채꽃이라니, 식물학자로서 내심 이해가 되지 않았다. 유채꽃은 원래 청명절 즈음 개화하는데, 그곳의 해발고도가 매우 높아 기온이 낮더라도 이토록 늦은 시기에 꽃이 피는 것은 이상했다. 막상 그곳의 유채꽃을 자세히 들여다본 결과 그 꽃은 남쪽 지역의 유채꽃과 생김새가 크게 달랐다.

사람 키만 한 유채꽃 무리는 남쪽의 유채보다 왠지 모르게 투박해 보였다. 왜 이런 차이가 나타날까?

우리에게 알려진 유채는 단일한 식물 종이 아니다. 유채라는 이름은 십자화과 운대속 식물 여러 종 중 기름을 만들어낼 수 있는 식물을 특정해 지칭한다. 유채는 북쪽의 청경채와 남쪽의 청경채, 갓, 양배추형 유채를 포함한다. 유럽에서 기원한 양배추형 유채를 제외한 세 종류의 원산지는 모두 중국이다. 네 종류의 유채는 공통적으로 노란색 꽃잎 네 개가 십자형으로 배열되어 있고 꽃 속에 긴 꽃술 네 개와 짧은 꽃술 두 개를 지닌다. 또한 과실은 모두 영양의 뿔처럼 생겼다.

사실 북쪽 지역의 청경채는 유채에 속하는 변종이자 중국 땅에 최초로 출현한 '유채'다. 하夏나라 시대의 역사책 『하소정夏小正』에는 "정월에 운芸을 따면 2월에 꽃이 피어난다"라는 구절이 있다. '운'은 유채를 뜻하지만 이 시대의 유채는 여전히 식용 채소로만 머물렀고 송宋나라 시대 이후부터 유채에서 기름을 짜내기 시작했다. 『도경본초圖經本草』는 유채의 다양한 용도를 나열한다. 송나라 사람들은 유채 기름을 이용해 식재료를 볶고 등불을 밝혔다. 기름을 짜내고 남은 깻묵은 돼지에게 사료로 던져주거나 비료로 밭에 뿌렸다. 이때부터 유채는 사람들의 생활 속에서 없어서는 안 될 작물이 되었다.

이와 동시에 중국의 광활한 남쪽 지역에서는 다른 종류의 청경채를 재배했다. 훗날 마트에 놓인 청경채 혹은 상하이칭, 박초다. 마트에서 파는 것은 식용 품종이고 기름을 짜내는데 쓰는 것은 기름용 품종인데, 두 품종은 전혀 다른 길을 걸어왔다. 식용 품종은 유명한 배추로 우뚝 섰고, 기름용 품종은 중국 남부 지역에서 식물유가 널리 사용되는 데 일조했다.

사실 북쪽의 청경채와 남쪽의 청경채는 매우 긴밀한 관계를 유지하고 있다. 둘은 모두 배추형 유채에 속하고, 맛도 서로 비슷하다. 잎을 쪼개도 매운맛이 없으므로 생으로 먹어도 무방하다. 가장 두드러진 차이는 잎의 모양에서 나타난다. 북방 청경채의 잎몸은 깃털 모양을 닮았고, 남방 청경채의 잎몸은 타원형이다.

그러나 갓의 맛은 호불호가 갈린다. 매운맛이 두드러지기 때문이다. 십자화과에 속하는 갓은 중국 서북 지역에 주로 분포하며 추위와 가뭄에 특히 강하다. 기름의 품질은 북쪽과 남쪽 청경채보다 떨어지는 수준이지만 해발고도가 높은 지역에서 여전히 개성을 뽐낸다. 특히 갓의 씨앗에서 추출한 기름에 함유된 대량의 에루크산erucic acid에 주목해야 한다. 에루크산은 긴 사슬 지방산very long chain fatty acids, VLCFA이라 인체에 흡수되기 쉽지 않고 몸에 좋은 불포화지방산의 함량에도 영향을 미친다. 건강한 삶을 중시하는 요즘 같은 시대에 외면받기 딱 좋은 특징이다. 그래서 에루크산을 적게 함유하는 품종을 선별해 재배하는 기술을 개발했다. 새롭게 등장한 이 십자화과 유채씨 기름은 '카놀라유'라는 이름으로 모습을 드러냈다. 한편 에루크산은 인조섬유, 폴리에스테르 및 섬유 보조제, PVC안정제, 페인트 건조제를 제조하는 화학공업에 사용할 수도 있어서 70퍼센트에 달할 정도로 많은 에루크산을 함유하는 품종도 따로 선별해 활용하는 추세다. 이처럼 갓을 포함한 유채는 더 높은 목표를 향해 가능성의 영역을 확대하고 있다.

남북 지역의 청경채와 갓은 모두 바다를 건너온 양배추형 유채의 도전에 직면했다. 이 양배추형 유채의 조상은 야생 양배추고, 이들의 친형제는 오늘날의 양배추와 콜리플라워라고 할 수 있다. 생김새를 관찰하는 것만으로 식물의 특징을 환히 볼 수 있다. 양배추형 유채는 짙은 화장을 한 겹 두른 유럽 귀부인처럼 화려한 반면에 중국에서 재배되는 토종 유채 세 종류는 소박하면서도 곱다. 귀부인과 닮은 유채는 많은 양의 기름을 추출할 수 있다는 사실을 내세워 위세를 떨쳐왔고, 중국에 들어온 후 세력을 빠르게 확장했다. 지금은 장강 유역에서 광범위하게 재배되고 있다.

식품 기업은 식물유의 두 가지 성분의 함량이 낮다는 사실을 강조하며 이를 홍보 포인트로 삼고 있다. 이 중 하나는 인체의 건강과 직접 연관된 에루크산 함량이고, 또 다른 하나는 글루코시놀레이트glucosinolates 함량이다. 글루코시놀레이트 자체는 무독성이지만 체내에서 분해되는 과정 중에 동물의 성장과 발육에 영향을 주는 독소가 만들어진다. 기름을 짜낼 때 수용성인 글루코시놀레이트는 지방과 결합할 수 없어 찌꺼기인 깻묵 속에 그대로 남는다. 양질의 단백질 사료로 활용하고도 남을 유채씨 깻묵을 비료로만 사용해야 하는 이유다. 이 두 가지 요소의 함량이 낮은 새로운 유채 품종을 선별하고 개량하는 데 성공하면서 유채의 활용률은 큰 폭으로 상승했다. 이제 여기저기 많이 생겨난 유채꽃 명소가 우리의 눈과 입 모두를 즐겁게 해줄 듯하다.

비린내를 이겨낸 콩기름

유채가 점점 다양한 곳에서 활용되는 가운데 기름용 콩도 덩달아 주목받기 시작했다. 콩의 원산지는 중국이라는 주장도 있다. 오곡에 속하는 작물인 콩은 인류가 야생식물 중 가장 먼저 재배종으로 길들인 식물이다. 오랜 농경의 역사 속에서 콩은 주로 단백질을 공급하는 역할을 맡았고, 식용유를 제공하는 것은 본업이 아닌 부업이었다. 콩의 40퍼센트가 단백질인데 반해 지방은 겨우 20퍼센트인 것만 봐도 알 수 있다.

비록 북송 시대의 시인 소동파蘇東坡가 "콩기름으로 두부를 부치면 맛이 좋다"라는 구절을 남겼더라도, 콩기름은 그저 널리 알려지지 않은 식용유에 지나지 않았다. 콩기름은 두 가지 치명적인 결함을 가지고 있었다. 첫 번째는 인지질(세포막을 구성하는 성분)의 함량이 비교적 높고, 그것이 압착 과정에서 콩기름 속에 섞여 들어간다는 것이다. 인지질은 영양학적으로 신경 계통에 이로운 영향력을 행사한다고 밝혀졌지만, 이것이 지방에 들어가면 골칫덩어리로 전락하고 만다. 인지질은 지방을 산패시키고 이상한 냄새를 만들어낸다. 이 성분은 산소 흡수력이 아주 강해 산소를 끌어들여 서로 결합하기 때문이다. 그래서 탈인지질 공법을 개발하기 전까지 콩기름은 좁은 범위에서만 사용되었다.

두 번째 결함은 바로 콩 비린내다. 비린내 역시 사람들이 콩을 받아들이기 힘들어하는 원인이었다. 특유의 비린내는 헥산알hexanal을 주축으로 알코올, 알데하이드, 산, 페놀류 화합물이 뒤섞인 39종의 화학 성분 때문에 발생한다. 냄새의 원인을 깊이 들여다보면 비린내의 원리를 알 수 있다. 콩에 함유된 지방 산화효소가 활성화하면 콩 속에서 리놀레산이 산화한다. 리놀레산은 산화하면서 자신과 같은 저분자 화합물들을 만들어내고, 이들 덕분에 결국 콩기름과 기타 콩 제품에 콩 비린내가 밴다.

콩기름이 두각을 나타내기 시작한 것은 미국인의 식습관과 관련 있다. 콩은 19세기에 미국 땅을 밟았지만 특유의 비린내 때문에 식탁에 오르는 과정은 순탄하지 못했다. 두부, 두유, 건두부 또한 미국의 문턱을 넘는 데 실패했고, 아주 긴 세월 동안 콩은 이국적인 화초로 미국인의 채소밭을 장식하기만 했다. 1920년대에 전쟁이 일어나 기름을 필요한 만큼 공급할 수 없게 되자, 미국인들은 비로소 콩에 눈길을 주었다. 콩은 미국에서 기름 추출이라는 새로운 일을 얻어 나날이 재배 면적을 넓혀갔다. 이제 미국은 전 세계에서 콩 재배 면적이 가장 넓은 나라로 거듭났고, 수출량에서는 타의 추종을 불허하는 일인자가 되었다.

이런 변화의 바람을 타고 콩 비린내도 개선될 조짐을 보였다. 그 계기는 1990년대 중반 미국에서 마련되었다. 유전자 조작을 하지 않고도 지방 산화효소가 비교적 낮은 수준으로 활성화하는 품종을 선별한 후 재배한 것이다. 이 기술은 콩 아이스크림 산업에 활력을 불어넣는 동시에 콩기름이 세계 시장을 정복하는 길을 열었다. 그러다가 미국의 농약 제조 회사 몬산토가 항제초제까지 개발하면서 콩의 생산량은 급속도로 증가했다.

소동파는 자신이 별미 삼아 먹던 콩기름이 식용유 세계를 바꿀 거목이 될 줄은 몰랐을 것이다.

아메리카에서 온 이상한 땅콩기름과 해바라기씨유 형제

|

참기름, 카놀라유와 콩기름이 승승장구하는 동안 아메리카에서 건너온 작물 두 종은 묵묵히 자신의 자리를 지키며 맡은 바 책임을 다했다. 이 두 작물은 땅콩과 해바라기다. 땅콩은 태양을 피해 땅속을 파고들었고, 해바라기는 태양을 향해 한껏 고개를 치켜들었다.

땅콩은 전형적인 콩과 식물로 수정을 거친 뒤 꽃이 떨어지면 땅속에서 열매를 맺기 때문에 낙화생落花生이라고도 불린다. 땅콩의 원산지인 남아메리카에서는 기원전 3000년경에 이미 땅콩을 재배했다. 명나라 때 중국으로 들어온 땅콩은 그동안 자신의 영역을 넓혀왔다. 생존 환경을 크게 가리지 않기 때문에 모래땅이든 황토로 이루어진 산간 지역이든 어디에서나 뿌리를 내렸다.

게다가 땅콩은 완벽에 가까운 식물유 꿈나무다. 씨앗은 50~55퍼센트의 지방을 함유하고 단백질이 30퍼센트을 차지하며, 식용 가능하고 맛도 좋다. 땅콩에서 짜낸 기름의 품질도 뛰어나서 올레산, 리놀산 등 불포화지방산의 비율은 총 지방산 함량의 80퍼센트에 이른다. 그러나 콩기름, 카놀라유, 해바라기유보다 훨씬 높은 올레산 함량은 땅콩의 장점이자 단점으로 작용한다. 올레산 함량이 높다 보니 땅콩기름은 겨울철에 쉽게 얼 수밖에 없다.

나는 함량과 비율을 일일이 따져 계산하는 성격은 아니지만 채소를 볶을 때만큼은 땅콩기름을 사용했다. 단지 땅콩기름에서 나는 특유의 향이 좋아서였다. 땅콩의 향은 참깨처럼 주로 피라진 화합물의 산물이다. 이 사실을 악용해 깨로 만든 제품이 땅콩잼, 땅콩유로 둔갑시키기도 한다. 그러나 진정 흥미로운 점은 서로 다른 과와 속에 속하는 데다 전혀 다른 땅에서 자라는 참깨와 땅콩의 씨앗이 비슷한 냄새를 풍긴다는 사실이다. 설마 두 작물도 동물을 유인해 씨앗을 전파하는 수법을 차용한 것일까? 구체적인 실험으로 증명하기 전까지 그저 나의 추측에 불과하다.

참깨가 그랬듯이 아메리카에서 온 해바라기씨유의 행보는 한층 조용했다. 다른 유류 제품과 달리 이 국화과 식물의 생태인 '고개 돌리기'에 더 흥미가 간다. 해바라기의 커다란 화반을 자세히 들여다본 적은 여러 번 있지만 지금껏 해바라기가 고개를 돌리는 모습을 직접 눈으로 보지는 못했다. 해바라기가 어떤 원리로 태양을 향해 고개를 돌리는지 정확한 메커니즘이 밝혀진 것은 아니다. 하지만 해바라기가 계속해서 고개를 돌리지 않는다는 것만은 확실하다. 해바라기의 꽃봉오리는 태양을 따라 동쪽에서 서쪽으로 움직이지만, 꽃이 피고 나면 화반은 고정되어 꼼짝도 하지 않는다. 해바라기는 대부분 동쪽을 향해 있을 뿐이다.

꽃이 움직이는 메커니즘에 관한 가설 중 빛이 생장호르몬 분비에 영향을 준다는 이론이 그나마 신빙성이 있다. 빛을 받은 부분의 생장호르몬의 농도는 옅어지고, 빛을 등진 부분에는 농도가 높은 생장호르몬이 분비된다. 이렇듯 호르몬이 균일하지 않게 분포되면 각 부위의 세포가 분열하는 속도가 달라진다. 그래서 태양빛을 따라 화반이 돌아가는 현상이 일어나는 것이다. 밤이 되어 달라진 중력이 생장호르몬의 분포에 영향을 주기 때문에 꽃은 다시 제자리로 돌아온다. 꽃이 완전히 피고 나면 줄기의 성장이 느려지면서 대체적으로 고정된 방향을 바라보지만 여전히 작은 범위 안에서는 조금씩 움직인다.

해바라기가 어떻게 고개를 움직이든 씨앗은 늘 어린 시절 간식 거리가 되어주었다. 가장 즐겨했던 장난은 해바라기씨를 서리하는 것이었다. 동네 친구들과 해바라기밭에 몰래 들어가 꽃을 꺾어 도 망친 후 숨어서 씨를 뽑아 먹었다. 아무렇지 않은 척 시치미를 떼 도 부모님은 금세 우리가 한 짓을 알아채셨다. 우리가 몰래 꺾은 해바라기는 평소 간식으로 먹는 해바라기가 아니라 기름을 짤 때 쓰는 해바라기였기에, 바깥 껍질에 안토시안 색소를 다량 함유했 다. 해바라기의 안토시안은 마치 오디를 먹은 것처럼 손과 입을 보 라색으로 물들였다.

설날이 되면 장인어른께서는 해바라기유가 든 병을 꼭 챙겨주셨다. 집에서 키운 해바라기의 씨앗에서 추출한 기름이었기에 진짜배기 친환경 식품이었다. 다만 이 기름은 발연량이 너무 많았다. 그래서 음식을 볶기 전에 정제되지 않은 기름을 가열해 휘발한 후 사용해야 한다. 지금이야 대다수의 기름이 이런 정제 과정을 거칠 필요가 없지만 기억을 더듬어보면 20년 전에 기름집에서 사 온 통 속의 기름도 이런 처리 과정을 거쳤다. 그런데 그간 도대체 어떤 변화가 있었던 것일까?

식물유, 짜내야 할까? 담가서 우려내야 할까?

우리가 먹는 식물유는 이미 공장에서 정제를 거친 뒤라 색이 맑고 냄새도 나지 않는다.

맨 처음 상태에서 식물유의 원료 속 유지는 식물 종자가 에너지를 저장하는 중요한 물질이다. 종자가 싹을 틔우고 광합성을 제대로 시작하기 전까지 식물유지는 생장 에너지의 출처가 된다. 식물체 내에서 유지는 전분, 단백질과 한데 엉켜 있는데, 두 물질(특히 단백질)로 짜인 네트워크가 유지를 단단히 잡아당긴다. 전분과 단백질의 네트워크는 유지에서 기름을 추출하는 데 걸림돌이 된다.

'압착'은 식물유를 짜내기 위해 사용되는 가장 간단하면서도 직접적인 방식이다. 기계적인 압력을 가해 종자 속의 유지를 짜낸다. 먼저 원료를 고온 처리해 유지의 유동성을 높이면 기름을 더 많이 추출할 수 있다. 만약 과도하게 온도를 높여 원료를 태우면 독성 물질이 생성된다. 저온 압착 기술은 비교적 낮은 온도에서 유지를 압착하는 방식이다.

시중에 나와 있는 거의 모든 식용유가 압착 기술을 강조하는 반면에 '침출'은 늘 관심 밖으로 내몰리고 있다. 침출을 할 때 사용하는 화학 제품이 건강에 해롭다고 알려져 있기 때문이다. 하지만 침출법을 제대로 아는 사람은 그리 많지 않다. 정말 침출법은 건강에 해로울까?

압착하는 방식으로 기름을 짜내면 식물유지와 세포가 너무 치밀하게 결합한 나머지 절대 떨어지지 않는다. 이른바 압력이라는 힘의 한계다. 이런 경우가 적지 않게 발생하는 터라 '용해제 침출법'이 등장했다. 식물유지를 '용해'할 수 있는 용제를 사용해 유지를 원료에서 빼내는 방식이다. 현재 가장 흔한 용제는 휘발유와 같이 석유 일가의 후손인 '6호 용제유'다. 이 용제는 납이나 벤젠을 함유하지 않아 휘발유보다 훨씬 깨끗하다. 더 중요한 것은 끓는점이다. 끓는점이 낮은(일반적으로 섭씨 60도) 이 용제는 식물유지를 밖으로 빼낸 후 온도를 조금만 올려 끓이면 곧바로 회수할 수 있다. 이밖에도 침출법의 가장 빼어난 장점은 기름 추출률이 높다는 것이다. 티트리오일 원료의 경우 압착법을 사용하면 기름 추출률이 11퍼센트 내외지만, 침출법을 사용할 경우 18퍼센트까지 올라간다. 또한 에너지도 훨씬 적게 소모한다. 용제유의 품질만 보증된다면 우리는 침출법으로 뽑아낸 기름을 아무런 걱정 없이 마음 놓고 먹을 수 있다.

어떤 방식으로 만들어지든 갓 짜낸 식물유에는 기름을 검은색으로 변화시킬 수 있는 색소 물질은 물론, 기름 냄새를 유발하는 유리지방산이나 알데하이드, 케톤류 물질이 들어 있다. 유지를 산패시키는 인지질 등의 불순물 또한 섞여 있기 마련이다. 그래서 이 물질들을 떨쳐버리는 과정을 거쳐야 한다. 먼저 식물유를 고온의 수증기와 접촉시켜 물과 결합한 인지질을 가라앉힌 뒤 유지만 빠져나오게 한다. 그런 다음 유지 속에 수산화나트륨 용액이나 수산화칼륨 용액을 넣어 유리지방산과 결합시킨 후 가라앉힌다. 동시에 유지에 흡착제(규조 껍질로 백토나 활성탄을 만들어 사용한다)를 결합시키면 색소가 흡수된다. 이런 과정을 거치고 나서 고온의 수증기로 높은 압력을 가해 유지를 분해하면 불쾌한 냄새를 유발하는 알데하이드, 케톤류 물질을 떨어뜨릴 수 있다. 그러면 비로소 맑고 깨끗한 빛깔의 식용유가 탄생한다.

압축법과 침출법보다 더 좋은 기술은 바로 고압(대략 300기압 정도)에서 이산화탄소를 용제로 사용해 유지를 씨앗에서 바로 추출하는 것이다. 이렇게 추출한 유지는 별도의 처리를 거치지 않아도 일반적인 정제 과정을 거친 식물유 수준에 도달한다. 그러나 이런 기술은 여전히 실험 단계에 머물러 있다. 완제품을 판다고 해도 비용이 많이 들다 보니 그야말로 '액체 황금'과 맞먹을 정도로 비쌀 수밖에 없다. 딱히 영양 성분 구성이 훌륭하기 때문이 아니라 원가 자체가 금값인 셈이다.

잘 알려지지 않은 조용한 식물유

드럼통에 담아 파는 식용유 외에도 다른 기름을 발견할 수 있다. 마트 진열대나 조미료 성분표에는 대마씨유, 팜유, 면실유와 아마씨유처럼 그다지 대중적이지 않은 기름이 등장한다.

유명한 식물학 저서 『신농본초경』은 대마씨 기름에 관해 "호마(참깨)가 으뜸이고, 운대(유채)는 그다음이며, 화마인火麻仁(대마씨)은 가장 아래다"라고 기록하고 있다. 모든 대마가 중독성을 지니지는 않는다. 중독 성분인 테트라하이드로칸나비놀tetrahydrocannabinol을 풍부하게 함유하지 않은 대마도 있으니 안심해도 된다. 더구나 이 성분은 주로 줄기 끝 쪽 잎과 꽃봉오리에 분포하고, 종자에 분포된 양은 극도로 미미하며, 유전자 기술을 활용해 그 함량마저 더 낮출 수 있다. 한편 대마씨가 함유하는 지방의 양은 30퍼센트 이상으로, 양귀비씨보다 훨씬 많다.

그러나 대마씨 기름은 오랜 세월 동안 외면받아왔다. 인지질의 함량이 높기 때문이다. 인지질은 세포막을 구성하는데, 물뿐 아니라 유지와 결합하는 것도 좋아한다. 콩의 인지질처럼 대마씨의 인지질도 다량의 물을 흡수하고, 산화되기 쉬워 기름에 이상한 냄새가 배게 만든다. 그렇더라도 대마씨유에게도 서서히 볕이 들고 있다. 점차 탈인지질 기술이 발전하면서 대마씨 기름이 식탁에 올라갈 날도 머지않았다. 대마씨가 포함하는 리놀렌산과 리놀산의 함량은 현재 일상적으로 사용하는 유지보다 높아 건강에 좋은 것으로 밝혀졌다.

다른 식물유와 비교했을 때 팜유는 건강에 좋지 않은 기름으로는 1순위로 이름을 올릴 수 있다. 동남아시아에서 주로 생산되는 팜유는 불포화지방산 함량이 높아서 상온 상태에서 돼지기름이나 소기름처럼 고체로 변한다. 씨앗에서 추출한 것이 아니라 야자과 식물인 기름야자의 과육으로 만들어졌다는 사실이 흥미롭다.

나는 시솽반나에서 기름야자의 과실을 먹어본 적이 있다. 그때 약간의 기름 향을 맡았던 기억이 나는데, 아쉽게도 간식거리로 먹는다는 기름야자의 씨앗은 맛보지 못했다. 팜유에는 불포화지방산이 많아 고기 맛과 관련된 각종 식품에 사용되고 있다. 반대의 목소리가 있음에도 생산량이 많을 뿐만 아니라 가격도 낮아서 여전히 식용유 시장에서 입지를 굳히는 중이다.

만약 식물유를 생산하는 식물을 모두 직업을 갖춘 것에 비유한다면 면실유의 목화와 아마씨유의 아마는 부업을 하고 있다. 두 식물의 공통적인 주 업무는 섬유를 제공하는 것이다. 그럼에도 목화는 기름 함유량이 40퍼센트에 달하는 만큼 절대 얕잡아 볼 수 없는 존재다. 기름이 부족하던 시절 사람들은 으깬 목화씨를 솥에 넣고 볶으며 요리에 기름 향을 더했다. 목화는 4대 식물유 작물이라는 명성에 걸맞은 생산량을 자랑한다. 현재 중국 식용유 시장에서 면화씨유의 공급량은 콩, 땅콩, 옥수수 다음으로 많다. 다만 목화는 간, 장, 혈관 및 신경계에서 독성 물질로 작용하고, 특히 남성 생식 계통에 해로운 고시폴gossypol을 함유하고 있어 주의가 필요하다. 그러므로 누군가가 가공 과정을 거치지 않은 면실유를 권한다면 과감히 거절해야 한다.

개인적으로 가장 완벽한 오일은 아마씨유라고 생각한다. 기름의 색이 맑고 투명해서라기보다 패랭이꽃 모양을 닮은 꽃봉오리 때문이다. 처음 푸른아마Linum perenne를 봤을 때 이 꽃을 정원의 요정으로 착각할 뻔했다. 어떻게 푸른아마를 보면서 먹는 것을 떠올릴 수 있을까 싶을 정도였다. 하지만 아마과 아마속 식물은 재배되기 시작할 때부터 식물유를 얻기 위해 길러졌다. 원산지인 중동 지역에서 아마를 재배한 역사는 기원전 8000년경으로 거슬러 올라간다. 중국에서 아마씨유는 약 2000년 전부터 음식에 사용되었다. 아마씨유의 리놀산 함량이 높기에, 서양에서는 아마씨유를 건강보조식품으로 직접 음용한다. 하지만 아마씨유는 식용유 생산에 주력하기보다 공업 분야로 옮겨 가 페인트, 잉크 제작 산업에서 새로운 역할을 담당하고 있다.

어쩌면 올리브유와 옥수수기름처럼 이미 스타 반열에 오른 제품을 궁금해할 사람이 있을지도 모르겠다. 나는 아직 그것들에 관해서는 입을 열지 않았기 때문이다. 올리브유의 몸값은 상당히 비싸고, 옥수수기름도 건강한 기름으로 부각되었다. 그러나 두 기름은 중국 식용유계의 에이스가 되지 못했다. 지중해 기후에 최적화된 올리브를 재배하기란 어려운 일이고, 옥수수는 식용유로 사용하기보다 전분의 형태로 음식에 들어간다. 식용유 코너에서 올리브유와 옥수수기름은 주인공이 아니라 면실유와 아마씨유와 같은 초대손님 역할에 그친다.

각종 요리 잡지, 건강 저널에서 이미 두 가지 기름에 관한 정보를 너무나도 많이 언급해왔다. 이런저런 건강 가이드라인에서는 두 기름의 불포화지방산을 먹으면 건강에 좋다는 말이 빠짐없이 들어가 있다. 그런데 한 가지 짚고 넘어가야 할 사실이 있다. 고의든 아니든 그 말에는 딱 한마디가 빠져 있다. 정확한 정보를 전달하자면, '포화지방산을 먹는 것보다' 불포화지방산을 섭취하는 것이 건강에 더 좋을 수 있다. 또한 온종일 매끼마다 차린 진수성찬에 올리브유를 곁들여 마신다면 비만 문제에서 자유로울 수 없다. 반대로 영양실조에 걸린 산간 지역의 아이에게 매일 콩기름을 좀 마시게

한다고 무슨 문제가 될까? 좋은 기름과 나쁜 기름을 가르는 관건은 어떤 식습관을 가진 사람이 얼마나 섭취하느냐에 달려 있다.

진열대에 놓인 온갖 식용유 앞에 서면 나는 마트가 아니라 울창한 식물원 한가운데를 서성이고 있는 듯한 기분이 든다.

"거기서 뭐 하고 있어? 지금 땅콩기름을 특가 행사 중이니까 두 통 사 가자."

얼핏 들린 아내의 말소리에 이끌려 조금 전까지 식물유 작물로 둘러싸인 세상 속을 홀로 누비다 현실로 되돌아오고 말았다. 그러고는 땅콩기름 두 통을 집어 얼른 쇼핑 카트에 담았다.

기름을 넣고 음식을 볶을 때 연기가 나지 않게 하려면?

기름 연기가 나는 순간 프라이팬에 재료를 넣는 방식은 중국의 주방에 전해 내려오는 고질적 습관이다. 아마도 고온에서 좋지 않은 냄새가 나는 정제되지 않은 기름을 오랫동안 사용하다 보니 냄새의 원인인 알코올, 알데하이드류의 물질을 제거하기 위해 그런 습관이 생겨났을 것으로 보인다. 지금의 식용유는 정제 처리되어 냄새가 거의 제거된 상태로 판매된다. 그러니 연기가 날 때까지 열을 가하면 풍미를 살리기는커녕 고온에서 기름을 산화시켰으므로 새로운 유해 물질이 생성된다. 기름은 80퍼센트 정도만 달구어도 충분하다.

센 불에서 단시간에 볶아내는 요리를 좋아한다면 팬을 먼저 달군 뒤 기름을 넣고 재료를 재빨리 볶으면 된다.

음식을 튀기거나 볶을 때는 알맞은 기름을 사용해주세요!

내가 겪은 바에 따르면 땅콩기름은 고온에 약하다. 땅콩기름으로는 튀김 요리 대신 무언가를 볶을 때 사용하면 풍미를 더할 수 있다. 특히 땅콩기름과 채소볶음 요리는 탁월한 조합이다. 발연점이 높은 콩기름과 해바라기 씨유로는 완자나 두부를 튀기면 좋다.

4부 식물학자만 알고 있는 알짜배기 식물들

싹이 트지 않는 콩은 유전자 조작 식품일까?

외할머니께서는 항아리를 사용해 콩을 특별한 방식으로 즐기셨다. 첫 번째 방법은 삶은 콩을 항아리에 넣고 이불을 덮어놓는 것이다. 시간이 지나면 항아리 속 콩에서 끈끈한 실이 생기고 특이한 악취가 이불을 비집고 새어 나온다. 이것을 햇빛에 말린 후 도수가 높은 술로 고추, 산초, 소금과 함께 버무린다. 콩을 한 번 더 말리고 나서 절이면 더우츠豆豉가 완성된다. 이런 식으로 발효 과정을 거친 콩의 껍질은 검은색으로 변한다. 더우츠는 기름에 볶았을 때 고소하고 매콤한 맛이 일품이며, 흰죽, 소금에 절인 말린 고기, 유맥채油麦菜에 곁들여 먹으면 맛이 배가된다.

두 번째 방법은 첫 번째 방법만큼 복잡하지 않다. 한겨울 섣달 무렵에 하룻밤 동안 깨끗한 물에 불린 콩을 항아리에 담은 후 입구에 천을 씌워 난로 가까이 둔다. 이때 난로의 온도는 섭씨 25도에 머물게 조절하고 매일 물을 조금씩 부어 항아리 안의 습도를 유지해준다. 사흘이 지나면 콩에 싹이 나서 자라기 시작한다. 콩나물은 이렇게 만들어진다. 국을 끓일 때나 무언가를 볶을 때는 콩나물을 넣는 게 제격이다. 이제 외할머니의 연세도 어언 팔순을 넘겼다. 할머니가 직접 만든 더우츠와 콩나물을 맛보지 못한 지도 어느새 10여 년이 넘었다.

가까운 시장에 가기만 하면 갖가지 채소들을 고를 수 있고 그 한편에서 콩나물을 발견할 수 있다. 콩나물은 갈수록 길고 통통해지고 식감마저 돋보여 흠잡을 게 없다. 너무 완벽하다 보니 기다란 콩나물은 화학비료로 키운 것이라는 둥 뿌리가 없는 콩나물은 호

르몬을 사용한 것이라는 등 여러 가지 기사가 쏟아져 나왔다. 아이들이 이런 콩나물을 먹으면 조숙증에 걸릴 수 있다는 내용도 보도된 적이 있다. 나는 콩나물 생장조절인자의 원리와 안전성을 밝히기 위해 여러 차례 글을 쓰기도 했다. 하지만 이런 해명조차도 소비자들의 의구심을 녹이고 마음을 돌리기에는 역부족이었다. 많은 사람이 가족의 건강을 스스로 지키고자 직접 콩나물을 길러 먹고 있다.

콩나물을 직접 키우는 과정이 항상 순조롭게 진행되지는 않는다. 어떤 사람들은 아무리 애를 써도 콩이 콩나물로 자라지 않아 낭패를 본다. 발아하지 않는 콩은 유전자 조작 식품이 아닌지 의심하는 사람들도 많다. 과연 그 의심은 사실로 판명될까?

돌고 돌아 외국물을 먹고 온 콩, 유전자 조작되다?

유전자 조작 콩을 논할 때면 좌절감이 들곤 한다. 대두 시장은 이미 바다를 건너온 콩의 동족들에게 완전히 장악당했지만, 원래 콩은 중국에서도 나고 자란다.

그 옛날 신농씨가 100가지 약초를 맛보면서 콩과(나비 모양의 꽃으로 일컬어지는) 콩속 식물인 콩을 선별한 후 콩은 쌀, 보리, 조, 기장과 함께 오곡의 일원이 되어 식량 시장을 떠받치는 기둥이 되었다. 물론 콩이 황허강黃河, 화이허강淮河 유역에서 기원했는지, 아니면 동북 지역이나 남쪽 연해 지역에서 처음 자랐는지를 두고 여전히 논란이 일고 있다. 그러나 정확히 어느 곳에서였건 간에 고고학 기록으로는 중국에서 3,000년 전에 이미 콩을 재배하기 시작했다. 또한 6,000년 전 유적에서는 야생 콩이 발굴되었다. 중국에서 콩은 생각보다 유구한 역사를 가진 식물이라는 것을 알 수 있다.

오곡 중에서도 콩은 중국의 문명을 지탱하는 데 누구보다 더 큰 공을 세웠다. 콩은 더우츠, 두부, 두유 등 다양한 음식으로 변하는 능력을 이용해 문명이라는 큰 흐름에 기여한 식물은 아니다. 그보다 중요한 것은 콩 단백질이 일상생활에 필요한 에너지와 두뇌 발달에 쓰이는 아미노산을 공급한다는 사실이다. 재러드 다이아몬드 Jared Mason Diamond는 자신의 저서 『총, 균, 쇠Guns, Germs, and Steel』에서 서로 다른 문명을 일으킨 고대 국가의 단백질 공급원을 소개하면서 티그리스강과 유프라테스강 유역의 들소, 남아메리카의 알파카, 북아프리카의 낙타, 중국의 콩을 언급했다. 또한 이들 지역과 같이 사람이 거주하던 뉴기니가 융성한 제국으로 번창하지 못한 가장 큰 원인으로 안정적인 단백질 공급원의 부재를 들었다.

중국과 동아시아 국가의 사람들이 아주 오랫동안 먹어온 콩은 18세기 초가 되어서야 유럽으로 전파되었다. 유럽인이 기존에 키우던 소, 돼지 등의 가축이 충실한 단백질 공급원 이었으므로 그들에게는 단백질이 부족하지 않았다. 유럽에서 콩의 역할은 가축의 사료를 공급하는 것으로 바뀌었다.

1765년 선원 새뮤얼 보엔이 미국에 심은 콩은 더 넓은 땅에 자리 잡았다. 하지만 미국인 역시 콩을 식재료로 사용하기보다 산업적 가치를 개발하는 데 집중했다. 제1차 세계대전이 끝난 뒤 미국은 국내 농산물 생산에 박차를 가하기 위해 농사짓기 좋은 땅으로 토양을 개량했다. 그 방법의 일환으로 질소 박테리아 함량이 높은 콩을 재배해 농지의 유기 질소 함량을 높였다. 이렇게 생산된 콩은 어디에 쓰였을까? 콩들은 두부 공장이 아닌 착유 공장으로 보내진 다음 식용유가 아닌 자동차 도색용 페인트 속에 들어갔다. 사실 자동차를 생산하던 포드는 콩 요리에도 관심을 두어 콩 아이스크림을 개발한 적이 있었다. 그럼에도 미국인들은 여전히 재미 삼아 콩을 맛보았을 뿐 콩 요리에 그다지 큰 관심을 가지지는 않았다.

그렇다고 해서 미국이 콩의 기능과 그 가능성마저 외면한 것은 아니었다. 산업이 발전하면서 콩기름과 단백질의 수요는 날로 치솟았고, 미국은 세계적인 콩 재배의 중심지로 떠올랐다. 또한 농업이 기계화되면서 더 편리하게 작물을 재배하기 위해 유전자 변이 콩도 등장했다. 글리포세이트glyphosate를 넣은 제초제 라운드업 Roundup에 저항성을 가진 유전자 조작 콩은 몬산토가 낳은 첫 번째 유전자 조작 식품이다. 이 제초제에 내성을 갖도록 설계된 콩은 글리포세이트의 존재에 영향을 받지 않는다. 농부들은 이 제초제를 뿌리기만 하면 밭을 경작하는 과정에 꼭 필요하지만 번거로운 여러 가지 일을 좀 더 수월하게 처리할 수 있었다. 그러나 이 유전자를 가진 콩은 다른 콩처럼 싹을 틔울 수 있다. 누군가는 몬산토가 공짜로 두고두고 쓸 씨앗을 제공한 셈이 아닌지 의아해할지도 모른다. 다들 종자를 받아두고 계속 심으니 회사만 억울한 꼴이라고 생각할 수 있다.

몬산토는 이런 일을 방지하기 위해 계약을 체결해 종자를 남겨두었다가 다시 재배하는 행위를 금지한다. 이 종자를 보급하던 초기에는 농부들이 사사로이 종자를 식물체에서 직접 받아두려는 시도를 했다. 하지만 회사는 고액의 벌금을 부과하고 철저하게 조사해 그런 편법을 빠른 시일 내에 바로잡았다. 몬산토는 1999년에 씨앗 보관 제보를 500건 넘게 받자 그중 65명의 농부를 상대로 소송을 제기했고, 그들은 헥타르당 2,000달러의 벌금을 내야 했다.

미국에서 유전자 조작 콩의 재배 면적은 1997년 7퍼센트에서 2010년 93퍼센트로 급상승했다. 현재 미국이 수출하는 콩은 대부분 유전자 조작 품종으로 세계 대두 총생산량의 36퍼센트를 차지한다. 이제 콩은 유학을 마치고 돌아온 뛰어난 인재로 불려도 부족함이 없다.

그렇다면 종자의 번식을 제한하는 기술은 없을까? 당연히 있다. 1998년 미국 농무부는 종자의 발아를 제한하는 기술을 발표했다. 종자를 테트라사이클린tetracycline 용액에 담그면 생산량이 많고 병균에 강한 작물을 얻을 수 있었다. 하지만 그 종자는 모두 번식을 할 수 없었다. 농민이 이 종자를 샀을 때 한 번밖에 사용할 수 없다는 의미였다. 그래서 '종결자'라고도 불린 이 기술은 종자 회사의 특허권 소득을 보장하는 귀한 재산이었다. 원리도 아주 간단했다. 종자의 생사를 통제하는 특수한 유전자를 삽입하고, 테트라사이클린의 작용을 시작 신호로 삼는다. 이 신호는 종자가 발아할 수 있을지를 최종적으로 결정한다. 유명한 과학 기자 다니엘 찰스Daniel Charles는 유전자 조작 작물에 관한 그의 저서 『수확의 신Lords of the harvest』에서 이렇게 비유했다.

> 종결자는 일련의 유전자로 구성되며, 유전 기능의 스위치 역할을 한다. 정상적인 상황에서 이 유전자는 아무런 작용을 하지 않는다. 그것은 마치 제 기능을 못하는 쥐덫처럼 개폐 기능이 느슨해져 종자가 정상적으로 번식하는 환경을 만든다. 하지만 테트라사이클린 용액으로 처리하고 나면 종자 속의 '쥐덫' 개폐 기능이 바로 작동하며 '달깍' 하고 문이 닫혀버린다. 이 과정을 거친 종자는 꽃을 피우고 열매를 맺을 수 있지만, 후손은 더 이상 싹을 틔울 수 없게 된다.

지금까지도 '종결자' 기술은 실제로 응용되지 않고 있다. 그렇다면 유전자 조작 콩이 아닌 경우 무슨 문제 때문에 싹을 틔우지 못하는 걸까?

무사히 살아남기 어려운 콩

만약 당신이 물에 담근 콩이 발아하지 않았다면 그 콩은 이미 죽었을 가능성이 가장 크다. 우리가 흔히 생각하는 종자는 생명과 희망을 상징한다. 애니메이션 《후루와葫芦娃》에 등장하는 조롱박 씨앗이든 소설 『신비의 섬*The Mysterious Island*』에 나오는 밀알이든 모두 생존과 희망을 뜻한다. 그러나 콩도 종자의 생로병사를 피해 갈 수 없다. 일반적으로 1년 동안 냉장고(저온에 보관하는 조건을 의미한다)에 콩을 두면 발아율이 60퍼센트로 떨어지고, 그 콩을 30개월 이상 방치하면 20~30퍼센트까지 급감한다. 이때 콩을 넣은 봉지를 밀봉하지 않으면 1년 후에는 발아율이 13.5퍼센트까지 추락하고, 다른 콩 품종과 같이 두기만 해도 새 콩의 발아율을 30퍼센트 정도로 밑돌게 만든다. 심지어 어떤 콩 품종의 경우 상온에서 1년 정도 놓아두면 집단 '사망'해버린다. 이런 콩에서 콩나물이 나올 거라는 어설픈 소망은 완전히 어그러지기 마련이다.

겉으로 드러나지는 않더라도 실제로 그 안에서는 치열한 몸부림이 벌어지는 셈이다. 콩이 죽는 법은 다음과 같이 몇 가지로 정리해볼 수 있다.

콩이 함유한 지방은 콩을 독살할 수 있다. 인류가 아무리 고지방 종자만이 가질 수 있는 특유의 바삭한 식감과 고열량에 사족을 못 써도 지방이 산화하면 사나운 유리기로 변하는 것만은 막을 수 없다. 유리기가 강력한 힘으로 다른 물질의 전자를 빼앗는 과정에서 단백질과 DNA도 심각한 피해를 본다. 전자를 빼앗긴 생물 분자는 활성을 잃거나 붕괴해버린다. 멀쩡하던 세포의 구조가 폭탄이라도 맞은 듯 산산조각 나는 것이다.

콩을 죽인 주범은 지방만이 아니다. 단백질의 활성이 떨어지는 것도 콩의 사망 원인이다. 단백질은 콩의 발아와 생장에 중요한 요소로 작용한다. 종자에는 싹을 틔우기 위한 준비물로 많은 양의 영양물질이 저장되어 있으나 이 에너지와 물질은 이미 고도로 농축된 상태다. 그 안에서 아미노산은 단백질의 모습으로 포장되어 있고 에너지도 복잡한 구조의 전분 속에 갇혀 있다. 마치 커다랗고 단단한 금괴 틀을 가득 채운 주조 과정의 금과 흡사하다. 이 물질과 에너지를 분해해 추출하려면 특수한 금괴 절단기, 즉 효소가 필요하다. 그러나 효소는 온도와 습도의 영향을 받으면 활성을 점차 잃는다. 그 결과 싹을 틔운 콩은 충분한 영양분을 공급받지 못한 채 금괴 창고를 지키다가 굶주린 채 숨을 거둔다.

온도와 습도는 효소의 활성도를 낮추기도 하지만 콩이 단백질과 DNA를 합성하는 능력을 특히 크게 떨어뜨린다. 두 물질의 합성과 복제는 생명 번식의 핵심이다.

이와 더불어 세포 구조도 콩이 저장되어 있는 동안 끊임없이 변한다. 예를 들어 미토콘드리아가 기이한 모양으로 변할 수 있다. 세포에 에너지를 공급하는 공장인 미토콘드리아가 일단 가동을 멈추면 모든 생명 활동이 연쇄적으로 타격을 받을 수밖에 없다. 이 공장뿐만 아니라 세포막의 구조도 파괴되고, 칼슘이온, 칼륨이온, 당과 아미노산도 빠져나가므로 콩은 당연히 만신창이가 된다. 실제로 콩나물을 담근 물의 열전도율이 높을수록 세포는 쉽게 파괴되고, 그 콩이 콩나물로 자라지 못할 확률도 커질 수밖에 없다. 물의 열전도율은 콩나물을 담그기 전에 측정할 수 있는데, 물이든 콩이

든 어디에서 비롯된 문제로든 콩나물로 자라지 못한 콩은 과감하게 갈아서 콩물로 만들거나 삶아서 오샹더우五香豆로 만드는 것이 좋다.

콩이 콩나물로 자라나는 광경을 보는 것은 얼마나 운 좋은 일인지 모르겠다.

살아 있는 콩 한 알을 안전하게 저장하는 법

|

사실 소비자보다 콩의 발아에 더 관심을 가진 사람은 농학자다. 우리는 일상에서 먹는 콩이 종자로도 사용된다는 사실을 알아야 한다. 적절한 보존 방법을 찾지 못한다면 소행성이 지구와 부딪히는 천재지변과 같은 멸종과 마주해야 할지도 모른다. 만약 그런 일이 벌어지면 야생 콩 중에서 일부를 선별해 처음부터 다시 키우는 수밖에 없다. 종자를 보존하려면 몇 가지 갖추어야 할 중요한 조건이 있다.

콩 속 여러 구성 성분의 활성 상태를 유지하려면 가장 먼저 저온으로 온도를 조절해야 한다. 저온 보존법은 종자를 더 깊은 휴면 상태로 끌어들여 호흡 작용을 줄이도록 돕는다. 이렇게 하면 활성 산소의 하나인 슈퍼옥사이드superoxide의 발생을 감소시키고, 효소 등 단백질의 활성을 더 오래도록 유지할 수 있다. 인슐린 등 단백질로 구성된 약물을 모두 냉장고에 보관해야 하듯 콩을 냉장 보관하는 것도 비슷한 원리다. 그러나 냉장고는 철옹성이 아니다. 그 안에 종자를 보관해두더라도 점차 활성이 떨어지는 것까지 막을 수는 없다. 후난성 작물 연구소에서 13개 콩 품종을 대상으로 실험을 진행한 결과 1년 동안 냉장 보관한 종자의 평균 발아율이 80퍼센트에서 77퍼센트로 낮아졌고, 30개월 후에는 30퍼센트까지 떨어졌다. 냉장 보관은 완전한 해결책이 아니라 콩이 죽어가는 과정을 조금 더디게 할 뿐이라는 사실을 미루어 짐작할 수 있다.

온도를 낮추는 것 외에 산소를 차단하는 방법도 좋다. 산소는 유리기가 세포를 파괴하도록 유도해 종자를 위협하는 무시무시한 존재다. 그래서 산소를 적절히 차단하는 것이야말로 종자를 보호하는 최고의 방법이다.

마지막으로 온도와 산소의 주목도에 비해 그 중요성이 자주 간과되는 요소는 바로 함수량, 즉 수분함유량이다. 기존의 실험에서 나타난 건조 보관과 냉동 보관의 효과는 같다. 일반적으로 5~14퍼센트 범위에서 종자의 함수량이 1퍼센트 낮아질 때마다 수명은 배로 길어진다. 중국 농업과학원 농작물 연구소에 따르면 섭씨 5도에서 보관된 콩의 함수량이 5.4~6퍼센트 사이일 때 가장 발아율이 높았고 최적의 생장 조건이 조성되었다. 그렇다면 콩나물을 기르기 위해 사 온 콩(일반적으로 함수량 8.5퍼센트)을 얼마간 건조한 후 냉장실에 넣어 보관해야 적어도 다음번에 콩나물을 만들 때까지 장기간 콩의 활성화 상태를 유지할 수 있을 것이다.

싹을 틔우는 데도 정성과 원칙이 필요하다

콩 종자가 신선한데도 콩나물이 자라지 않는다면 발아 과정에 문제가 없었는지 살펴봐야 한다. 일반적으로 발아 과정은 물에 담그기, 파종, 사후 관리 세 단계로 나뉜다. 언뜻 까다롭게 보일 수 있지만 실제로는 아주 간단한 작업이다.

종자는 12시간 동안만 물에 담그더라도 충분하다. 그 시간이 너무 길면 콩이 물에 잠겨 죽을 수 있다. 이것은 말 그대로 익사다. 종자는 언제나 호흡을 해야 하고, 특히 콩이 발아하는 시기라면 많은 양의 산소를 세포에 공급해야 할 의무가 있다. 이때 콩을 지나치게 오랜 시간 물에 담가놓는 것은 병아리를 수영장에 던져 넣는 것과 다르지 않다.

종자를 물에 담가두고 시간이 되면 제때 꺼내 장소를 바꿔주어야 한다. 집에서 파종할 때는 질항아리를 사용하는 것이 가장 좋다. 산소가 충분히 통하게 하고 온도를 적당히 조절해야 하기 때문이다. 항아리는 공기가 통할 뿐 아니라 적절한 온도로 내용물을 보온할 수 있는 최상의 용기다. 이때 온도는 섭씨 20~25도를 유지하면 된다. 유리 용기는 예뻐 보일지는 몰라도 통풍이 잘되지 않는다.

콩나물이 자라는 동안에는 습한 상태를 유지해야 하지만 물을 너무 많이 주면 안 된다. 종자를 물에 너무 오래 담가두면 안 되는 것과 일맥상통한다. 습기를 유지하기만 해도 충분한데 습한 정도가 지나치면 콩을 사지로 몰아넣는 것과 마찬가지다. 한편, 콩이 자라날 만한 깨끗한 환경을 조성하기 위해 공기를 적절히 차단해야 한다. 공기 중의 미생물이 콩 속의 영양물질을 호시탐탐 노리고 있다는 사실을 한시도 잊으면 안 된다.

이런 몇 가지 주의사항을 지켜준다면 콩나물을 키우는 것이 엄청나게 어려운 일로만 느껴지지는 않을 듯하다.

콩나물의 영양분은 콩보다 풍부할까?

콩과 콩나물의 영양 가치를 둘러싼 논쟁은 언제나 벌어진다. 물론 싹이 트기 시작하면 둘 사이의 영양 성분에는 당연히 차이가 생기지만 나란히 두고 비교할 정도는 아니다.

콩은 단백질과 지방을 각각 40퍼센트와 20퍼센트 함유하며, 그 외에 당류를 30퍼센트 포함한다. 이 물질들은 발아 과정에서 앞서 금괴 절단기에 비유한 효소에 분해되었다가 다시 이용된다. 콩을 그냥 먹으면 특별한 맛이 나지 않지만 콩나물을 먹으면 달라진 맛을 느낄 수 있는데, 이는 효소가 단백질을 아미노산으로 분해할 때 합성되는 뉴클레오타이드가 좋은 맛을 더하기 때문이다.

물론 콩이 콩나물로 변하면 단백질과 지방의 함량도 필연적으로 낮아진다. 또한 콩나물의 싹을 틔우면서 물갈이와 헹굼을 반복하다 보면 콩 속의 칼슘 등 가용성 무기질도 다소 손실된다. 그러나 여기서 주목할 만한 것은 비타민C의 함량이다. 콩 종자에는 비타민C가 함유되어 있지 않지만, 콩나물로 자라는 과정에서는 대량으로 합성할 수 있다. 일반적으로 콩에서 싹이 움튼 뒤 나흘째 되는 날 콩나물의 비타민C 함량은 100그램당 200밀리그램으로, 최고치에 달한다. 원양어업이 한창 전성기를 누릴 때 중국 선원들이 괴혈병에 걸리지 않았던 이유가 바로 콩나물 덕택이라는 얘기가 있다 (물론 녹차도 한몫했다). 그들이 이렇게 간단한 방식으로 비타민C를 보충할 때 유럽인 동료들은 콩나물을 먹지 않아 질병에 시달렸다.

콩이냐, 콩나물이냐의 선택의 기로로 돌아가자면 각자의 취향과 입맛에 따라 달라지는 선택이라고 답할 수밖에 없다. 영양 성분의 구성은 크게 차이가 없기 때문이다.

　유전자 조작 기술이 사용된 콩인지 여부에 관계없이, 콩 종자에게도 수명이 있다. 싹을 틔우지 못하는 콩은 기본적으로 이미 수명이 다한 것이다. 콩나물을 키우는 데 관심이 있다면 밭에서 갓 수확한 콩을 콩나물 항아리에 넣는 것도 실패 확률을 줄일 수 있는 좋은 방법이다.

아스피린은 콩나물의 조력자가 되어줄까?

콩나물을 키울 때 아스피린 두 알을 물에 넣는 것도 도움이 된다. 아스피린이 콩 속에 함유된 초과 산화물 불균등화 효소와 페록시데이스의 수치를 높이기 때문이다. 이들은 세포막을 파괴하는 유리기의 작용을 효과적으로 억제한다. 아스피린의 농도를 물 1리터당 60밀리그램으로 조절하면 발아율을 40퍼센트에서 60퍼센트 내외로 높일 수 있다.

초록색 콩나물은 특별한 품종일까?

콩에서 싹이 틀 때 빛을 받으면 콩나물이 초록색으로 변한다. 콩나물이 자라던 보금자리를 적절하게 바꾸면 초록색 콩나물을 얻을 수 있다. 예를 들어, 콩나물의 자리를 빛이 들지 않는 질항아리에서 모래흙이 깔린 모종판으로 바꾸는 것이다. 하지만 콩나물을 생산할 때는 반드시 빛이 약하게 들어야 하므로 빛을 차단하는 망이 꼭 필요하다.

부추와 양기에 얽힌 오해

봄을 알리는 비가 내리고 나면 밭에 심은 채소들이 다시 푸른빛을 띠며 자라난다. 그런 채소 중 가장 먼저 모습을 드러내는 것은 부추다. 그즈음에 부추가 들어간 만두 한 접시가 식탁에 올라오면 봄기운이 저절로 느껴진다. 이 부추는 다른 부추와 달라서, 하우스에서 재배되어 1년 365일 먹을 수 있는 부추의 맛과는 확연한 차이가 난다. 그런데 봄 부추는 오래전부터 '장양초壯陽草(양기를 북돋우 는 풀)'라고 불리며 봄을 부르는 이미지가 변질되기도 했다.

나는 부추의 독특한 맛을 유난히 좋아했다. 학창 시절에 고깃집에 갈 때마다 구운 부추를 주문해서 같이 간 형들이 짓는 묘한 웃음을 견뎌내며 먹었다. 부끄럽지만 그 후로도 오랫동안 나는 그 웃음의 정체를 눈치 채지 못한 채 늘 구운 부추를 추가로 주문해 먹었다.

지금은 부추를 먹을 때 다른 의미로 혼자 갈등하게 된다. 몇 년 전에는 부추밭에 똥물로 거름을 준다는 말이 나돌았고, 최근에는 과도한 양의 농약이 검출되었다는 보도가 나왔다. 또한 신선도를 유지하기 위해 황산구리를 쓴다는 기사도 보도되었다. 부추는 차마 가까이하기 힘든 화근거리로 전락해버린 듯하다.

이런 부추를 과연 안심하고 먹어도 되는 것일까?

부추의 재주를 찾아서

|

부추는 중국에서 나고 자란 토종 채소다. 『시경』에 "2월이 되면 아침 일찍 염소를 바치고 부추로 제사를 지냈다"라는 구절이 나오는 것으로 보아 당시 사람들은 제사를 지낼 때 부추를 제단에 올렸던 것으로 보인다. 한나라 시대에 이르러서는 온실 시스템을 마련해 겨울철에도 부추를 생산했다. 부추처럼 독특한 매운맛을 내는 백합과 식물은 쉽게 재배할 수 있기 때문에 인기가 높았다. 특이하게도 잎의 성장을 담당하는 여러해살이뿌리는 쉽게 더 빼곡해져 '게으름뱅이도 키우는 채소'라는 별명까지 생겼다. 그런데 부추는 남성의 정력에 도움이 된다고 알려져 인기를 끌기도 했다. 부추의 다른 이름 '장양초'도 이런 이유에서 비롯되었다. 부추는 정말 신기한 효능을 가지고 있을까?

놀라운 효능을 인정받으려면 새로운 물질을 지니고 있어야 한다. 부추가 함유한 황화합물(다이메틸 다이설파이드, 다이알릴 다이설파이드diallyl disulfide)이 바로 부추를 어디서든 돋보이게 하는 특별한 성분이다. 인체의 생식계통에 작용하는 물질은 아직 발견되지 않았음에도 부추의 가능성은 계속 주목받았다. 부추의 독특한 매운맛은 20여 종의 이런 성분에서 비롯된다. 이 물질들은 생물학적 농약으로 기능하는 면이 있어, 진균을 억제하는 한편 부추로부터 채소와 과일의 품질을 훼손하는 해충을 쫓아낸다.

부추는 아연이라는 또 다른 신기한 물질을 포함한다. 아연은 '양기를 북돋우는 성질'을 대대적으로 홍보하기 위한 과학적 근거이기도 하다. 하지만 실제로 부추에 들어 있는 아연은 100그램당 0.43밀리그램으로, 상당히 낮은 수치다. 동일한 중량의 생굴의 아연 함량은 71밀리그램에 달하고, 표고버섯조차도 8.6밀리그램을 함유해 부추보다 훨씬 많은 양이다. 아연으로 남성의 기능을 강화하고 싶다면 구운 부추를 몇 접시씩 해치우기보다 차라리 표고버섯 두 송이를 먹는 편이 더 낫다. 지금까지의 실험 보고에 따르면, 아연의 기능은 주로 남성 성 기관의 정상적 발육을 촉진하고 정자의 활성 상태를 유지하는 것이다. 아연을 적게 함유하고 있는 부추를 먹고 남성의 양기를 돋우려는 생각은 지나친 욕심이다.

부추는 특별한 성분을 지닌다는 이유만으로 그 효능이 지나치게 부풀려진 것은 아니다. 좀 더 보편적인 비타민C, 다당류 물질을 풍부하게 함유한다는 사실마저 양기를 북돋는 데 도움이 된다는 식으로 연관 짓는 판국이다. 알다시피 이들은 우리 몸에 도움을 줄 뿐 남성의 기능을 강화하는 것과 연관성이 없다. 더군다나 이런 영양소는 부추만 공급할 수 있는 특별한 성분이 아니다. 배추의 비타민C 함량(100그램당 47밀리그램)은 부추(100그램당 24밀리그램)보다 훨씬 높다.

양기를 북돋운다는 말의 출처

양기를 돋우는 '장양'설을 뒷받침할 만한 유일한 증거는 오래된 의서 속에 존재한다. 이 주장의 근거를 찾기 위해서는 의서에서 부추의 효능을 어떻게 기록했는지 다시 한번 살펴봐야 한다. 『본초강목』에서는 부추를 몽정과 관련지어 언급한다. "생즙을 마시면 기가 위로 솟구치고 숨이 차오르며 몸의 독을 해소한다. 즙을 끓여 마시면 갈증을 해소하고 식은땀이 멎는다"라거나 "(부추로 치료를 하면) 꿈 속에서 무의식중에 정액이 몸 밖으로 흐른다"라는 대목이 그렇다. 하지만 부추가 남성의 기능과 관련되어 있다는 내용은 아니다.

장양설의 증거로 중요하게 여겨지는 대목은 다른 고서에 나온다. 『본초습유本草拾遺』에서는 "부추를 삶아 먹으면 중추 기능을 따뜻하게 하고, 기를 아래로 내리고, 허한 곳을 보충하고, 오장육부를 조화롭게 해 식욕을 돋우고, 양기를 보충하고, 농양과 복통을 멈추게 한다"라고 기록하고 있는데, '양기를 보충한다'라는 구절이 관건이다. 그러나 '양기'를 남성 기능으로 보는 것은 무리한 해석일 수밖에 없다.

부추의 장양설은 웰빙 문화를 바탕으로 한 현대판 신화와도 같다. 부추가 양기를 돋우는지 여부와는 별개로 부추와 달걀을 넣은 물만두는 내가 가장 좋아하는 음식이다. 장양설은 그저 기분을 나아지게 하는 심리적 위안제일 뿐이다.

부추의 색을 유지하는 진짜 재주꾼, 황산구리

만두, 부침개, 밑반찬으로 두루 활용되는 것도 모자라 고깃집에서도 없어서는 안 될 존재인 부추는 누가 뭐래도 대중적인 식재료다. 이 공공연한 사실에 이의를 제기할 사람은 없을 듯하다(고깃집의 구운 부추 맛은 정말이지 끝내준다). 하지만 한때 부추는 농약이나 신선도 유지제 사용 논란에 휘말려 곤욕을 치렀다. 일부 비양심적인 장사꾼들이 부추가 더 신선하고 연하게 보이도록 황산구리를 뿌린 것이다.

부추를 약품 처리하는 이유는 크게 두 가지다. 우선 약품은 부추의 초록빛을 오래도록 유지하는 데 도움이 되고 부추가 부패하는 것도 막아주기 때문이다. 초록색 빛깔은 의심의 여지 없이 엽록소가 결정하므로 색을 유지하려면 엽록소의 양을 안정적으로 확보해야 하고, 부패를 방지하기 위해서는 미생물과 대적해야 한다. 그렇다면 논란의 중심이었던 황산구리는 부추를 위해 두 가지 임무를 수행할 능력이 있는 물질일까?

논란이 된 황산구리는 담반$_{CuSO_4 \cdot 5H_2O}$이다. 정제된 황산구리 분말은 하얀색이지만, 담반은 황산구리 분자와 물 분자 다섯 개가 결합해 만들어진 옅은 푸른색 결정체다. 황산구리를 구성하는 성분 중

부추에게 봉사하는 원자는 구리 이온이다. 구리 이온은 잎의 엽록소를 보호하고 진균을 박멸하는 데 모두 효과가 있다.

구리 이온은 맡은 바에 최선을 다하는 경향을 보인다. 반면, 마그네슘 이온은 엽록소의 핵을 이루는 포르피린고리porphyrin ring의 일부지만 천성적으로 활달한 탓에 멋대로 자기 직무를 소홀히 한다. 구리 이온은 마그네슘 이온을 대신해 고리 모양 구조 화합물인 포르피린 고리에 들어가기만 하면 절대 자리를 이탈하지 않는다. 마그네슘의 직무 유기로 엽록소가 분해되고 잎이 누렇게 말라가는 현상이 일어날 수 있으나, 구리 이온이 애초에 이를 방지한다. 엽록소에 구리 이온이 자리 잡으면 엽록소 자체가 초록색을 띠게 된다는 사실은 한층 더 흥미롭다. 그래서 식물학자들은 황산구리를 식물 표본의 색을 보존하기 위한 약품으로 자주 이용한다.

항진균 작용 역시 황산구리의 재주다. 이런 능력을 이용하고자 황산구리와 석회를 배합해 만든 농약 보르도액bordeaux mixture이 광범위하게 사용되곤 했다. 자연은 자체적으로 황산구리를 이용하기도 한다. 식물 중에서도 말냉이Thlaspi arvense와 같은 종은 토양 속의 구리 이온을 흡수해 진균의 침입에 대항한다.

엄밀하게 따지면 황산구리에 독성이 있다고 보도한 일부 언론의 기사는 거짓말이 아니다. 하지만 독성이 장기에 미치는 영향에 관한 내용은 다소 부정적인 경향으로 치우쳐 있다. 실제로 구리 이온과 적혈구가 결합하면 적혈구는 파괴되고 혈뇨, 흑색뇨 등의 증상이 나타난다. 또한 황산구리는 소화기관에 작용해 구토 등의 심각한 증상을 유발하기도 한다. 하지만 동물실험 결과에 따르면 쥐에게 체중 1,000그램당 황산구리 300밀리그램을 먹였을 때 반수 치사량에 도달했다. 사람의 경우 500밀리그램을 먹으면 구토를 하고, 10그램 이상을 섭취하면 치명적일 수 있다.

대중매체가 황산구리가 지닌 검은 그림자의 실마리 하나를 폭로한 것은 사실이지만, 자칫 이 하나가 전체 모습인 양 눈속임당할 수 있다.

실수로 황산구리를 먹었다면 어떻게 해야 할까?

어떤 물질이든 안전하다고 공표된 양을 초과해 사용하는 것 자체가 범죄이지 않을까? 친한 친구가 무심코 물어온 이 질문에 답하기 위해 문헌을 찾아보니 임상에서 황산구리를 먹고 급성 중독 증상을 일으킨 사례는 극히 드물었다. 원인은 두 가지로 나뉘었다. 우선 황산구리는 색을 띠는 물질이어서 쉽게 피할 수 있고, 섭취하더라도 금속 맛을 강렬하게 느끼는 동시에 구토 반응이 일어나 더는 입에 대기가 힘들다.

일반적으로 진균의 대다수가 구리 이온에 매우 민감하게 반응한다. 진균을 무찌르는 보르도액의 황산구리 농도는 1퍼센트다. 식물 표본을 만들 때 통용되는 절차에서는 폼알데하이드와 황산구리를 각각 5퍼센트씩 혼합한 용액에 표본을 넣고 1~5일 동안 내버려둔다. 단순히 물에 '씻고 헹구는 것'으로는 넘볼 수 없는 뛰어난 항진균 효과를 이끌어내는 처리법이다. 만약 보르도액이 아니라 이 용액으로 처리한 채소를 황산구리 중독이 될 때까지 모르고 먹느니 차라리 황산구리 용액을 한 모금 마시는 것이 더 나을 듯하다.

일각에서는 황산구리가 체내에 축적될지도 모른다며 걱정하지만 사람의 몸에서는 신진대사가 원활하게 일어나 황산구리를 배출한다. 황산구리는 인체에 꼭 필요한 성분인 구리 이온을 데리고 함께 담즙으로 들어가 체외로 배출된다. 황산구리를 쓰지 않더라도 부추는 쉽게 누렇게 변하지 않는 채소다. 물론 가능한 한 신선한 상태로 빨리 팔아야 하겠지만(초록색 부추라도 시들어버렸다면 누가 사겠는가), 그렇다고 해서 푸른 부추에 색소로 색을 더하는 것은 지나치다.

한편 재배 당시 부추에 보르도액을 뿌렸다면 그 부추는 색소 처리를 한 것처럼 보일 것이다. 부추에 농약이 잔류하면 구리의 파란빛이 돈다. 부추 밑동의 남은 잎은 부추를 벨 때 습관적으로 함께 수확하게 되는데, 이 부분에 농약이 남아 있을 가능성이 가장 크다. 지금은 진균을 죽이는 약이 빠르게 개발되면서 보르도액도 뒷전으로 밀려나는 추세라서, 부추가 황산구리와 접촉할 기회도 줄어들었다.

황산구리에게 오직 사악한 면만 존재하는 것은 아니다. 이 사실을 분명히 짚고 넘어가야 한다. 황산구리는 생활 속에 언제든 끼어들 수 있다. 예를 들어, 사람의 몸은 미세한 양이지만 구리 원소를 필요로 하기에 황산구리 용액이 첨가된 영양제를 복용해도 된다. 중국의 「식품안전 국가표준 GB 14880-2010」에도 황산구리를 구리 영양소의 출처로 삼을 수 있다고 명확히 표기한다. 또 유제품 속 구리 첨가량은 체중 1킬로그램당 3~7.5밀리그램이며, 수분을 함유하지 않는 황산구리의 양으로 환산했을 때 구리 섭취량의 상한선은 1킬로그램당 12~16밀리그램이다. 합법적인 식품 첨가물인 동클로로필린나트륨은 초록빛을 띠는 케이크 장식에 사용된다. 이런 구리 이온은 식물체 내에서 완전히 제거하고 사용할 수 없다. 어쩌면 초록색 음료와 초록색 디저트를 많이 먹었을 경우 섭취한 구리의 양이 부추를 먹었을 때보다 훨씬 많을지 모른다.

우리는 부추에 교묘한 수법을 이용하는 장사꾼들의 존재를 배제한 채 부추를 마주할 수 없다. 약품의 효과가 유효하기 때문이다. 번거롭겠지만 여러 번 씻고 헹구는 과정을 거치기만 해도 금속 냄새가 강한 부추를 먹지 않아도 된다. 물로 씻어내는 것만으로도 기본적으로 지뢰밭은 피할 수 있는 셈이다.

채소의 푸른색 알갱이, 메타알데하이드

부추와 배추, 유맥채의 잎에는 파란색 알갱이가 자주 보인다. 이 알갱이의 정체는 달팽이, 왕우렁이 등 복족류를 죽이는 농약 메타알데하이드metaldehyde다. 달팽이처럼 귀여운 존재를 왜 죽여야 할까? 이들의 식욕이 너무 왕성하기 때문이다. 달팽이가 배를 채우기 시작하면 우리가 먹을 만한 신선한 채소는 하나도 남아 있지 않게 된다. 그런가 하면 왕우렁이는 논 전체의 벼 수확량을 절반으로 줄이는 위력을 발휘한다.

당연히 알갱이에는 독성이 있다. 사람과 물고기에게는 독성이 경미하지만 복족류에게만은 강한 독성을 드러낸다. 작정하고 일부러 많은 양을 삼키지 않는 이상 중독될 가능성은 크지 않다. 성인이 급성 중독될 정도의 양은 1킬로그램당 343밀리그램이다. 몸무게 50킬로그램의 일반 성인이 대략 17그램을 먹으면 중독된다는 말이다. 일반적으로 채소에 10퍼센트보다 낮게 함유된 메타알데하이드 과립제의 두세 배에 해당하는 양이다. 이 정도로 알갱이 범벅이 된 배추를 먹고 싶은 사람이 있을까?

메타알데하이드는 물에 잘 녹지 않으므로 잎 표면을 반복해서 꼼꼼히 씻어내야 한다. 장시간 물에 담가두는 것은 절대 피하는 대신 흐르는 물에 씻어야 한다. 고여 있는 물에서는 약품이 채소 깊숙이 스며들기 때문이다. 토양 속에서는 그나마 빠르게 분해되는 편이다. 반감기는 1.4~6.6일이고, 수확 후 보름이 지나면 농약이 잔류하는 양이 크게 줄어든다. 이 농약은 끝까지 달라붙지 않고 아주 빠르게 사라지니 마음을 놓아도 된다.

나는 친구들과 윈난의 식당에서 늘 구운 부추를 추가해 주문한다. '양기를 북돋는' 따위의 말은 안중에도 없고 그저 부추 특유의 식감과 향을 포기할 수 없을 뿐이다. 사실 미식가에게 영양과 효능 문제는 뒷전이다. 우리는 그저 부추 맛을 즐기는 데 집중한다.

노란 부추는 부추가 변한 식물일까?

노란 부추의 부드러운 식감은 일반 부추와 비교할 바가 아니다. 수확 후 어두운 곳에 둔 부추가 노랗게 변한 것이라는 설도 돌고 있지만 실제로 그렇게 하면 시들어버린다. 노란 부추는 빛을 차단한 환경에서 자란 연한 잎 부추다. 부추는 뿌리에 양분을 저장할 수 있으므로 빛을 차단했을 때 광합성을 하지 못하게 되더라도 노란색 부추가 자라난다.

어떻게 부추 냄새를 없앨 수 있을까?

입 냄새에 예민한 사람이라면 부추를 꺼리게 된다. 부추를 먹고 난 후 입안에 남아 있는 냄새를 처치하기가 곤란하기 때문이다. 양치질은 냄새를 없애기 위한 가장 좋은 방법이다. 양치질할 상황이 아니라면 찻잎을 씹거나 우유를 마시는 방법도 효과적이다. 모두 부추를 적당히 먹은 사람에게나 적합한 해결책이다. 부추를 넣은 만두를 너무 많이 먹었다면 트림할 때마다 풍길 수밖에 없는 부추 냄새에서 구제해줄 수 없다.

식탁 위 천마와 석곡의 맹활약

매일 난초 더미 속에 웅크리고 앉아 난초가 벌레를 어떻게 속이는
지 관찰한 적이 있다. 난초의 일종인 두란兜蘭의 꽃에는 꿀이 없다.
그런데 수벌이 꽃송이로 날아 들어왔다가 함정에 빠지면 비틀거리
며 꽃잎 속에서 빠져나온 뒤 난초 꽃가루를 묻힌 채 별안간 또 같
은 종의 다른 꽃을 향해 돌진한다. 동물이 식물의 유혹에 속수무책
으로 걸려드는 것은 자연의 섭리다. 속임수에 불과할지라도 속아
주지 않을 수 없는 것이 동물의 본능이니 말이다.

식사 자리에서도 난초 생각이 머릿속을 떠나지 않았고, 꼬리에
꼬리를 물다가 "사람은 재물 때문에 목숨을 잃고, 새는 먹이 때문
에 죽는다"라는 옛말을 떠올리는 지경에 이르렀다. 이때 옆에서 한
참 동안 아무 말 없이 앉아 있던 친구가 불쑥 말을 꺼냈다.

"네가 연구하는 난초는 먹을 수 있어?"

"아니, 하지만……."

"못 먹어? 그런 걸 뭐 하러 연구해?"

친구는 다시 입을 다물고 식사를 이어갔고, 나는 금방이라도 튀
어나올 듯한 말을 꾹 참은 채 황당한 표정으로 바라볼 뿐이었다.

'물론 몇 개 되지는 않지만, 난초 중에도 먹을 수 있는 게 있어.'

자신을 위해 일꾼을 고용한 똑똑한 천마

|

천마Gastrodia elata의 꽃을 처음 보았던 곳은 선전深圳시 난초과 식물보

호연구센터였다. 그곳의 육묘장에서 자라던 천마의 밤색 줄기 위에서는 작은 꽃이 같은 색으로 피어났다. 활짝 핀 꽃잎은 살짝 흰빛이 돌아 마치 먹이를 달라고 짹짹거리는 새끼 새들이 가지 위로 내려앉은 모양새였다. 이런 풍경을 찾아보기 힘들어진 지는 꽤 오래되었다. 천마가 꽃을 피우기도 전에 약재상이나 식당에 팔려 가기 때문이다. 천마 꽃의 아름다움 따위는 안중에도 없는 그들에게는 이 식물의 줄기만 필요하다.

친구들에게 천마도 난초의 일종이라는 사실을 알려주면 다들 의아한 표정을 지을 게 뻔하다. 사실 천마는 의외로 낯설지 않고 익숙한 존재다. 한약재 가게에서 천마의 이름을 내걸고 각종 약품을 파는가 하면 윈난의 명물로 불리는 '천마 증기 닭백숙'도 천마의 이름을 널리 알리는 데 한몫했다.

천마의 맛은 식탁에 오르는 약재상 출신 형제들보다 무난하게 느껴진다. 약간의 신맛과 단맛을 제외하면 이상하다고 느낄 만한 맛은 나지 않는다. 천마는 감초만큼 진하지 않고, 삼칠처럼 쓰지 않으며, 어성초와 달리 거부감을 느끼게 하지 않는다.

지금의 천마를 진귀한 약재로 인식하는 사람은 없다. 사람들은 천마를 재배하는 법을 터득했고, 문제점을 해결하는 과정은 원예 학계의 모범이 되었다. 천마는 평생 초록색 잎이 나지 않는 부생식물이다. 다른 부생식물처럼 천마는 진균을 '고용'해 일을 부려먹고 에너지 공급원으로 쓴다. 진나라 사람들은 천마가 하얀색 균사체와 항상 함께 자라나는 것을 발견했지만, 그 당시에는 대수롭지 않게 여겼다. 그래서 1970년대 이전까지도 인공적으로 재배하지 못해 모든 판매용 천마는 야생에서 나고 자란 것들이었고, 수요가 증

가하면서 천마는 멸종 위기에 처했다. 그 후 연구가 새롭게 진행되면서 천마와 함께 자라는 하얀색 균사, 즉 뽕나무버섯이 천마에게 좋은 자양분을 공급한다는 사실이 밝혀졌다. 이 사실을 이용해 인공 배양한 천마가 대량으로 출시되었다.

그러나 천마의 호시절은 오래가지 않았다. 몇 년 동안 천마의 생산량은 급격히 떨어졌고, 천마의 종자는 더 이상 싹을 틔우고 싶어 하지 않는 것처럼 보였다. 답답한 상황이 이어지는 가운데 과학자들은 또 다른 진균, 흰애주름버섯을 발견했다. 이 진균은 천마를 위해 먹을 것과 마실 것을 제공할 수 있었다. 단지 천마의 싹이 트고 나서 생장하는 동안에만 일을 해서 뽕나무버섯과 활동 시기가 다를 뿐이었다. 드디어 난관을 극복한 과학자들은 비로소 천마를 대

량으로 생산할 수 있었다.

옛날 한의학에서 천마는 '풍사風邪' 병증에 대항할 수 있다고 보고, 그 의미를 담아 천마를 '정풍초定風草'라고도 불렀다. 중추신경계의 병변을 통칭하는 풍사는 뇌경색으로 인한 뇌졸중도 포함한다. 천마는 풍사에 맞서 신경을 안정시키고 진정 작용을 한다. 그렇다면 실제로 천마는 어떤 기능을 할 수 있는 것일까?

화학적 분석을 통해 천마에 함유된 유효 성분인 가스트로딘 gastrodin의 존재가 밝혀졌다. 가스트로딘은 경련을 부분적으로 억제하지만, 간질과 같이 모르핀이나 스트리키닌이 경련을 유발하는 경우는 다르다. 이때는 효과가 없어 경련 치료에 대한 평가는 그때그때 달라진다. 한편 가스트리딘은 신경을 안정시키기도 한다. 대뇌 속 도파민과 노르아드레날린의 수치를 낮추어 신경 활동을 억제하는 원리일 가능성이 크다. 원숭이에게 가스트로딘을 주사했을 때 원숭이의 신경이 확실히 안정되었다. 천마는 신경계에 어느 정도 효과가 있는 것이 분명하다.

안정성 역시 높이 평가받고 있다. 실험용 쥐에게 체중 1킬로그램당 5,000밀리그램의 가스트로딘을 사흘 동안 연이어 주사했지만 여전히 움직임이 활발했고 사망하기는커녕 중독 증상을 보이지도 않았다. 이 양은 체중이 60킬로그램인 성인이 1.2톤의 천마에서 섭취하게 되는 가스트로딘의 양과 맞먹는다.

많은 사람이 천마의 효능을 믿고 싶어 한다. 적어도 그 맛을 보면 반기를 들고 싶지 않게 된다. 증기로 요리한 천마 닭백숙은 웬만한 사람의 눈에 일반 닭백숙보다 훨씬 고급스러워 보인다. 수요가 늘어날수록 천마는 대량으로 재배하는 식물로 주목받으며 비옥한 땅에 자리 잡게 되었다. 게다가 흙을 고르고 해충을 제거해주는 전문가의 손길까지 더해졌다.

화려한 식탁 위의 댄서, 석곡

천마 외에 난초 일가의 다른 식구들도 식탁 위에서 맹활약하고 있다. 우리는 대부분 난초 하면 아름다운 외형만 생각한다. 그래서인지 음식점에서는 난초를 장식으로 사용하는 경우가 많다. 주방장은 요리 접시 위에 보라색 작은 꽃을 올려놓고 여섯 개의 꽃잎과 정교한 꽃술대를 더해 독특하게 연출하기도 한다. 요리의 품격을 높여주는 작은 꽃들의 이름은 바로 석곡속 식물이다.

석곡은 내가 야외에서 본 꽃 가운데 가장 화려한 색채를 지닌 난초과 식물이다. 석곡속은 1,000여 개 종을 포함하고, 거의 모든 종이 화사한 색감을 자랑한다. 비록 짙은 향기는 없지만 어렵지 않게 발견할 수 있다. 숲속에서 석곡의 보라색, 노란색, 붉은색 꽃이 두드러지게 눈에 띄기 때문이다. 다채로운 색깔은 곤충을 유인해 꽃가루를 퍼트리기 위한 도구다. 꽃들은 호객 행위를 하기 위해 지저분한 나무 밑동보다 비교적 넓고 쾌적한 공간이 확보되는 커다란 나무 줄기와 가지 위에 자리 잡는다. 석곡은 나무로 우거진 숲속에서 뜻밖의 환상적인 공중 정원의 비경을 조성한다.

석곡은 직접 재배해 상품으로 분양해도 될 정도로 아름다운 색으로 휘황찬란하게 자신을 치장한다. 서양 원예사들이 이들을 그냥 둘 리 없었다. 끊임없는 교잡과 개량을 통해 탄생한 꽃은 화훼 시장의 생화 품종으로 거듭났다. 그 덕에 우리는 꽃바구니나 고급 레스토랑의 요리 한편에 고개를 내민 아름다운 교잡종 석곡을 볼 수 있다. 지금은 서양에서 들여온 교잡종이 석곡 시장을 점령하고 있다.

중국에서는 일찌감치 석곡에 눈독을 들여왔다. 꽃은 다른 식물과는 달리 꽃밭이나 정원이 아니라 약재상으로 향했다. 사실 이 식물은 매끈하게 뻗은 줄기를 지녔으나 꽃에서는 향기가 나지 않아 중국 정원사들의 관심 대상이 아니었다. 철피석곡鐵皮石斛으로 대표되는 약용 석곡에는 아주 긴 역사가 살아 숨 쉰다. 『신농본초경』과 『본초강목』에도 석곡을 약용으로 사용한 기록이 남아 있다. 이 책들에 따르면 석곡은 위를 보호하고, 음기를 보양하고, 열을 내리고, 기침을 멎게 하고, 호흡기를 촉촉한 상태로 유지하는 효과가 있다. 최근 몇 년 사이의 연구 결과는 석곡의 다당류가 면역 체계를 강화하고 어떤 석곡의 추출물은 종양의 성장을 억제하면서 위장의 기능을 촉진한다고 밝힌다. 하지만 석곡은 당장 효과가 나타나는 만병통치약이 아니다. 석곡의 약용 가치에 대한 연구가 좀 더 필요할 듯하다.

광고를 통한 홍보 효과 또한 계속 커지고 있고 약용 석곡의 수요와 생산량도 가파르게 증가하고 있다. 1960년대에 연평균 70톤 생산된 석곡은 1980년대에 600톤까지 생산되었으며 지금은 생산량이 무려 1,000톤에 달한다. 게다가 이 수치는 계속해서 신기록을 갱신 중이다. 석곡의 가격도 급상승해 말린 철피석곡의 그램당 판매 가격은 10위안이 넘는다. 그야말로 식물계의 황금이 따로 없다.

수요가 증가한 나머지 철피석곡, 곽산석곡霍山石斛처럼 전통적으로 약에 쓰이던 식물이 아니더라도 사람들은 야생 석곡을 무분별하게 채취하는 데 이르렀다. 게다가 자연 상태에서 석곡의 생장 속도는 유난히 느려 가장 빨리 자라는 종의 줄기가 성장하는 길이는 매년 센티미터 단위로 측정된다. 야외에서 1미터 이상 자란 석곡의 비늘줄기를 찾아보기가 힘들 지경이다. 10년 전만 해도 어른 키를 뛰어넘는 석곡이 흔했지만 지금은 희귀해졌다. 다행히 석곡의 재배 기술이 획기적으로 발전하면서 인공 재배한 석곡밭이 활짝 핀 꽃들로 넘실거릴 날도 머지않았다.

천마의 똑똑한 행보에서 석곡의 일시적인 비극까지, 이 모든 광경을 살펴보았다. 난초들이 제각기 생존 방식을 제대로 선택한 것인지 묻는다면 식물학자로서 대답하기 난처해진다. 이것만은 확실하다. 지하에 숨어 지내든 공중에서 꽃망울을 터트리든 이 식물 요정들은 기어코 모두 자신만의 방식을 찾아 자연환경에 도전해왔다. 그리고 지금 그들은 인류의 식탁 위에서 새로운 모험의 첫발을 막 내디딘 참이다.

야생 천마와 인공 재배 천마를 어떻게 구분할 수 있을까?

가장 좋은 방법은 실험실로 보내 DNA 검사를 하는 것이다. 유전적으로 확연한 차이를 보이기 때문이다. 인공 재배 개체의 유전적 배경은 야생 개체보다 훨씬 단일하다. 외관상으로는 두 개체를 구별하기 어렵고, 유효 성분도 크게 다르지 않다. 그렇다면 대의를 위해 인공 재배 천마를 구매하는 것을 추천한다. 소비자 자신의 돈을 절약하는 것은 물론 천마 일가의 명맥을 유지할 수 있다. 더 나아가 인공 재배 천마를 사는 것이 생태 환경을 위해 옳은 일이다.

마음을 흔드는 마성의 꽃

"식색성야_{食色性也}", 즉 식욕과 성욕은 인간의 본성이다. 자신의 생존을 위한 '식'과 자손을 낳기 위한 '색'은 인류의 대표적인 생물학적 욕구다. 이런 본성 덕에 인류의 역사가 지속될 수 있었다.

　두 가지 욕구는 늘 하나로 묶여 있다. 특히 인류가 성과 사랑을 즐기는 과정에서 일부 식물은 인간의 감각기관을 자극하는 중요한 임무를 떠안았다. 그렇다면 이 식물들은 무사히 임무를 완수해 남녀의 사랑을 위한 위대한 프로젝트를 추진할 수 있을까?

백합은 사랑의 꽃이 아니다

청나라 시대를 배경으로 인기리에 방영되었던 드라마에서 나온 이야기다. 임신 5개월 차인 청나라의 한 황비에게 그녀와 원수지간이었던 여인이 끊임없이 백합을 선물했다. 시청자들은 황비가 백합 꽃가루에 과민 반응을 보인 나머지 유산을 할 거라고 나름대로 추측했다. 하지만 한발 앞선 작가의 상상력은 보는 내내 감탄을 자아냈다. 백합은 비에게 직접적인 영향을 미치지 않았다. 예상과는 다르게 백합에 들어있는 영험한 약이 황비를 찾아온 황제의 정욕을 부추겨 합궁을 하게 만들었다. 그 영향으로 황비는 유산을 하고 아이를 잃고 말았다. 그렇다면 백합에는 최음제의 효과가 있는지 의문이 든다. 그렇지 않다면 백합은 어째서 사랑을 의미하는 꽃이 되었을까?

서양에서 백합은 순결의 상징이었다. 성모마리아를 그린 종교화에서는 백합의 꽃술이 의도적으로 생략되어 있다. 이것은 사실주의에 기반한 서양 미술에서는 보기 드문 일이다.

동양의 고서에도 백합이 사랑과 관련 있다는 기록은 어디에도 없다. 단순히 '백합百合'이라는 두 글자에 담긴 의미 때문에 백합이

사랑을 상징하게 된 것은 아닐 것이다. 혹시 백합의 향 속에 남녀의 사랑을 이어주는 특수한 성분이라도 들어 있는 것은 아닐까?

인류가 반려자를 선택하는 과정에서 몸에서 나는 냄새가 아주 중요한 역할을 한다는 연구 결과가 적지 않다. 인간이라면 누구나 태어날 때부터 특별한 냄새를 가지고 있다. 사람들은 유전자 차이를 의미하는 이 특별한 냄새를 감별해 배우자를 선택한다. 사람의 냄새를 제외한 외부의 냄새가 배우자를 판단하는 과정을 방해한다는 사실을 활용해 향수 산업이 탄생했다. 나는 식물학자의 입장에서 이 문제에 대해 전문가들과 이야기를 나눈 뒤 "꽃향기가 유전자 복합체major histocompatibility complex, MHC(주조직 적합성 복합체)에 미치는 영향은 알려진 바가 없다"라는 결론을 얻었다. 엄격하게 통제된 실험을 거친 뒤 백합 향기의 주요 성분이 리날로올linalool과 시스형 오시멘cis-Ocimene이라는 사실 또한 밝혀졌다. 나머지는 간단한 페놀류와 에스터류esters 물질이며, 동물 호르몬과 관련된 성분은 없었다. 한 마디 덧붙이자면 나는 백합 향기를 좋다고 느껴본 적이 단 한 번도 없다.

요리에 쓰이는 백합이 분위기를 살린다고?

백합꽃은 낭만적인 분위기를 자아내지 못하지만 요리에 쓰이는 백합의 비늘줄기에는 이런 신비로운 효과가 있지 않을까? 셀러리 백합 볶음, 백합 흰목이버섯죽과 같이 비늘줄기를 넣어 요리한 음식이 한창 유행하기도 했다.

대가족인 백합속 집안 구성원은 식용과 화훼용 품종을 모두 합해 대략 80종에 달한다. 중국에서는 그중 39종이 자란다. 꽃집에서 내놓는 백합은 여러 번의 복잡한 교잡을 거쳐 재배된 품종이다. 화훼용 백합 가운데 사향백합麝香百合이 상당히 중요한 지위를 차지하고 있고, 향수백합香水百合은 부활절백합을 교잡한 후손이다.

채소 시장에서 요리용으로 살 수 있는 마늘쪽과 닮은 백합은 모두 순수 혈통인 듯 보여도 참나리*Lilium lancifolium*, 천백합川百合, 변종인 난주백합蘭州百合 등 세 종류가 섞여 있다.

백합의 비늘줄기에는 많은 양의 전분이 저장되어 있다. 그래서 삶은 백합의 식감은 '면'의 맛과 흡사하고 단맛이 나는 당분의 맛도 느낄 수 있다. 말로 표현하자면 그 맛은 마치 얇게 썬 고구마나 마와 같다. 『본초강목』에서는 백합의 약효를 이렇게 설명하고 있다. "복통을 치료하고, 대소변의 배설을 원활하게 하며, 기운을 북돋운다. 부종, 복창, 한기와 열기를 치료하고, 인후가 막히고 호흡이 곤란한 증상을 낫게 하며, 눈물과 콧물을 멈추게 한다."

과학자들은 화학적 성분 분석과 동물실험을 통해 백합에 함유된 알칼로이드 성분이 실제로 기침을 진정시킨다는 사실을 알아낸 뒤 약품 제조 산업에 활용했다.

오래된 문헌을 보아도, 오늘날 검증된 증거를 수집해도 모든 자료를 통틀어 백합은 '성'과 무관하다. 백합의 비늘줄기를 먹고 몸을 튼튼하게 만드는 것도 보약이라는 두루뭉술한 접근 방식으로만 연결 지을 수 있을 뿐이다.

백합과 부추만큼 일상에서 흔히 볼 수 있는 식물은 아니지만, 강력한 '춘약'으로 알려진 잎과 종자를 가진 식물도 존재한다. 바로 잘 알려지지 않은 매자나무과 식물 삼지구엽초*Epimedium koreanum*다.

그러나 삼지구엽초는 희귀종이 아니다. 늦봄에서 초여름 사이에 서남 지역의 산과 그 언저리를 헤매고 돌아다니는 동안 옅은 사각형 모양의 하얀 꽃을 자주 마주칠 수 있다. 자세히 들여다보면 이 식물의 잎 가장자리에는 작은 가시가 나 있다. 그 지역을 답사할 때마다 가이드의 손에 이끌려 삼지구엽초로 담근 약주를 마시러 가고는 했지만 술을 마신 후에 별다른 이상 징후를 감지한 적은 없었다. 가끔 배 속에서 열이 후끈 달아오르는 느낌은 들었는데, 알코올의 자극 때문인지 아니면 말로만 듣던 삼지구엽초의 효과 때문인지는 알 수 없는 일이었다. 담금주를 나눠 마시고 나서는 늘 꼬불꼬불한 산길을 걸어 내려와 비틀거리며 숙소로 돌아갔다. 숙소에 무사히 도착했으니 몸에 이상이 없었던 것만은 확실하다.

이 매자나무과 식물의 이름에 얽힌 비화가 있다. 숫양에게 삼지구엽초를 먹였더니 충동적으로 변해 암양과 끊임없이 교배하려 들었다는 이야기가 전한다. 그래서 삼지구엽초는 음탕한 양이 먹는 풀이라는 의미를 담아 음양곽이라는 이름으로도 불린다. 이런 이유로 삼지구엽초는 예부터 양기를 보충하는 약으로 사용되었다. 『본초강목』에서는 삼지구엽초의 효과를 이렇게 기록하고 있다. "성질이 따뜻하고 차가운 기운이 없으니 정기를 보충하는 데 도움이 되고…… 양기가 부족한 사람에게 좋다."

옛 선인들은 흥미롭게도 삼지구엽초를 먹지 말아야 하는 경우도 기록했다. 『본초경소本草經疏』를 보면 몸이 허약한 사람이 삼지구엽초를 먹는다면 새로운 문제가 생길 수 있다는 기록이 있다. 그러고 보면 삼지구엽초는 고대의 비아그라 격 식물이었을지도 모른다.

예전의 한 실험에서는 삼지구엽초의 추출물이 생쥐 고환의 발육을 촉진하고, 혈중 테스토스테론 농도를 높인다는 결과를 선보였지만, 삼지구엽초가 우리 몸에 작용하는 원리는 명확하게 규명되지 않았다. 이 실험이 정확하더라도 삼지구엽초는 건강의 '기초를 다지는' 약에 가까울 뿐 비아그라와 같은 효과는 거둘 수 없다.

약재와 조미료의 두 얼굴, 육두구

|

육두구과 식물인 육두구야말로 바다 건너 들여온 순수한 정력제다. 육두구의 생김새를 관찰해보면 갈색 씨앗 껍질의 바깥쪽을 붉은색 망사 모양의 헛씨 껍질이 감싸고 있어 마치 동그란 도토리에 붉은색 망사 양말을 신긴 것처럼 보인다. 이 붉은색 망사 양말을 향료로 사용한다.

중국에서 자라는 카다멈(두구)은 생강과 식물의 열매로 수육이나 홍샤오紅燒(고기나 생선 등에 기름과 설탕을 넣고 살짝 볶은 뒤 검붉은색이 될 때까지 간장과 함께 익히는 요리법_역자) 요리에 자주 들어간다. 카다멈의 향은 우리가 익히 아는 생강과 비슷하다. 이 식물은 찬바람이 채 가시기 전 이른 봄 음력 2월에 꽃을 피우는 식물이다. 이런 카다멈의 습성을 빌려와 꽃봉오리가 막 터질 무렵 꽃다운 나이의 소녀를 뜻하는 '두구연화豆蔻年華'라는 표현도 만들어졌다.

육두구는 카다멈과 완전히 다른 우람한 육두구과 식물로 동남아시아의 열대우림에서 자란다. 원산지에서도 최음제로 줄곧 사용되어 온 육두구는 헛씨 껍질에도 특별한 능력이 있다. 육두구의 겉껍질은 위장을 자극하고 식욕을 증진할 뿐 아니라, 순환계를 조절해 체온을 높일 수도 있다. 남녀의 일과 관련해서는 아마도 육두구에 함유된 미리스티신myristicin이 흥분과 환각을 일으키는 듯하다. 미리스티신은 독성이 있지만 소량만 섭취해도 바로 환각을 느끼게 하고 현실을 초월한 쾌감을 준다. 더 유용하게 쓰이는 부분은 미리스티신의 함량이 높은 육두구의 씨앗이다.

로마 시대부터 육두구 종자는 최음제의 핵심 원료였다. 18세기 유럽에서는 신사들이 육두구 및 연마 도구를 몸에 지니고 남녀의 정을 나누기 위한 전장으로 향했다. 그 전장에서 진짜 목숨을 잃는 경우도 적지 않았는데, 육두구의 종자가 지닌 독성이 매우 강했기 때문이다.

다행히 육두구는 다시 본업인 조미료로 복귀했다. 화려한 색감을 뽐내는 육두구의 헛씨 껍질은 이국적인 요리에 모습을 드러냈고, 최음제였던 씨앗의 알맹이는 약재상에서 판매되거나 공업용 기름을 생산하는 데 쓰인다.

♈

백합의 꽃가루를 조심하세요!

전형적인 충매화답게 백합이 만들어낸 많은 양의 꽃가루 중 대부분이 꿀벌의 배 속으로 들어간다. 충매화가 곤충을 통해 꽃가루받이를 하는 꽃인 까닭이다. 우리에게 꽃가루는 그다지 호의적이지 않다. 백합의 꽃가루는 사람에 따라 심각한 알레르기 반응을 일으킬 수 있다. 그러니 만일을 대비해 사랑하는 사람에게 백합을 선물할 때는 꽃가루가 가득 달린 수술을 떼어내야 한다.

왜 뜨거운 기운이 올라올까?

나는 리치를 좋아하지도 않고 싫어하지도 않는다. 리치 가루가 어째서 붐을 일으키는지도 의문이다. 하지만 리치의 '화기火氣(뜨거운 기운_역자)'만은 지금까지도 잊히지 않는다.

대학 시절 교무처에서 성적 입력 작업을 도운 적이 있다. 교무처장께서는 고마움의 표시로 리치를 한 움큼 까서 600밀리리터짜리 콜라 잔에 담아주셨다. 차마 버릴 수 없어 룸메이트와 함께 리치로 배를 채웠는데, 다음 날 잠에서 깼을 때 눈이 잔뜩 부어 뜰 수 없을 지경이 되어버렸다. 리치 때문에 그렇게 되었는지 정확히 알 수 없지만 그날처럼 '화기'가 올라올까 봐 리치를 꺼리게 되었다.

과일마다 가지는 차가운 기운과 뜨거운 기운에 관해 한번쯤은 들어봤을 것이다. 사람들은 겨울철이 되어 건조해지면 "요즘은 화기가 올라오기 쉬우니 배를 좀 먹어 화기를 내려야 한다"라며 배를 찾고, 무더운 여름철에는 "리치를 그렇게 많이 먹으면 화기가 너무 강해질 수 있어"라고 조언한다. 과일은 차가운 성질과 뜨거운 성질의 두 무리로 나뉜다. 사람들은 배 껍질 안에는 얼음주머니가 있고, 리치 껍질 안에는 난로가 있다는 생각을 습관처럼 하게 되었다. 그렇다면 과일의 뜨거운 성질과 차가운 성질은 어떻게 생기게 되었을까?

뜨거운 기운으로 똘똘 뭉친
'알사탕'

북쪽 사람들이 리치를 먹어
보고 느낀 첫인상은 바로 열
이 오른다는 것이었다. 열이
오르면 어지럽고 메스꺼운
증상이 뒤이어 나타난다. 누가 이
무환자나무과 식물을 무더운 지역에
서만 자라게 두었는지 모르겠지만 리치를 볼
때면 남쪽 지방에서 불어오는 습한 열기가 저절로 떠오른다.

리치는 중국에서 나고 자란 과일나무이며, 남쪽 산간지대에는
야생 리치가 여전히 살고 있다. 기원전 1500년에 링난산맥 남쪽 링
난嶺南 지방 거주민들은 벌써부터 리치나무를 재배했다. 리치는 과
일 가운데서도 원로 격이며, 까다로운 조건을 맞춰주기를 요구하
는 편이다. 겨울철에는 따뜻하고 여름철에는 무덥고 비가 많이 내
리는 기후여야 리치가 만족할 수 있다. 그러므로 리치의 집은 광둥
과 광시 딱 두 곳에만 자리할 수밖에 없다. 수확 후 사흘이면 맛과
색이 변하는 리치는 괴팍하기 짝이 없는 식물이다. 예전에는 리치
대다수를 과수 농가에서 자체적으로 판매했다. 당연히 웬만큼 숙
련된 미식가가 아니라면 맛을 보기 힘들었다. 아니면 양귀비와 같
은 호사를 누리는 사람이어야 맛을 볼 수 있었다. 하지만 운송업이
발달한 오늘날에는 광둥과 광시를 넘어 전국 방방곡곡으로 쭉쭉
뻗어나갔다.

오래전부터 리치를 먹어온 사람의 몸에는 무조건 열이 오른다는 말이 검증된 학설인 양 그대로 굳어졌다. 리치의 계절이 오면 리치를 먹고 병에 걸린 친구들이 늘어났는데, 메스꺼움이나 어지럼증 등의 저혈당 증상을 보이는 이 병은 화기가 솟는 현상이 아니다. 사실 이들 증상은 리치의 독에 중독되었다는 증거다.

2013년 인도에서 진행된 유행병 역학 조사에서 리치와 리치 병의 관련성이 밝혀졌다. 리치 병은 히포글리신hypoglycin 독소 때문에 발병한다. 리치는 체내 포도당이 만들어지는 것을 억제하는 히포글리신 독소를 함유하고 있다. 매년 인도 북부에서는 100명이 넘는 아동이 공복에 리치로 배를 채우다가 중독되어 급성 뇌부종으로 사망한다. 병의 원인이 밝혀졌으니 리치 병을 신속하게 치료할 수 있는 길이 열렸다.

리치는 정상적인 식사에도 영향을 준다. 리치의 가장 큰 특징은 단맛인데, 단맛을 내는 당 성분을 함유하기 때문이다. 과일의 단맛은 자당과 과당으로 결정된다. 물론 과실 안에는 우리에게 더욱 익숙한 포도당이 풍부하게 들어 있지만, 포도당의 당도는 자당의 74퍼센트에 못 미치는 반면 과당의 당도는 자당의 1.7배다. 포도당과 백설탕을 탄 물을 마셔보면 단맛의 차이가 느껴질 것이다. 그러나 당도가 높다고 해서 무조건 몸에 좋은 성분인 것은 아니다. 우리 몸은 당도가 떨어지는 포도당을 도리어 선호한다. 모든 세포 활동은 기본적으로 에너지를 만들어내는 포도당에 의존한다. 과당은 간에서 한차례 우여곡절을 거쳐 포도당으로 변하고 나서야 비로소 몸속에서 활용된다. 이 모든 과정에서 에너지가 소모되기에 과당을 다이어트용으로 사용하는 데도 일리가 있다.

리치에 대량으로 저장된 과당은 단맛의 원천이 된다. 그렇다면 리치를 먹은 후 열이 나는 반응은 분명 이상한 현상이 아니다. 열기가 오르는 것의 주범도 과당이기 때문이다. 과당은 혀끝에 달콤함을 선사하더라도 포도당의 역할을 대신할 수 없다. 과당과 포도당이 아주 많이 닮은 친형제 사이라도 이 사실은 변하지 않는다.

한편 리치를 지나치게 먹으면 식사량이 줄어든다. 결과적으로 리치는 포도당의 섭취에 영향을 미친다. 포도당이 부족해지면 대뇌를 포함한 몸의 중요한 부속품이 정상적으로 기능하지 않으니 적정선을 지키면서 먹어야 한다.

화기의 범인은 비타민C와 카로틴

달콤한 과당 외의 다른 영양물질도 리치 병과 비슷한 증상을 일으킨다. 예를 들어 귤에 풍부한 비타민C와 카로틴도 숨겨져 있는 화기다.

몸에 좋은 영양소인 비타민C는 피부 콜라겐의 접착제 역할도 맡고 있다. 비타민C가 충분해야 아미노산이 규칙적으로 결합하고, 피부와 혈관도 비로소 탄력을 얻는다. 또한 비타민C는 강력한 항산화제이기도 해서, 생명 활동에서 생기는 강력한 산화 물질을 없앤다. 이미 잘 알려져 있듯이 몸속 메커니즘이 작동하려면 충분한 양의 비타민C가 필요하다.

그러나 많은 사람이 간과하는 사실은 체내에 비타민C가 지나치게 많아도 질병을 유발할 수 있다는 것이다. 비타민C를 과다 복용하면 메스꺼움, 구토, 발진 등의 증상이 나타난다. 귤을 많이 먹으면 과도한 비타민C가 몸에 들어와 중독 반응이 일어나고 열도 함께 올라온다.

비타민C를 제외하더라도 뜨거운 성질을 가지는 과일인 귤은 카로틴도 함유한다. 카로틴은 당근의 대표적인 영양소이기도 하다. 실제로 인체가 필요로 하는 카로틴의 양은 그리 많지 않다. 성인 남성의 하루 권장 섭취량은 0.3밀리그램이고 카로틴 소모량이 비교적 많은 여성이라도 하루에 1.2밀리그램만 섭취하면 충분하다. 당근 반쪽만 먹어도 충족시킬 수 있는 양이다.

카로틴을 풍부하게 함유하는 감귤류 과일인 설탕귤의 카로틴 함량은 1킬로그램당 1.3밀리그램에 달한다. 여분의 카로틴은 혈액 속에 섞여 들어가고 지나치게 많은 양일 경우 코끝과 손바닥을 노랗게 물들여 아픈 사람처럼 보이게 만든다. 카로틴 색소 탓에 황달로 오인 받는 경우도 많다. 피부가 희고 뽀얀 갓난아기의 경우 이런 현상이 더 극명하게 드러난다. 어린아이들이 귤을 먹을 때 너무 많이 먹지 못하도록 주의를 기울일 필요가 있다.

설사를 일으키는 차가운 과일, 야콘

|

과일의 차가운 성질은 과일을 먹고 난 뒤 위장을 청소하고 화장실로 달려가는 배설 과정과 연관이 있다. 차가운 성질을 지니는 야콘 *Smallanthus sonchifolius*은 자신의 적성에 맞게 본업에 충실한 과일이다. 나는 야콘을 많이 먹었다가 화장실로 직행하며 그 명성을 제대로 경

험했다.

야콘은 설련과雪蓮果로 불리기도 하는데, 이 이름은 얼음으로 뒤덮인 설산을 연상시키면서 당연히 열을 내리는 과일일 거라고 예상하게 한다. 그런데 설련과는 설련雪蓮(각시서덜취*Saussurea macrolepis*)과 같은 국화과에 속해 있을 뿐 직접적인 연결고리는 없다. 각시서덜취는 국화과 취나물속 식물이지만 야콘은 취나물속 식물이 아니다. 게다가 야콘은 덩이뿌리이고, 커다란 고구마와 흡사하다. 야콘의 이름에서 떠올릴 법한 이미지와는 상반되게 덩이뿌리 식물은 흙속에 파묻혀 자란다.

열을 내리는 기능은 야콘의 덩이뿌리 속 프럭토올리고당이 담당하고 있다. 당은 과실의 건조중량 가운데 60~70퍼센트를 차지한다. 인간의 위장은 갈락토올리고당을 처리하는 소화효소를 가지는 것과 달리 프럭토올리고당에 한해서는 아무것도 가지고 있지 않다. 야콘을 먹으면 설사를 하게 되는 이유가 여기에 있다. 체내에 유당분해효소를 부족하게 가지는 사람이 유당이 들어 있는 우유를 마시면 설사를 하는 원리다.

차가운 성질을 가진 과일은 모두 수분 함량이 비교적 높다. 이런 과일들은 건조한 계절에 수분을 보충하는 데 확실히 도움을 준다. 함수율의 관점에서 보면 수분을 70퍼센트 내외로 함유하는 배가 60퍼센트인 바나나와 55퍼센트인 귤보다 훨씬 '시원한' 성질을 가지고 있어야 한다.

부위별로 다른 성질

전통적인 관념에서 과일은 부위별로 '냉기'를 가질 수도 있고 '열기'를 가질 수도 있다. 예를 들어 귤을 많이 먹으면 열이 올라오고, 귤껍질 차를 마시면 열기가 빠져나간다. 이런 민간요법은 언제부터 시작되었는지 모른다. 물에 넣고 끓여낸 리치의 껍질이 열을 내린다는 소문이 돌기도 했다. 안타깝게도 리치의 껍질은 과당을 분해하는 물질을 전혀 가지지 않고, 귤껍질 역시 지나치게 많은 카로틴을 처리할 수 없다. 그렇다면 상생 관계나 상극 관계를 설명하는 이론은 사람들의 일방적인 바람에서 시작된 것이 아닐까 싶다.

물론 이런 예만으로는 과일이 인체에 미치는 작용을 완벽하게 설명하기에 부족할 수 있다. 그러나 바로 그렇기 때문에 차가운 성질과 더운 성질을 나누는 표준화된 기준이 존재하지 않는다. 사실 흔히 말하는 '화기' 자체가 모호한 개념일 수밖에 없다. 어떤 음식이든 적당량을 섭취하기만 하면 우리 몸은 특별한 반응을 일으키지 않는다. 그러므로 더운 성질과 차가운 성질을 구분하는 것 자체가 무의미하다.

차가운 리치가 더 달다

리치를 맛있게 먹고 싶으면 해가 뜨기 전에 이슬을 밟으며 밖으로 나가야 한다는 말이 있다. 나무에서 리치를 따서 바로 먹어야 한다는 것이다. 그렇게 따서 먹는 리치의 맛이 어떨지 알 수 없지만 단맛만큼은 확실할 거라는 생각이 든다. 온도가 낮을수록 과당의 단맛이 더 강해지기 때문이다. 해가 뜨기 전에 갓 따 온 리치를 먹으면 저온의 당분에서 나는 단맛을 즐길 수 있다. 리치를 냉장고에 보관하는 것도 비슷한 효과가 있다.

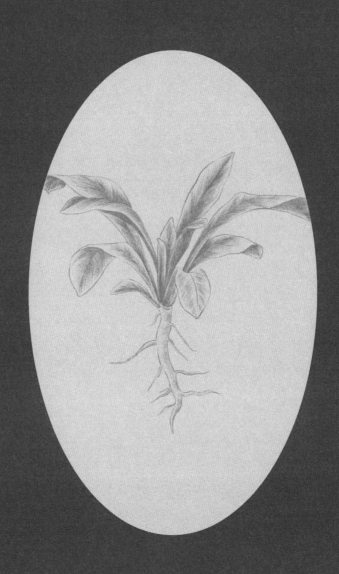

만병통치약의 굴레에 갇힌 약초

판람근板藍根은 중국의 가정마다 대부분 구비하고 있는 상비약이다. 이 약은 가벼운 증상부터 심각한 병증에 이르기까지 발을 뻗치지 않은 곳이 없다. 감기나 기침은 물론이고 뇌염, 조류 인플루엔자까지 판람근의 약용 범위는 아주 넓다. 조류 인플루엔자가 기승을 부릴 때 화려하게 무대에 다시 등장한 판람근은 약국마다 품귀 현상을 빚었다. 어머니 역시 판람근을 구하기 위해 약국을 돌아다녔고, 가까스로 두 상자를 사는 데 성공할 수 있었다며 저녁 식사 무렵 무용담을 펼쳐 놓으셨다. 나는 판람근이 과연 어떤 병에 예방 효과가 있는지 의문이 들었지만 차마 그 말을 입 밖에 꺼내지 못했다. 의심을 품는 것과는 별개로 판람근은 어디를 가든 마치 만병통치약인 양 항상 상비해야 할 필수품이 되어 있었다. 내게는 대세를 거스를 힘이 없었다.

30년 전만 해도 사스SARS나 신종 플루 바이러스, 조류 인플루엔자 등이 없었다. 하지만 유치원에서는 B형 간염이 유행하는 동안 하루 한 잔씩 선생님이 나눠주는 쓴 약을 삼켜야 했다. 나는 그때 판람근을 마셨다. 오랜 세월이 흐른 뒤 누군가가 판람근을 달인 탕약으로 라면을 끓여 먹는다는 소문을 듣게 되었고, 그때 나는 그것이 행위 예술의 일종이거나 혀가 마비된 뒤 나타나는 증상이 분명하다고 나름대로 결론을 내렸다.

전염병이 한차례씩 돌 때마다 용감하게 전면에 나서는 판람근은 여간 대단한 존재가 아니다. 매번 일당백의 힘으로 적을 압도하니 신기할 따름이다.

남북으로 나뉜 판람근

판람근은 쓰디쓴 맛으로도 나를 괴롭혔지만 색깔을 견디는 것마저 고역이었다. 판람근의 '람'자는 쪽빛을 의미하지만 탕약은 갈색을 띤다. 이 약초가 도대체 어떻게 생겼는지 궁금해졌다. 지금 생각해보니 판람근에 관한 호기심이 나를 식물학자의 길로 이끈 듯하다. 그러나 오랜 시간이 흐르고 나서도 나는 판람근이라고 불리는 식물을 찾아내지 못했다. 이유는 아주 간단했다. 판람근은 이 식물의 정확한 이름이 아니었다.

판람근은 '판람의 뿌리'의 줄임말이다. 내가 찾고자 하는 식물의 이름은 판람근이 아니라 '판람'이었다. 식물학 학술지 『중국 식

물지』의 내용에 따르면, 판람板藍은 쥐꼬리망초과 식물이고, 이 속의 식물은 단 한 종뿐이다. 판람은 '마람馬藍'이라는 별칭으로 더 자주 불린다. 판람은 중국 남부 지역에서 광범위하게 재배하는 식물이고, 미얀마, 태국, 인도 역시 판람의 세력 범위 아래 있다. 하지만 중국에서 판람은 서남 지역에서만 산발적으로 재배하고 있다. 그 밖의 지역에서 전염 병균이 넘실대는 공기가 완전히 사라졌기 때문이 아니라 더 이상 판람으로 옷감을 염색할 필요가 없어졌기 때문이다.

판람나무의 생김새에는 특별한 구석이 없다. 1미터 내외의 작은 키에 달걀 모양의 잎이 달린 평범한 나무다. 게다가 산과 들에 여기저기 흩어져 자라므로 다른 나무들 사이에서 찾아내기란 쉬운 일이 아니다. 판람나무의 꽃은 특이해서 그나마 눈길을 끈다. 여러해살이식물이라 몇 해 동안 삶을 이어가지만 꽃은 죽음을 의미하는 단어와 같이 발음되는 괘종시계를 닮았다. 꽃은 괘종시계와 비슷한 모양으로 길게 늘어져 있고, 가장자리가 다섯 조각으로 갈라져 꽃잎 모양을 형성한다. 판람은 여러해살이식물임에도 평생 단 한 번밖에 꽃을 피우지 못한다. 그마저도 꽃이 피기도 전에 수확해 버리는 경우가 많다. 또한 이 식물은 따뜻하고 습윤한 환경에서 자라는 것을 선호하는 특성이 있어 남부 지역에서만 자란다. 그래서 '남판람근'이라는 별칭으로 불리기도 한다. 광활한 남쪽 땅에는 판람과 함께 강력한 대체품 숭람菘藍이 자라고 있다.

그런데 우리는 무슨 영문인지 알고 '판람'이라는 두 글자 이름을 파헤치고 있는 것일까? 실제로 처음에 의학 서적에서 이 식물의 이름은 숭람을 가리키는 '남藍'이라는 글자 하나로만 등장했다. 당시

옷의 염료에 불과해 식탁 근처에는 오지도 못했던 숭람은 『설문해자說文解字』에서 옷을 푸른색으로 물들이는 풀이라고 기록되었다. 마람으로 대표되는 식물들 또한 파란색 염료로 쓰였기 때문에 이들과 구분하고자 숭람이라는 이름으로 고쳐 불렀을 것이다. 많은 글자 중 하필 '숭'을 덧붙인 이유는 식물학적 특징을 묘사하기 위해서다.

숭은 옛날 말로 배추 종류를 통칭하는 단어다. 채소 시장에서 청경채로 뭉뚱그려지는 유백채와 또 다른 채소 대백채는 모두 숭의 범주에 들어간다. 숭람은 이 식물들과 아주 흡사하고, 특히 유채와 쏙 빼닮았다. 확실히 십자형으로 교차한 노란색 꽃잎과, 네 개는 길고 두 개는 짧은 꽃술의 모양은 마치 유채를 보는 듯하다. 잎의 모양마저 비슷해 자칫 잘못하면 착각을 불러일으킬 수 있다. 그러나 유백채와 숭람은 분명 다른 식물이다. 각각 장각과와 단각과로 나뉘는 이들의 열매를 보면 알 수 있다. 유채의 열매는 장각과라서 과실이 성숙할수록 가늘고 길게 각진 모양으로 자라고 수십 개의 종자를 품고 있다. 반면, 단각과인 숭람의 열매는 과실의 폭이 넓고 길이가 짧은 데다 종자도 몇 개 되지 않는다. 하지만 이 차이는 실제로 그다지 중요하게 작용하지 않는다. 유백채와 달리 숭람은 특유의 쓴맛이 나서 두 식물 사이의 거리를 명백하게 벌려놓는다. 우리는 둘을 헷갈릴까 봐 걱정할 필요가 전혀 없다. 게다가 숭람의 재배 조건은 북쪽 지역의 환경과 잘 맞아떨어져 '북판람근'이라고도 불린다.

남북을 가로질러 재배되는 대표적인 식물로 양대 산맥을 이루는 판람과 숭람 외에, 판람근에 속하는 뿌리를 가진 식물이 하나 더 있다. 이들 식물처럼 쪽*Persicaria tinctoria* 역시 인간에게 뿌리를 제공한다. 자세히 들여다보면 쪽의 잎자루 윗부분은 모두 하얀색의 얇은 막으로 둘러싸여 있다. 이것은 마디풀과 식물이라면 모두 가지고 있는 부분인데, 쪽도 마찬가지로 막의 성질을 가진 잎집을 지닌다. 이런 잎자루는 집 모양으로 줄기를 감싼 것처럼 보이는 부분을 일컫는다. 쪽의 꽃은 다섯 개의 꽃잎이 달린 작은 꽃들이 하나하나 모여 꽃송이를 이룬다. 그래서 쪽의 꽃을 볼 때마다 강아지풀의 모습이 떠오른다. 쪽은 판람이나 숭람보다 한참 적게 생산되기 때문에 상업 시장에서 쪽을 마주칠 기회는 그리 많아 보이지 않는다.

현재로서는 숭람의 생산량이 가장 많을뿐더러 염료의 양도 가장 많이 추출된다. 그래서인지 숭람의 뿌리 역시 정통 판람근으로 여겨진다.

남색, 푸른색, 인디고색을 내는 식물

|

판람의 쓰임을 연구한 논문에서는 늘 『신농본초경』에서부터 이미 판람근에 관한 기록이 있다는 사실을 언급한다. 그러나 사실 이 오래된 약서는 남실藍實, 즉 숭람의 과실과 종자를 소개했을 뿐이다. 당나라 시대에 벌써 숭람의 줄기와 잎도 한약방의 문지방을 넘었지만 판람근은 여전히 모습을 드러내지 않았다.

최초로 '판람 뿌리'가 등장한 고서적은 북송 시대의 『태평성혜방太平聖惠方』이다. 기록에 따르면, 해독을 위한 처방전으로 수은, 연지와 흰 분, 달걀, 생강즙과 판람근을 섞은 혼합물을 썼다. 도대체 어떤 독을 해독할 수 있었던 것인지 알 수 없지만, 판람근이 비로소 약서의 처방 기록에 대거 등장하기 시작한 것은 이때부터다. 학계에서는 판람 혹은 판람근의 약용을 두고 염료의 사용과 연결 짓는 주장도 나왔다. 염료의 수요가 눈덩이처럼 불어나면서 판람의 잎을 대량으로 소비해야 했고, 대체품으로 뿌리를 사용했다는 것이다. 뿌리를 약용으로 사용하는 방법은 지금까지 계속 이어져 오고 있다.

그래서 판람과 숭람과 쪽은 줄기, 잎, 뿌리 각 부위별로 자신만의 새로운 이름을 얻었다. 판람에는 대청엽이라는 새로운 이름이 붙여졌고 숭람과 쪽은 판람근으로 불리기 시작했다. 대청엽은 분말 형태로 갈거나 덩어리로 만들어 사용한다. 이런 식으로 가공한 제품은 한약방에서 청대라는 이름을 지어주었다.

한약방에서 판람과 숭람과 쪽의 잎은 늘 혼용되었다. 대청엽이라는 새로운 이름의 유래를 구체적으로 따지고 드는 사람도 없었다. 하지만 이 셋의 공통점이 있다. 흥미롭게도 세 가지 식물은 각기 다른 과와 속에 속하는 식물이고, 심지어 아무런 혈연관계가 없는데도 동일한 화학물질이자 염료인 인디칸indican을 함유한다는 사실이다. 이 물질을 생산하는 식물은 모두 인디고 식물indigo plant로 부를 수 있다.

식물에서 인디고색을 내는 방법

|

전통 염색 공예를 이어가고 있는 구이저우 서남부 지역에서는 여

전히 판람을 재배하고 있다. 이 식물을 처음 봤을 때만 해도 나는 밭에서 자라는 잡초를 소홀히 관리해 길게 자란 것으로 오해했다. 꽃도 피지 않은 채 초록 잎만 넘치도록 가득했고, 강력한 생명력을 자랑하며 이미 인근 산비탈을 모두 점령한 상태였기 때문이다. 가이드를 통해 이 식물이 마람이라는 것을 알고 나서야 나는 풀을 자세히 살펴보기 시작했다. 그런데 잎을 뜯어보니 찢어진 이파리 단면에서는 파란색이 아닌 투명한 즙이 흘러나왔다. 판람의 파란색은 도대체 어디서 오는 것일까?

마람에서 나온 즙에는 인돌indole 유전자와 당 유전자로 구성된 분자들이 있다. 정상적인 상황에서 이 분자는 무색투명하기 때문에 마람에서 나온 즙 어디에서도 파란색의 흔적을 찾을 수 없었다. 파란색 염료를 얻으려면 세 단계의 처리 과정을 거쳐야 한다.

먼저 이 식물을 물에 담가둔다. 이때 세포에서 서서히 배어난 인디칸 속에서는 모종의 일이 꾸며진다. 인디칸의 당 유전자가 가수분해되어 하이드록시기hydroxy group 인돌을 남기고, 당은 인디칸 밖으로 방출되어 미생물에 의해 젖산으로 변한다. 그래서 마람의 수조가 한층 더 높은 산성도의 산성을 유지하게 하면 더 많은 하이드록시기 인돌을 인디칸에서 추출할 수 있다. 그럴수록 하이드록시기 인돌은 당 유전자의 달콤한 품에서 수월하게 벗어난다.

인디칸 가수분해 작업이 일단락된 뒤 석회를 첨가하면 파란색 물질이 천천히 바닥에 가라앉는다. 석회는 하이드록시기 인돌을 옥시인돌oxindole의 형태로 바꾸는 역할을 맡아 갓 독립한 인돌 유전자가 다시 연합의 길로 들어서게 한다. 옥시인돌 분자 두 개가 생성한 푸른색 침전물은 가라앉아 인디고라는 화합물이 된다. 이제

인디고 염료는 모든 준비를 마쳤다.

단순히 인디고를 건져 옷감에 바른다고 해서 본격적으로 염료를 사용할 수 있는 것은 아니다. 옷감에 염료를 묻히기에 앞서 쌀뜨물, 술지게미 등의 원료를 이용해 다시 발효시켜야 한다. 인디고가 환원 반응을 일으켜 인디고 화이트라는 무색의 물질로 변해야 염료로 사용할 수 있기 때문이다. 물론 인디고 화이트는 물에 잘 녹지 않는다. 그래서 석회가 다시 끼어들어 물에 용해될 수 있게 만들어준다. 드디어 우리는 곧바로 사용할 수 있는 염료를 완성했다.

완성한 염색약에 옷감을 넣어둔다. 섬유에 인디고 화이트가 충분히 스며들도록 하기 위함이다. 옷감을 다시 꺼내 햇볕에 말리면 인디고 화이트가 다시 산화되어 인디고 블루로 변한다. 섬유 속에 숨어 있던 인디고 블루는 옷감을 짙은 푸른색으로 물들인다.

합성염료가 대세인 오늘날에는 천연염료를 만드는 과정이 눈에 띄게 번거로워 보인다. 게다가 실컷 물을 들여도 쉽게 색이 바랜다. 천염염색은 사양길로 접어든 지 오래지만, 자연으로 돌아가자는 목소리가 갈수록 높아지는 추세다. 우리 곁에 천연염료가 다시 돌아올 날도 머지않았다.

바이러스를 억제하는 '명약'의 진짜 약효

판람근의 약효를 둘러싸고 상반된 주장이 줄곧 대립해왔다. 판람근에 함유된 화학물질은 판람근의 약효를 뒷받침하는 근거가 된다. 찬성론자들은 이 물질이 바이러스를 죽이고, 특히 각종 전염성

질병을 예방한다고 주장한다. 반면에 반대론자들은 판람근이 심리적 안정제에 불과하다고 말한다.

위급한 상황에서 판람근 속의 화학물질이 우리 몸에 어떻게 작용하는지 명확히 밝혀진 바는 없다. 실험 결과에 따르면, 판람근에 함유된 인디칸은 바이러스와 세포의 결합을 억제해 병증을 어느 정도 완화할 수 있었다. 또한 인디칸은 몸속 균체 내 독소가 활성화하지 못하게 한다. 균에 감염되었을 때는 염증 반응을 완화하고, 발열 증상에도 효과를 보인다. 하지만 아만타딘amantadine이나 타미플루와 달리 바이러스를 죽이지 못했다. 그러나 이 모든 효능은 생체 실험이 아닌 실험실의 실험 결과로, 아직 연구 단계에 머물러 있다.

물론 몸에 나쁜 성분이 없는 이상 이왕이면 먹는 것이 낫다고 생각해 판람근을 먹는 사람들도 많다. 그러나 판람근은 복잡한 화학성분을 가지고 있어 과민 반응을 일으킬 수 있다. 실제로 복용했을 때 피부 발진을 일으킨 사례가 흔하다. 그러므로 판람근을 차로 우려내 마시는 습관은 좋지 않다.

신이 내린 만병통치약 같은 것은 없다. 마찬가지로 판람근은 모든 병을 고칠 수 없다. 우리는 판람근과 같은 약초에 대한 맹신에서 벗어나 병의 치료를 의사와 상의해야 한다.

약초를 남용하지 마세요

밥이 보약이라는 말과 같이 잘 먹는 것만큼 건강에 좋은 것은 없다. 그런데 평소에 음식을 먹을 때 약초를 넣어 먹으면 몸에 더 좋을 거라고 생각하는 경우가 있다. 무분별하게 약초를 사용하는 것이다. 욕심이 화를 불러온다. 약초의 성분은 복잡하게 얽혀 있어서 독성 물질을 포함하고 과민 반응 증상을 불러일으킨다. 그러므로 의사의 처방 없이 함부로 많은 양을 지속해서 복용하는 것은 위험하다. 까딱하다가는 건강을 지키기는커녕 도리어 해칠 수 있다.

미식가를 위한 식물 용어 정리

줄기

원기둥 혹은 기타 모양을 가진 기다란 막대 형태의 식물 기관. 일반적으로 지면에서 자라고 뿌리와 잎을 연결하는 다리 역할을 한다. 여린 부위는 아삭하고 즙이 많으며, 일부 식물의 줄기에서는 점액이 흘러나온다. 감자나 연근 같은 식물의 줄기는 땅속이나 진흙 속에서 자란다. 이런 줄기에는 전분이 풍부해 조림이나 탕 요리에 적합하다.

잎

대부분 초록색을 띠며 겉보기에 식물에서 가장 많이 드러나 있다(선인장, 청산호나무는 제외). 유맥채나 시금치 잎처럼 씹기가 편한 채소는 데친 채소 요리, 맑은 탕, 찜 요리를 만드는 데 적합하다. 월계수 잎은 약간 질기지만 향을 더할 수 있다.

뿌리

식물 기관 중 진흙을 묻힌 채 팔아도 반감을 사지 않는 부분이다. 수염 모양, 나뭇가지 모양, 손가락 모양, 원기둥 모양 등 형태가 각양각색이다. 바삭하거나 질긴 것부터 부드럽고 찰기가 있는 것까지 식감도 다양하다. 요리하는 데도 제약이 없어 부침, 볶음, 튀김, 조림, 찜 등 모든 요리법에 이용할 수 있다. 전형적인 뿌리채소 요리로는 당근채무침, 당근볶음, 양고기당근찜, 당근케이크 등이 있다.

꽃

위험한 식재료다. 식물의 생식기관답게 꽃은 식물체를 방어하기 위한 각종 독소를 포함하므로 마음 놓고 식용하기에 적합하지 않다. 요리사들은 꽃을 외면했다. 그래서 꽃은 요리를 장식하거나 특별한 향만 제공해왔다. 꽃은 꽃받침, 꽃잎, 꽃술로 구성된다. 원추리는 식용으로 사용되는 가장 대중적인 꽃이다.

꽃받침

봉오리에서 꽃망울이 터지기 전에 그것을 감싸주는 초록색 구조물을 가리킨다. 꽃이 피고 나면 빠르게 바닥에 떨어지거나 꽃잎 아래로 몸을 숨긴다. 일반적으로 식용 가치가 없어서 사과 과육처럼 식용할 수 있게 자라는 경우는 아주 드물다.

꽃잎

식물체에서 가장 아름다운 부분이다. 꽃을 이루는 중요한 요소지만 대부분 독이 있거나 식감이 거칠어 장미꽃, 모란꽃, 진달래꽃, 파초꽃과 같이 먹을 수 있는 종류가 제한되어 있다.

암술

꽃봉오리의 한 부위로 보통 꽃봉오리 중앙에 숨겨져 있으며, 기둥 모양의 암술대와 난자를 담은 주머니 모양의 씨방으로 구성된다. 일반적으로 완전히 성장하기 전까지 식용 가치가 없지만 사프란처럼 중요한 향신료로 쓰이는 경우도 있다. 사프란의 암술대는 특이하게도 붉은색이고 매운 맛이 난다.

씨방

종자를 보호하는 특수한 구조물이다. 다 익은 씨방의 식감은 오이처럼 아삭하고 즙이 많다. 하지만 설익었을 경우 풋사과나 감처럼 쓰고 떫은 맛을 낸다.

수술

식물 정자를 만드는 것 외에는 도통 쓸모없는 부위다. 수술 위의 꽃가루 는 알레르기나 중독 증상을 일으킬 수 있어 떼어내야 한다.

과육

암술이 자라 만들어진 구조로, 종자를 보호하고 널리 퍼뜨린다. 사람은 물론 동물까지도 유인할 만큼 즙이 많다. 과육은 당, 전분, 비타민이 풍부 하고, 수분의 함량이 가장 많다. 열매껍질의 수분 양에 따라 생과일과 말 린 과일로 나뉘고, 식탁 위에 오르는 과일은 대부분 생과일이다.

배우체

식물이 자라는 동안 가장 주목받지 못하는 단계이지만 특별한 시기다. 식물은 이 시기에 꽃가루 알갱이나 밑씨의 형태로 존재한다. 염색체는 한 벌밖에 없지만 정자와 난자를 생산할 수 있다. 이끼의 식물체는 배우 체지만 먹을 수 없다. 반면에 김은 배우체 형태로 식재료를 제공할 수 있 는 극소수에 해당한다.

포자체

식물에서 특히 주목받는 성장 단계로 정자와 난자가 결합해 자라난다. 우리가 먹는 거의 모든 식용식물은 두 벌의 염색체를 가지는 포자체다. 꽃, 과실, 잎, 줄기부터 종자에 이르기까지 모든 것을 포괄하며, 포자나 배우체를 직접 만들어내기도 한다.

염색체

유전 물질을 저장하는 형태의 하나로 DNA와 단백질의 결합체다. 평상시에는 실 모양으로 흩어져 있다가 세포 분열 시기가 되면 짧은 막대기 모양으로 축소한다. 우리는 매일 대량의 염색체를 먹어야 한다.

2배체

일반적으로 식물세포 안에는 염색체 두 벌이 있다. 이들은 서로의 정보를 백업한다. 야생의 식용식물은 대부분 2배체다.

다배체

크기가 비교적 큰 채소를 가리키며, 염색체 수량이 두 벌 이상이다. 농작물을 재배하는 사람이라면 덩치가 큰 다배체 채소를 선호한다. 예를 들어 상품으로 출시되는 딸기와 감자는 4배체고, 밀은 6배체다.

관다발

고등식물의 영양분 운송 시스템의 통로는 물관부와 체관부 두 종류로 나뉜다. 보통 식물의 '힘줄'로 불린다.

물관부

나무줄기의 중심에 자리한 관다발 시스템의 일부분으로 헛물관 혹은 물관으로 연결되어 있다. 먹으면 안 된다.

체관부

나무껍질에 자리한 물관부의 형제이며 위에서 아래로 자당 등 당류를 운반한다. 계피와 같은 일부 식물의 체관부는 특수한 향기 성분을 지니고 있다.

헛물관와 물관

물관부의 구성 요소다. 헛물관은 한곳으로 통하는 인접한 몇 개의 세포벽을 물관으로 연결한다. 또는 섬유소를 계속 먹어치우며 속이 꽉 찬 목섬유가 될 수도 있다.

부록

체관 세포와 체관

체관 세포는 겉씨식물(소나무)과 양치식물(고사리)에도 존재하는 별도의 세포고, 체관은 속씨식물만이 가진 여러 개의 세포로 구성된 통로다. 물관과 달리 체관은 줄기를 완전히 관통하는 통로가 아니다. 대신 두 개의 세포가 인접한 세포 꼭대기 부위(체관)의 작은 구멍(체구멍)을 통해 물질을 교환한다. 이 구멍으로 탄수화물 등 영양물질을 연이어 전달한다.

형성층

체관부와 물관부를 만드는 한 겹의 세포로 쌍떡잎식물만이 가진 조직이다. 줄기가 끊임없이 자라게 하는 비법을 간직하고 있다.

521

미식가를 위한
식물 사전

1판 1쇄 발행 2022년 7월 15일
1판 2쇄 발행 2022년 10월 18일

발행인 박명곤 **CEO** 박지성 **CFO** 김영은
기획편집 채대광, 김준원, 박일귀, 이승미, 이은빈, 이지은
디자인 구경표, 한승주
마케팅 임우열, 이호, 최고은
펴낸곳 (주)현대지성
출판등록 제406-2014-000124호
전화 070-7791-2136 **팩스** 0303-3444-2136
주소 서울시 강서구 마곡중앙6로 40, 장흥빌딩 10층
홈페이지 www.hdjisung.com **이메일** main@hdjisung.com
제작처 영신사

ⓒ 현대지성 2022

"Inspiring Contents"
현대지성은 여러분의 의견 하나하나를 소중히 받고 있습니다.
원고 투고, 오탈자 제보, 제휴 제안은 main@hdjisung.com으로 보내 주세요.

현대지성 홈페이지